GOTTFRIED SCHUSTER

Methoden und Wege zur physiologisch-chemischen Virusdiagnostik bei Kartoffelknollen

WISSENSCHAFTLICHE ABHANDLUNGEN

Nr. 50

Sektion Pflanzenbau, Pflanzenzüchtung und Pflanzenschutz

METHODEN UND WEGE ZUR PHYSIOLOGISCH-CHEMISCHEN VIRUSDIAGNOSTIK BEI KARTOFFELKNOLLEN

von

GOTTFRIED SCHUSTER

Mit 24 Abbildungen und 59 Tabellen

DEUTSCHE AKADEMIE
DER LANDWIRTSCHAFTSWISSENSCHAFTEN ZU BERLIN

AKADEMIE-VERLAG · BERLIN
1962

Anschrift des Verfassers:

Prof. Dr. rer. nat. habil. GOTTFRIED SCHUSTER

Abteilung Landwirtschaftliche Botanik
am Institut für Phytopathologie
der Karl-Marx-Universität Leipzig
Leipzig S 3, Fichtestraße 28

1962

Herausgegeben von der Deutschen Akademie der Landwirtschaftswissenschaften zu Berlin
Vorgelegt von Herrn Prof. Dr. Klinkowski, Aschersleben, und Herrn Prof. Dr. Mühle, Leipzig
Erschienen im Akademie-Verlag GmbH, Berlin W 8, Leipziger Str. 3—4

Lizenznummer: 202 · 100/453/62
Gesamtherstellung: VEB Druckerei „Thomas Müntzer" Bad Langensalza
Bestellnummer: 2068/50 · ES 22 D · Preis: DM 42,50

INHALTSÜBERSICHT

VORWORT

Die Entwicklung handlicher physiologisch-chemischer Diagnoseverfahren zur raschen Kennzeichnung des Gesundheitszustandes von Kartoffelknollen und insbesondere -herkünften ist eine Forderung des landwirtschaftlichen Untersuchungswesens und der landwirtschaftlichen Praxis, der noch immer nicht in vollauf befriedigender Weise entsprochen werden konnte. Ziel der vorliegenden Arbeit ist, neben einem kritischen Überblick über den Stand der Untersuchungen eigene experimentelle Beiträge zur Lösung dieses Problems zu vermitteln. Hierbei wird weniger angestrebt, eine lückenlose Darstellung der im Schrifttum angeführten Ergebnisse sowie der in eigenen Untersuchungen gewonnenen Befunde zu geben, als vielmehr unter strenger Beschränkung auf die Virusdiagnostik an Kartoffelknollen wesentliche Probleme und für deren Lösung als geeignet erachtete Wege herauszustellen. Besondere Bedeutung wurde Untersuchungen zur Kennzeichnung der Möglichkeiten und Grenzen physiologisch-chemischer Diagnoseverfahren beigemessen. Die der Arbeit zugrunde liegenden Untersuchungen kamen in den Jahren 1950 bis 1958 zur Durchführung. Das Schrifttum ist bis zum Jahre 1959 berücksichtigt. Die Ergebnisse wesentlicher, nach dieser Zeit erschienener Arbeiten werden bis zum Zeitpunkt der Drucklegung nachgetragen.

Es ist mir ein besonderes Anliegen, Herrn Prof. Dr. E. MÜHLE für die Anregung zu den Untersuchungen und für die Förderung des Fortganges der Arbeiten vielmals zu danken. Herrn Prof. Dr. M. KLINKOWSKI bin ich für zahlreiche kritische Hinweise sehr zu Dank verpflichtet. Herrn Prof. Dr. F. BURKHARDT und Frl. Dr. L. OSADNIK bin ich für die Überprüfung der statistischen Berechnungen sehr verbunden. Ebenso ist es mir ein Bedürfnis, allen Mitarbeitern, die mir bei der Durchführung der umfangreichen Untersuchungen behilflich waren, herzlich zu danken. Dem Staatssekretariat für das Hoch- und Fachschulwesen und dem Ministerium für Landwirtschaft, Erfassung und Forstwirtschaft der Deutschen Demokratischen Republik gilt mein Dank für großzügige materielle Unterstützung der Untersuchungen. Auch den zahlreichen Stellen, die den Fortgang der Untersuchungen durch Bereitstellung von Knollenmaterial unterstützt haben, insbesondere dem Institut für Pflanzenzüchtung Groß-Lüsewitz der Deutschen Akademie der Landwirtschaftswissenschaften und dessen Außenstellen Bütow, Böhlendorf, Lindenhof sowie Malchow auf Pool, sei an dieser Stelle nochmals verbindlichst gedankt.

Leipzig, im August 1960 G. SCHUSTER

I. Aufgaben und Probleme der Untersuchungen zur physiologisch-chemischen Virusdiagnostik bei Kartoffelknollen

Der Umfang der durch die Viruskrankheiten der Kartoffel hervorgerufenen Ertragsdepressionen zwingt zu einer umfassenden, die Ergebnisse der Feldbeurteilung ergänzenden Pflanzgutkontrolle. Diese darf nicht auf Zuchtmaterial und Pflanzgut höherer Anerkennungsstufen beschränkt bleiben. Insbesondere in extremen Abbaulagen ist es vielmehr erforderlich, den Gesundheitszustand aller zum Nachbau vorgesehenen Herkünfte während des Winters oder kurz vor dem Auspflanzen nochmals zu kontrollieren, um durch Aussonderung stark virusinfizierten Knollenmaterials größere Ertragsverluste zu vermeiden.

Voraussetzung für eine derartige Kontrolle sind Schnelltests, die auf Grund einfacher Handhabung nicht nur an Untersuchungsanstalten, sondern auch bei Bäuerlichen Handelsgenossenschaften, Maschinen- und -Traktorenstationen oder ähnlichen Stellen durchgeführt werden können. Verfahren, die in der Züchtung verbreitet und mit Erfolg zur Anwendung kommen, wie z. B. die Augenstecklingsprüfung oder Pflanzentests, sind dementsprechend bei umfassenden Herkunftsprüfungen wegen des erforderlichen Aufwandes verhältnismäßig enge Grenzen gesetzt, zumal es hierbei weniger auf die Erkennung einzelner virusinfizierter Knollen als vielmehr auf die Beurteilung des durchschnittlichen Gesundheitszustandes der Herkünfte ankommt. Die Bemühungen um die Kontrolle von Pflanzgut niederer Anerkennungsstufen werden sich daher vor allem in zwei Richtungen bewegen.

Einmal dürften serologische Verfahren, die sich in der Kartoffelzüchtung besonders zum Nachweis des Kartoffel-X-Virus, aber auch des Kartoffel-Y- und -S-Virus in beachtlichem Ausmaß durchgesetzt haben, in wachsendem Umfange Verwendung finden. Ein Serum zum Nachweis des Blattrollvirus der Kartoffel konnte jedoch noch immer nicht hergestellt werden. Ebenso ist es bisher nicht gelungen, das Kartoffel-A-Virus in der Kartoffelpflanze auf serologischem Wege nachzuweisen (BERCKS 1958). Somit bleiben bei der serologischen Erfassung der Viren vorerst beachtliche Lücken offen. Diese lassen es besonders dringend erscheinen, auch eine zweite Arbeitsrichtung mit großer Aufmerksamkeit zu verfolgen, die durch Virusbefall hervorgerufene, auf chemischem oder physikalischem Wege nachweisbare Veränderungen im Stoffwechsel der Kartoffelknolle diagnostischen Zwecken nutzbar zu machen versucht. Die Ausarbeitung handlicher physiologisch-chemischer Diagnoseverfahren stellt die Forschung jedoch ebenfalls vor Probleme, die noch nicht zur vollen Zufriedenheit gelöst werden konnten.

Die Problematik der physiologisch-chemischen Virusdiagnostik erwächst im wesentlichen daraus, daß der Arbeitssicherheit der einzelnen Verfahren verhältnismäßig enge Grenzen gesteckt sind, da die durch Viruskrankheiten hervorgerufenen Veränderungen des pflanzlichen Stoffwechsels in mehr oder weniger starkem Maße von umweltinduzierten Veränderungen überlagert und somit verdeckt oder aber verstärkt werden können. Hinzu kommt, daß virusbedingte Stoffwechselveränderungen vielfach erst dann nachweisbar werden, wenn der Virusbefall eine gewisse Stärke erreicht hat.

Wenn es auch möglich sein dürfte, die umweltinduzierten Abweichungen durch Ausarbeitung geeigneter, verhältnismäßig wenig auf Umwelteinflüsse ansprechender Verfahren bzw. durch Innehaltung gewisser Vorsichtsmaßnahmen in Grenzen zu halten, so wird es doch kaum gelingen, derartige Schwankungen und die aus diesen erwachsenden Fehldiagnosen vollständig zu beseitigen. Aus diesem Grunde wird die Anwendung physiologisch-chemischer Diagnoseverfahren im wesentlichen auf Untersuchungen beschränkt bleiben, bei denen den Ergebnissen ein gewisser Toleranzbereich eingeräumt werden kann, wie dies vor allem für die Überprüfung des Gesundheitszustandes von Pflanzgut niederer Anerkennungsstufen bzw. von zum Nachbau bestimmtem, im eigenen Betrieb gewonnenem Knollenmaterial zutrifft.

Im Hinblick darauf, daß gerade für die Beurteilung derartigen Pflanzgutes einfach und schnell zu handhabende Verfahren dringend erwünscht sind (s. o.), wurden die Untersuchungen zur physiologisch-chemischen Virusdiagnostik vor allem auf die Ausarbeitung von Tests abgestellt, die sowohl hinsichtlich ihrer Arbeitssicherheit als auch hinsichtlich einer einfachen und schnellen Handhabung die Anforderungen erfüllen, die bei der Prüfung von Herkünften niedriger Anerkennungsstufen gestellt werden müssen.

Darüber hinaus will es zweckmäßig erscheinen, weiterhin zu untersuchen, inwieweit mit Hilfe physiologisch-chemischer Verfahren die Anzahl der im Stecklingstest zu prüfenden Herkünfte höherer Anerkennungsstufen wesentlich eingeschränkt werden kann. Es ist denkbar, daß bei gesunden und bei sehr stark virusinfizierten Herkünften auch physiologisch-chemische Verfahren zu eindeutigen Ergebnissen führen.

Demgegenüber dürfte bei dem gegenwärtigen Stand der Untersuchungen zur physiologisch-chemischen Virusdiagnostik nur verhältnismäßig geringe Hoffnung bestehen, Verfahren auszuarbeiten, die den Anforderungen gerecht werden, welche bei der Überprüfung von Zuchtmaterial hinsichtlich der Arbeitssicherheit gestellt werden müssen. Der Züchter wird somit vorerst kaum auf Verfahren verzichten können, bei denen wie beim Stecklingstest und bei Pflanzentests der Diagnoseerfolg nicht zuletzt darauf beruht, daß sich während der Untersuchungszeit die ursprünglich in der Kartoffelknolle vorhandene Viruskonzentration beträchtlich erhöht. Die Bemühungen um physiologisch-chemische Verfahren, die für die Prüfung von Zuchtmaterial geeignet sind, blieben daher in der vorliegenden Arbeit auf Untersuchungen zur Klärung der Frage beschränkt, ob und inwieweit durch geeignete Zusammenfassung der Ergebnisse verschiedener Tests zu Zahlenindices eine Steigerung der Arbeitssicherheit der physiologisch-chemischen Virusdiagnostik über das mit Einzeltests erreichbare Ausmaß hinaus möglich ist.

II. Der Stand der physiologisch-chemischen Virusdiagnostik

Im Hinblick darauf, daß der in bestimmten Zeitabschnitten erreichte Stand auf dem Gesamtgebiet der physiologisch-chemischen Virusdiagnostik sowie die in einzelnen Arbeitsrichtungen erzielten Ergebnisse bereits verschiedentlich zusammenfassend dargestellt worden sind (KLINKOWSKI 1933, WARTENBERG 1938, v. RÜMKER 1951, KÖHLER und KLINKOWSKI 1954, HENKE 1956, 1957), kommt es im folgenden vor allem darauf an, die verschiedenen Richtungen zu kennzeichnen, in denen sich die Forschung bewegt hat. Hierbei sollen jedoch ebenso wie in den nachfolgenden Darstellungen experimenteller Arbeiten nicht nur mit chemischen Methoden faßbare Veränderungen physiologischer Vorgänge Berücksichtigung finden. Es werden vielmehr alle virusinduzierten Veränderungen primärer oder sekundärer Pflanzenstoffe in die Betrachtungen bzw. Untersuchungen einbezogen, und zwar ungeachtet dessen, ob deren Nachweis auf chemischem oder physikalischem Wege oder etwa durch Anfärbung von Gewebeschnitten (z. B. Kallosetest, vgl. S. 23 u. S. 157 ff.) erfolgt. Dies will besonders deshalb als zweckmäßig und gerechtfertigt erscheinen, weil die Untersuchungen gezeigt haben, daß eine Anzahl verschiedener chemischer, physikalischer und physiologisch-chemischer Verfahren i. e. S. letztlich auf den gleichen Stoffwechselveränderungen beruhen und lediglich verschiedene Glieder einer Reaktionskette erfassen (vgl. S. 81 ff.).

Bereits mit Beginn der Abbauforschung bzw. der Erforschung der Viruskrankheiten der Kartoffel wurden Untersuchungen über den Stärke- und Trockensubstanzgehalt in Angriff genommen und in der Folgezeit sehr häufig wiederholt (SORAUER 1908, DOBY 1912 a und b, APPEL 1914, KROHN 1929, BERKNER 1931, HORNIG 1936, VENGRIS 1939, LUPP 1950, SCHUPHAN 1950 a, G. MÜLLER 1952/53, BAMBERG 1957, HANSEN 1959). Sie ergaben übereinstimmend, daß der Stärke- bzw. Trockensubstanzgehalt virusinfizierter Knollen im Vergleich zu demjenigen gesunder Knollen der gleichen Herkunft nicht unbeträchtlich verringert ist. Infolge der bekannten, in Abhängigkeit von Boden, Düngung, Witterung und Sorte auftretenden Veränderungen des Stärke- und Trockensubstanzgehaltes dürfte jedoch die diagnostische Bedeutung der vorgefundenen Unterschiede recht gering sein, zumal das Frischgewicht, das bei Stärke- bzw. Trockensubstanzbestimmungen im allgemeinen als Bezugsgröße herangezogen wird, je nach Herkunft, Sorte und Lagerungsbedingungen ebenfalls verschieden starken Veränderungen unterworfen ist.

Es ist daher von erheblichem Interesse, daß in blattrollkranken Knollen neben quantitativen Veränderungen des Stärkegehaltes auch qualitative Veränderungen zu verzeichnen sind. Nach NATTI (1955) zeigen die Stärkekörner blattrollvirusinfizierter Knollen in starken Säuren eine schwächere Quellung als diejenigen gesunder Knollen. Auch tritt langsamer Blaufärbung ein, wenn Stärke kranker Knollen in geeigneter Weise mit Jodlösung behandelt wird. Obwohl die Unterschiede zwischen der Stärkereaktion infizierter und gesunder Knollen signifikant sind, überlappen sich die Reaktionsbereiche gesunder und virusinfizierter Knollen in erheblicher Ausdehnung, wie dies allerdings in ähnlicher Weise bei nahezu allen bisher aufgefundenen physiologisch-chemischen Diagnoseverfahren zu beobachten ist.

Neben dem Stärke- und Trockensubstanzgehalt war der Asche- bzw. Mineralstoffgehalt Gegenstand zahlreicher Untersuchungen (SORAUER 1908, DOBY 1912a und b, WARTENBERG 1930, 1932, MARX und MERKENSCHLAGER 1932), die zu dem Ergebnis führten, daß dieser im allgemeinen bei Virusbefall ansteigt. Hiermit steht in bester Übereinstimmung, daß in Preßsäften virusinfizierter Knollen die Leitfähigkeit erhöht und der Gefrierpunkt gesenkt ist (PFANKUCH, KAUSCHE; veröffentlicht bei WARTENBERG 1938). Auch die Erhöhung des Wasserbindungsvermögens bzw. der Saugkräfte kranker Knollen (MARX und MERKENSCHLAGER 1932, RATHSACK und HURWITZ 1932) dürfte z. T. auf die Erhöhung des Mineralstoffgehaltes zurückzuführen sein. Wie die Unterschiede im Stärke- und Trockensubstanzgehalt werden auch die virusinduzierten Veränderungen des Asche- bzw. Mineralstoffgehaltes sowie der von diesen abhängigen Werte sehr häufig von umweltbedingten Abweichungen überdeckt. Vor allem Düngungs- und Bodenverhältnisse, aber auch Ernte- und Lagerungszeit sowie Lagerungstemperaturen haben direkt oder indirekt mehr oder weniger starke Veränderungen zur Folge (MARX und MERKENSCHLAGER 1932, KLINKOWSKI 1933, MORGENWECK 1935). Außerdem werden die Ergebnisse entsprechender Untersuchungen vielfach dadurch beeinflußt, daß virusbefallene Knollen infolge erhöhter Permeabilität der Zellwände häufig während der Lagerung mehr Wasser abgeben als gesunde Knollen (KAHO 1935a). Sie dürfen daher hinsichtlich ihrer Saugkräfte sowie der Leitfähigkeit der Preßsäfte zumindest nach längerer Lagerung kaum mehr mit diesen verglichen werden.

Im Hinblick darauf, daß die Permeabilität der Zellwände virusbefallener Knollen nicht nur für Wasser, sondern auch für anorganische (KAHO 1935a) und organische Stoffe (RUHLAND und MICHAEL 1936) erhöht ist, sind die virusinduzierten Veränderungen der Permeabilitätsverhältnisse als Fehlerquelle und gleichzeitig als wesentliche Grundlage für die angeführte Gruppe von Veränderungen in Betracht zu ziehen. Somit ergibt sich auch ein gewisser Zusammenhang zwischen diesen Veränderungen und Störungen im Eiweißstoffwechsel, denn sowohl KAHO (1936) als auch RUHLAND und MICHAEL (1936) führen die abnorm hohe Permeabilität blattrollkranker Knollen auf Plasmaschäden zurück. Diese kommen unter anderem darin zum Ausdruck, daß das Eiweiß kranker Knollen weniger ionisiert und infolgedessen weniger stabil gegen dehydrierende

Zustandsänderungen ist als das Eiweiß gesunder Knollen (KAHO 1936). Auch daß die Zellen kranker Knollen bei der Einwirkung von Salzen und Äthylalkohol die Fähigkeit zur Plasmolyse schneller verlieren, bei der Einwirkung von Narkotika schneller absterben und überdies geringere postmortale Verfärbungen aufweisen, vermittelt Hinweise auf Plasmaschäden (RUHLAND und MICHAEL 1936).

Die durch Virusbefall hervorgerufenen Störungen des Eiweißstoffwechsels bzw. des gesamten Stickstoffhaushaltes waren Gegenstand zahlreicher weiterer Untersuchungen, die vielfach zu widersprechenden Ergebnissen geführt haben. Die aufgetretenen Widersprüche dürften vor allem darauf zurückzuführen sein, daß die Befunde unter Verwendung unterschiedlichen Pflanzenmaterials, in verschiedenen Entwicklungsstadien und bei Befall mit verschiedenen Viren gewonnen worden sind. Daneben dürften sich auch bestimmte, während der Vegetationsperiode auf die Knollen einwirkende Umwelteinflüsse modifizierend auf die Ergebnisse ausgewirkt haben. Schließlich kommen unterschiedliche Untersuchungsmethoden als Ursachen von Abweichungen in Betracht. Im Hinblick auf diese zahlreichen modifizierenden Faktoren empfiehlt es sich, die diagnostische Bedeutung der aufgefundenen Unterschiede im Eiweißstoffwechsel gesunder und virusbefallener Kartoffelknollen vorerst mit einer gewissen Zurückhaltung zu beurteilen.

Während in den ältesten Untersuchungen über den Stickstoffhaushalt abbaukranker Kartoffelknollen (DOBY 1912a und b) die Werte des Gesamtstickstoffs unregelmäßige Schwankungen zeigten, erwies sich bei allen neueren Untersuchungen (TOPECHA 1936, SCHUPHAN 1950a, HENKE 1956) der Gehalt an Gesamtstickstoff in virusbefallenen Knollen als mehr oder weniger stark erhöht.

Die Erhöhung des Gesamtstickstoffgehaltes ist nach den Ergebnissen der Untersuchungen von TOPECHA (1936), McANELLY, PAYNE und FULTS (1956) sowie HENKE (1956) im wesentlichen auf eine Erhöhung des Eiweißgehaltes der kranken Knollen zurückzuführen. Diese betrug bis zu 84% des Eiweißgehaltes entsprechender gesunder Knollen und dürfte nach den Ergebnissen von Infiltrationsversuchen mit Aminosäuren (HENKE 1957) auf die relativ größere Fähigkeit blattrollbefallener Knollen zur Proteinsynthese zurückzuführen sein. Hinsichtlich des Gehaltes an löslichem Stickstoff konnte HENKE (1956) dagegen keine eindeutigen Unterschiede zwischen gesunden und blattrollkranken Knollen feststellen. Im Gegensatz zu den Ergebnissen der angeführten Autoren fanden DOBY (1912a und b) und SCHUPHAN (1950a) den Gehalt an fällbarem Reineiweißstickstoff in virusbefallenen Knollen verringert, während der lösliche Stickstoff eine Zunahme erfahren hatte (SCHUPHAN 1950a) bzw. unregelmäßige Schwankungen aufwies (DOBY 1912a und b).

Als ein Hinweis auf Unterschiede in der Zusammensetzung der Proteine und Proteide gesunder und viruskranker Pflanzen darf vielleicht die Beobachtung gewertet werden, daß Preßsäfte viruskranker Tabakpflanzen beim Vermischen mit Ammoniumsulfatlösungen (PFANKUCH 1939) bzw. viruskranker Kartoffelknollen im Gemisch mit Sublimatlösungen (HIRATA 1955) bestimmter Konzentration stärkere Trübungen als in gleicher Weise behandelte Preßsäfte gesunder Pflanzen ergeben. Es muß allerdings in Betracht gezogen werden, daß die Trübungen allein durch die von verschiedenen Autoren (s. o.) beschriebene Erhöhung des Eiweißgehaltes viruskranker Knollen hervorgerufen sein können. Andererseits vermitteln auch Hydrolyseversuche Hinweise auf Veränderungen in der Zusammensetzung der Eiweißstoffe viruskranker Kartoffeln (BORMANN, TAUBERT und WARTENBERG 1959). Ferner ist in diesem Zusammenhang von Bedeutung, daß ultrarotspektroskopische Untersuchungen bei viruskranken Kartoffeln eine Tendenz zu stärkerer Ausbildung der den P-Bindungen und Nukleinsäuren zuzuordnenden Banden erkennen ließen (HERBST 1955). Dieser Befund verdient insbesondere deshalb Beachtung, weil er die Hoffnung bestärkt, im Verlauf weiterer Arbeiten mit Hilfe geeigneter physikalischer oder physikalisch-chemischer Verfahren auf chemischem Wege schwer erfaßbare Unterschiede im Aufbau der Eiweißkörper diagnostischen Zwecken nutzbar machen zu können. In diesem Zusammenhang will es ferner bedeutsam erscheinen, daß KANNGIESSER (1952) bei der Fraktionierung des Eiweißkomplexes durch Papierelektrophorese Unterschiede zwischen dem Eiweiß gesunder und viruskranker Pflanzen feststellen konnte, und zwar erwies sich in blattrollkranken Pflanzen eine zweite Eiweißfraktion im Vergleich zu derjenigen gesunder Knollen als z. T. wesentlich verringert. Die erhaltenen Kurvenbilder waren zunächst individuellen Schwankungen ausgesetzt, und die auftretenden Differenzen reichten für diagnostische Zwecke nicht aus (PFEIL und KANNGIESSER 1954). Erst die in neuerer Zeit nach methodischer Vervollkommnung bei elektrophoretischen Untersuchungen an Eiweißstoffen der Blätter gesunder und viruskranker Pflanzen erhaltenen Ergebnisse berechtigen im Hinblick auf Virusdiagnosen zu Hoffnungen (KANNGIESSER 1958, SPRAU und KANNGIESSER 1959). NIEMANN (1957) fand bei der papierelektrophoretischen Untersuchung der Gesamteiweißkörper der Kartoffelknolle ebenfalls beträchtliche Unterschiede zwischen gesundem und virusinfiziertem Material vor. Im Gegensatz hierzu ergaben sich in Untersuchungen von HENKE (1957) weder zwischen den Elektropherogrammen des Eiweißes gesunder und blattrollkranker Knollen noch zwischen den Papierchromatogrammen des Eiweißhydrolysates gesunder und rollkranker Knollen konstante Differenzen. Das Eiweiß infizierter Knollen erwies sich jedoch bei der Einwirkung von Verdauungsenzymen als weniger hydrolysierbar als das Eiweiß gesunder Knollen. Die papierchromatographische Untersuchung der durch die Einwirkung der Enzyme freigesetzten Aminosäuren ergab, daß die aus dem Eiweiß infizierter Knollen abgespaltenen Aminosäuren größtenteils in geringerer Menge vorlagen als in den entsprechenden Ansätzen gesunder Proben und daß auch die Anzahl der Aminosäuren in vielen Fällen herabgesetzt war.

Über die verstärkte Bildung von Aminosäuren in virusbefallenen Kartoffelknollen berichten SCHUPHAN (1950a und b) und KOZŁOWSKA (1958). KOZŁOWSKA (1958) nimmt auf Grund der Ergebnisse konduktometrischer Untersuchungen an, daß das Auftreten von Asparaginsäure stets auf Viruskrankheiten hinweist. SCHUPHAN (1950a und b) stellte fest, daß in virusbefallenen Knollen die Konzentration der Aminosäuren Tryptophan, Lysin, Arginin und

Histidin beträchtlich erhöht ist. Besonders große Unterschiede ergaben sich bei allen überprüften Virusinfekten (X-, A-, Y- und Blattrollvirusbefall) hinsichtlich des Tryptophangehaltes, so daß dieser als geeigneter Indikator für Virusbefall empfohlen wurde. ANDREAE und THOMPSON (1950) sind indessen bei papierchromatographischen Untersuchungen von Preßsäften blattrollkranker Knollen zu gegenteiligen Befunden gekommen, und ALLISON (1953) fand keine Beziehungen zwischen dem Tyrosin- und Tryptophangehalt und dem Auftreten der Blattrollkrankheit. Auch die Befunde, die ZELLER und FÖSSLEITNERKARL (1952) bei der Formoltitration (JESSEN-HANSEN 1923) enteiweißter Preßsäfte von gesunden und virusinfizierten Kartoffelknollen erhalten haben, sprechen dafür, daß Virusbefall im Aminosäurehaushalt keine wesentlichen Veränderungen hervorruft. Die Formen der erhaltenen Titrationskurven ließen keine Abweichungen erkennen, die auf unterschiedliche Zusammensetzung der Aminosäuren virusbefallener Knollen hindeuten. Die Entscheidung über den diagnostischen Wert des „Tryptophantests" muß weiteren Untersuchungen vorbehalten bleiben. Offenbar üben Sorte und Umwelt einen großen Einfluß auf die Tryptophanbildung und vor allem auf den Umfang der virusinduzierten Veränderung des Tryptophangehaltes aus.

Wesentlich stärkeren Veränderungen als der Amino-N dürfte von den Fraktionen des löslichen Stickstoffs der Amid-N unterworfen sein. Die Untersuchungen von LINDNER (1926) führten zu dem Ergebnis, daß die Produktionskraft der Pflanzkartoffeln um so größer ist, je amidreicher sie sind, wobei LINDNER jedoch unter „Amiden" den gesamten löslichen Stickstoff verstand. KROHN (1929) kam zu einem gegenteiligen Befund. HARTISCH (1934) stellte in blattrollkranken Kartoffelpflanzen Anfang August eine Vermehrung des Amid-N fest. Bei den Untersuchungen von BARTON-WRIGHT und McBAIN (1933) ergab sich in den Knollen blattrollkranker Pflanzen ein erhöhter Asparagingehalt. ALLISON (1953) fand im Verlauf papierchromatographischer Untersuchungen im Gewebe blattrollvirusinfizierter Kartoffelknollen zwei- bis dreimal so viel Glutamin vor wie im Gewebe gesunder Knollen, und CORNUET (1953) zog diese während der Vegetationszeit erfolgende Anreicherung des Glutamins zum Nachweis der Blattrollvirusinfektion heran. Bei ruhenden Knollen angewandt, konnten nach dieser Methode jedoch in vielen Fällen keine eindeutigen Ergebnisse erzielt werden (HENKE 1957), da wohl der Asparagingehalt der meisten getesteten kranken Knollen erhöht war, die Glutaminkonzentration jedoch unregelmäßige Schwankungen aufwies.

Bei der Keimung der Knollen werden die Amide infizierter Knollen im Vergleich zu denjenigen gesunder in weit geringerem Maße in die Keime abgeleitet. Daher liegen während des Auflaufens sowohl Glutamin als auch Asparagin in infizierten Knollen im allgemeinen in beträchtlich erhöhter Konzentration vor, während die Verhältnisse in den Keimsprossen umgekehrt sind (HENKE 1956). Die insbesondere kurz vor der „Knollenreife" und nach Beginn der Keimung festgestellten Veränderungen in der Konzentration des Amid-N lassen eine erneute Überprüfung ihrer diagnostischen Bedeutung als lohnenswert erscheinen.

Hinsichtlich des Gehaltes an Ammoniak-N ergaben sich während des Winterlagers keine wesentlichen, in gleiche Richtung weisenden Unterschiede zwischen gesunden und kranken Knollen (HENKE 1956). Während der Vegetationsperiode lag dagegen in den Knollen blattrollkranker Kartoffelpflanzen eine im Vergleich zu gesunden Knollen erhöhte Konzentration an Ammoniak-N vor (HENKE 1956, 1957). Auch WOROB'JEWA (1939) stellte bei Virusbefall ebenso wie bei der im Süden der Sowjetunion auftretenden sog. Entartung der Kartoffel eine bedeutende Anhäufung von Ammoniak-N fest.

Der Nitratgehalt der an gesunden und blattrollkranken Kartoffelpflanzen im Laufe der Vegetationsperiode neu gebildeten Knollen zeigte in Untersuchungen von HENKE (1956) während der Winterruhe der Kartoffel unregelmäßige Schwankungen und ließ keine eindeutigen Differenzen zwischen gesunden und kranken Knollen erkennen. Erst während des Auflaufens wiesen blattrollkranke Mutterknollen fast ausnahmslos einen höheren Nitratgehalt auf. Dieser erreichte bei Knollen der Sorte Ackersegen vereinzelt das Zehnfache des Gehaltes gesunder Mutterknollen.

Im Anschluß an die Erörterungen über die Veränderungen im N-Stoffwechsel virusbefallener Kartoffelknollen mag es schließlich nahe liegen, die Reaktionsunterschiede anzuführen, die FRIEDRICH (1938) nach Zugabe der Reagenzien der Biuretreaktion — Kupfersulfat und Natronlauge — zu Preßsäften gesunder und virusinfizierter Knollen vorfand. Bei Verwendung geeigneter Reagenzienkonzentrationen zeigen Preßsäfte gesunder Knollen 24 Stunden nach der Reagenzienzugabe reingelbe Farbtöne, während Preßsäfte kranker Knollen an dem für Eiweiß, Peptone und viele Polypeptide typischen tiefen Violett kenntlich sind. WARTENBERG (1938) beschreibt diesen Farbwechsel als das Eleganteste, was er bisher im Umgang mit der Kartoffel erlebt hat, betont jedoch andererseits, daß dieser ihm auch das größte Rätsel aufgibt.

Daß die durch Virusbefall hervorgerufenen Störungen des Stoffwechsels der Kartoffelknolle neben dem Stickstoffhaushalt in besonderem Maße den Kohlenhydrathaushalt beeinflussen, geht bereits aus der auf S. 14 f. angeführten Verringerung des Stärke- bzw. Trockensubstanzgehaltes virusinfizierter Knollen hervor. Neben diesen Veränderungen, die wohl vor allem auf die Verringerung der Assimilationsintensität viruskranker Pflanzen (vgl. S. 82), auf verschiedene Störungen in der Ableitung der Assimilate vom Blatt in die Knolle (vgl. S. 82) sowie auf verstärkte Atmung (vgl. S. 82) zurückzuführen sein dürften, ist eine beträchtliche Erhöhung des Zuckerwertes, d. h. des Verhältnisses von Rohrzucker zu reduzierendem Zucker, zu verzeichnen (PFANKUCH 1934, 1935). Auch das Dextrin-Zuckerverhältnis zeigte bei Blattrollvirusbefall beträchtliche Veränderungen, und zwar erwies sich die Dextrinkonzentration blattrollkranker Knollen bei gleichzeitiger Verringerung der Zuckerkonzentration als wesentlich erhöht (RUHLAND und WETZEL 1933, HARTISCH 1934). HARTISCH führte diese Veränderungen auf eine Verschiebung des Verhältnisses von Saccharogenamylase zu Dextrinogenamylase zugunsten der Dextrinogenamylase zurück.

Ebenso konnte nachgewiesen werden, daß verschiedene Anomalien des N-Stoffwechsels durch Veränderungen im Fermentsystem bedingt sind (z. B. HENKE 1957, PFEIL und NIEMANN 1957 u. a.). Obwohl sie die Ursache sehr vieler Stoffwechselveränderungen sein dürften, boten die Veränderungen des Wirkstoffhaushaltes viruskranker Knollen bisher nur verhältnismäßig selten Ansatzpunkte für die Entwicklung verläßlicher Diagnoseverfahren. Dies ist um so erstaunlicher, als sie Gegenstand zahlreicher Untersuchungen waren, bei denen vor allem der Tätigkeit der Oxydationsfermente besondere Aufmerksamkeit geschenkt wurde (GRÜSS 1907, SORAUER 1908, DOBY 1911 a und b, 1912 b, BUNZEL 1914, HAEHN 1919, 1920, BOAS 1919, 1931, BOAS und MERKENSCHLAGER 1925, KLINKOWSKI 1932, BECHHOLD und ERBE 1932, 1936, STEPHAN 1933, DIX 1934, PFANKUCH und LINDAU 1935, RUHLAND und MICHAEL 1936, TOPECHA 1936, SMITH und PATERSON 1937, GRAUBARD 1939, BOSER 1958, 1959). Der Grund hierfür dürfte insbesondere darin zu suchen sein, daß die Fermentaktivität, abgesehen von umwelt- und sortenbedingten Schwankungen, sehr stark vom Substrat und von den Reaktionsbedingungen abhängig ist und darüber hinaus auch vom Reinheitsgrad der gewonnenen Fermentpräparate bestimmt wird. Vergegenwärtigt man sich ferner den in der Regel nicht unbeträchtlichen Arbeits- und Materialaufwand, der für Untersuchungen über die Fermentaktivität erforderlich ist, so kann die Aussicht, auf diesem Wege zu brauchbaren Diagnoseverfahren zu gelangen, als nicht sehr groß angesetzt werden. Ein Gleiches trifft für die Untersuchungen über den Wuchsstoffgehalt virusbefallener Pflanzen zu (JAHNEL 1937, 1940, LUCAS 1939, SÖDING und FUNKE 1941, SÖDING 1942, SÖDING, KÖHLER und FUNKE 1943). Obwohl sich letzterer im allgemeinen als wesentlich verringert erwies, dürfte es kaum möglich sein, auf dieser Grundlage einen Test zu entwickeln, zumal nach SÖDING (1942) und KÖHLER (1949) auch Umweltfaktoren einen beträchtlichen Einfluß auf den Wuchsstoffhaushalt ausüben, der nach den Ergebnissen neuerer Untersuchungen (FUNKE und SÖDING 1948, MEYER 1950, BAUMEISTER 1951 u. a.) ein kompliziertes System von Wuchs- und Hemmstoffen umfaßt, die dem Einfluß der Viren offenbar in unterschiedlicher Weise ausgesetzt sind. Es soll daher auf die bei Untersuchungen über den Wirk- und Wuchsstoffhaushalt gesunder und virusbefallener Kartoffelknollen erhaltenen Ergebnisse nicht im einzelnen eingegangen werden, sofern sie nicht als Grundlage für die Entwicklung von Diagnoseverfahren gedient haben, wie das z. B. bei der virusinduzierten Erhöhung der Aktivität der Tyrosinase, einer Phenoloxydase, der Fall ist. So zogen KLUMP (1935) und JERMOLJEV (1948) die u. a. durch Erhöhung der Tyrosinaseaktivität beschleunigte Melaninbildung als Indikator für Virusbefall heran. HENKE (1957) konnte jedoch nur bei angekeimten, nicht aber bei ruhenden Knollen erhöhte Melaninbildung feststellen, und MARTIN und QUEMENER (1956) arbeiteten lediglich mit Keimen, denen sie Preßsaft entnahmen, der mit einer reduzierten 2-6-Dichlorphenolindophenollösung versetzt wurde. Die in Preßsäften aus Keimen virusbefallener Knollen einsetzende Blaufärbung wird auf erhöhte Phenoloxydaseaktivität zurückgeführt, doch könnte auch die von SMITH und PATERSON (1937) sowie

SMITH und GILLIES (1940) bei Virusbefall beobachtete Erhöhung des mit dem gleichen Reagens nachweisbaren Gehaltes an Ascorbinsäure als Ursache der beschriebenen Veränderungen in Betracht kommen.
Die angeführten Beobachtungen legen die Annahme nahe, daß die Beziehungen zwischen Tyrosinaseaktivität und Virusbefall nur an keimenden bzw. an in Keimstimmung befindlichen Knollen eng genug sind, um als Grundlage für ein Diagnoseverfahren zu dienen. Im Hinblick auf die zahlreichen Möglichkeiten zur Unterbrechung der Keimruhe (DENNY 1945, HOFFERBERT und ORTH 1949, W. SCHULZE 1951, E. SCHULZE 1954 u.a.) dürfte dies jedoch kaum als Nachteil zu werten sein, insofern sich die Ergebnisse als zuverlässig genug erweisen.
Die Tätigkeit oxydierender bzw. dehydrierender Fermente wurde von KAHO (1935b) in der Guajakharz-Probe zu diagnostischen Zwecken herangezogen. Bei RUSINOW (1930), BECHHOLD und ERBE (1932), MARX und MERKENSCHLAGER (1932), TOPECHA (1936) sowie WARTENBERG und LINDAU (1936) diente Methylenblau als entsprechender Indikator. Während sich bei den Untersuchungen von BECHHOLD und ERBE (1932) sowie von MARX und MERKENSCHLAGER (1932) keine wesentlichen Unterschiede zwischen gesunden und virusbefallenen Knollen ergaben, erwiesen sich in den Versuchsanordnungen der übrigen genannten Autoren Gewebesäfte virusbefallener Knollen als stärker reduzierend. In neuerer Zeit kam SHOICHI (1956) im Verlauf von Untersuchungen mit dem modifizierten WARTENBERG-LINDAU-Test zu gleichen Ergebnissen.
In engem Zusammenhang mit den Untersuchungen zur Entwicklung von Diagnoseverfahren auf der Grundlage unterschiedlicher Aktivität oxydierender bzw. dehydrierender Fermente dürften ferner Reduktions-Oxydationsproben, Redoxpotentialmessungen und Potentialmessungen stehen; denn Unterschiede in der Aktivität der Oxydationsfermente können am Ablauf entsprechender Reaktionen kaum unbeteiligt sein, wenngleich auch nichtfermentgesteuerten Oxydations-Reduktionsvorgängen eine gewisse Bedeutung zukommen dürfte.
Von den Reduktions-Oxydationsproben ist vor allem die Jodprobe (WARTENBERG und KLINKOWSKI 1937) anzuführen, die Preßsäfte virusbefallener Knollen durch schnellere und weitergehende Entfärbung einer zugesetzten Jodstärkelösung kennzeichnet. Mit den Ergebnissen der Jodprobe steht der Befund in bester Übereinstimmung, daß ein zur Zeit der Winterruhe der Kartoffel unter anaeroben Bedingungen in Aufschwemmungen des Gewebebreies von Kartoffelknollen meßbares konstantes Redoxpotential bei Virusbefall in Richtung negativer Werte verschoben ist und somit Rückschlüsse auf den Gesundheitszustand der untersuchten Knollen zuläßt (HEY 1932, WARTENBERG, HEY und URHAN 1935, WARTENBERG und HEY 1936 a und b). Die Ergebnisse derartiger Redoxpotentialmessungen sind in zahlreichen weiteren Untersuchungen hinsichtlich ihrer virusdiagnostischen Bedeutung überprüft und in vollem Umfange oder zum Teil bestätigt worden (FRIEBE 1933, KLUMP 1935, KÖHLER und HEY 1935, KÖHLER 1936, FRIEDRICH 1937). Gleichzeitig ergab sich jedoch eine so beträchtliche Anzahl von Fehlerquellen, daß von einer Einführung dieser Verfahren

in die Praxis abgeraten werden mußte, zumal die Durchführung der Redoxpotentialmessungen mit zahlreichen methodischen Schwierigkeiten und mit einem vor allem bei Reihenuntersuchungen kaum tragbaren Arbeits- und Zeitaufwand verbunden ist (WARTENBERG 1938). Es bedeutet daher einen wesentlichen Fortschritt, daß in Gemischen von Kartoffelpreßsaft, Eisen(III)-sulfat und Kaliumrhodanid ein genügend beschwertes und somit leicht bestimmbares Potential vorgefunden wurde, dessen Höhe bei Virusbefall ebenfalls beträchtliche Veränderungen erfährt (WARTENBERG 1938, vgl. S. 29 f. u. S. 84 f.). Nach Ergebnissen späterer Untersuchungen (WARTENBERG und RUMMENI 1952/1953 sowie RUMMENI 1955) dürften die festgestellten Potentialunterschiede im wesentlichen dadurch hervorgerufen werden, daß bei Virusbefall offenbar in verstärktem Maße entstehende, unter anderem zu einer Erhöhung des sog. Pufferungsvermögens (s. u., vgl. auch S. 28 u. S.83) führende organische Säuren und deren Alkalisalze mit den zugesetzten Eisenionen Komplexe mit meist niedrigerem Potentialniveau bilden.

Auch das Potential, das sich zwischen einer am Nabelende der Knollen angelegten nichtpolarisierbaren Elektrode und einer zweiten in einer die Knollen umgebenden Elektrolytlösung befindlichen Elektrode einstellt, erwies sich bei Virusbefall als beträchtlich nach negativeren Werten verschoben (ARLAND 1932), und RAMSHORN (zit. nach RUHLAND und MICHAEL 1936) fand sowohl bei Messungen mit unpolarisierbaren Elektroden als auch bei Messungen mit Platin- und Goldelektroden die zwischen Kronen- und Nabelende auftretenden Potentialdifferenzen bei Virusbefall verringert. Über die Natur der an unzerteilten Knollen gemessenen Potentiale bestehen z. Z. kaum eingehendere Vorstellungen, da sich zwischen zwei an verschiedenen Stellen eines Körpers angelegten Elektroden neben Redoxpotentialen u. a. Diffusionspotentiale, Phasengrenzpotentiale, Membranpotentiale, Adsorptionspotentiale und Elektrodenpotentiale an Konzentrationsketten ausbilden können (MICHAELIS 1927, 1933).

Als leicht zu handhabende Verfahren, bei denen, abgesehen von verschiedenen z. T. noch unbekannten Faktoren, Potentialunterschiede ebenfalls eine gewisse Rolle spielen dürften, sind schließlich im Anschluß an die vorstehenden Ausführungen auch die Selenprobe (EIDMANN 1938; vgl. S. 195 ff.) und die Kupferprobe (BECHHOLD und ERBE 1932, BECHHOLD, GERLACH und ERBE 1934, BECHHOLD und ERBE 1936; vgl. S. 31) von Interesse. Besondere Beachtung hat die Kupferprobe gefunden, doch konnten bei deren Überprüfung nicht immer günstige Ergebnisse erhalten werden (KLINKOWSKI 1935, KAHO 1935b, HORNIG 1936).

Untersuchungen über den p_H-Wert von Preßsäften gesunder und virusbefallener Knollen (KOTTMEIER 1927, KRÜGER 1927, KROHN 1929, ROBERTSON und SMITH 1931 sowie WARTENBERG, HEY und TAHSIN 1935) ließen keine wesentlichen Unterschiede erkennen. Dagegen erwies sich das Pufferungsvermögen, unter dem der Widerstand verstanden wird, den Knollenpreßsäfte bei Zugabe bestimmter Säuren- bzw. Laugenmengen Veränderungen ihres ursprünglichen p_H-Wertes entgegensetzen (vgl. S. 28), in Preßsäften virusbefallener

Knollen als beträchtlich erhöht. Infolge der Größe der besonders im alkalischen Ast der Titrationskurven vorgefundenen Unterschiede dürfte diese Veränderung als Grundlage für die Entwicklung von Diagnoseverfahren geeignet sein (WARTENBERG 1937, MARCKS FRANKE 1937, KAUSCHE 1937).

Über eine bei Virusbefall auftretende Abschwächung der Befähigung des Gewebes gesunder Knollen, die Fluoreszenz einer selbstfluoreszierenden Reagenslösung zu löschen, berichtet STAAR (1936; vgl. S. 199 ff.). Eigenfluoreszenz von Preßsäften bzw. Schnittflächen kranker Knollen wird von MARX und MERKENSCHLAGER (1932), BEST (1936) sowie McLEAN und KREUTZER (1944 a und b) beschrieben und von BEST (1944) auf vermehrte Bildung des Cumarins Skopoletin zurückgeführt. HARRIS (1947) fand jedoch keine enge Korrelation zwischen derartigen Fluoreszenzerscheinungen und dem Virusbefall der untersuchten Knollen (vgl. auch S. 202f.). In Untersuchungen von REPPEL (1959) erwies sich wohl der Skopoletingehalt virusinfizierter Knollen im Vergleich zu gesunden Kontrollen der gleichen Herkunft fast immer als erhöht, doch ergaben sich zwischen verschiedenen Sorten und Herkünften so beträchtliche Unterschiede, daß es schwierig sein dürfte, die erhöhte Fluoreszenz zur Stellung verläßlicher Virusdiagnosen heranzuziehen.

Häufig beschrieben und verschiedentlich diagnostischen Zwecken nutzbar gemacht wurden Nekrosen im Phloem blattrollkranker Pflanzen, die mit Hilfe von Phloroglucin-Salzsäure, Diamantfuchsin sowie der Fluorochrome Rhodamin B und Coriphosphin nachgewiesen werden können (Schrifttum vgl. S. 32) und mitunter vom Stengel aus auch auf die Knollen übergreifen. Noch vor dem Auftreten derartiger Nekrosen werden in den Siebröhren des Gefäßbündelringes sowohl des Stengels als auch der Knolle in verstärktem Maße Stoffe kalloseartigen Charakters gebildet. Erstmalig haben diese v. BREHMER (1923) und v. BREHMER und ROCHLIN (1931) im Bild dargestellt, aber noch nicht richtig gedeutet. In jüngster Zeit wird die verstärkte Kallosebildung verbreitet zur Diagnose von Blattrollbefall herangezogen, indem die Anfärbung mit Resoblau bzw. anderen Diachromen (BAERECKE 1955, HOFFERBERT und zu PUTLITZ 1955, 1956, IGEL und LANGE 1955, LANGE und IGEL 1955, MOERICKE 1955, SPRAU 1955 a und b) oder mit geeigneten Fluorochromen, wie mit alkalischer Anilinblaulösung oder einer fluoreszierenden Komponente aus Wasserblau (SPRAU 1958, SCHUSTER und BYHAN 1958, JERMOLJEV und PRUŠA 1959), erfolgt. Die von HEILMANN (1955) nach Behandlung mit einem Gemisch von Acridinorange und Bordeauxrot im Phloem virusbefallener Pflanzen nachgewiesenen und zu virusdiagnostischen Zwecken herangezogenen Veränderungen, über die in einer späteren Arbeit (RUSCHKE-HEILMANN 1960) nochmals ausführlich berichtet wird, sind den Ergebnissen eigener Untersuchungen (unveröffentlicht) zufolge nicht mit Kallosebildungen identisch.

Bemerkenswert, aber schwer in den allgemeinen Rahmen einzuordnen und daher an den Schluß der Übersicht gestellt, sind die virusinduzierten Veränderungen im Transpirationsverhalten, die ZWICKER (1954/55, 1956) mit der Anwelkmethode, einem Transpirationsverfahren, das vielfach als Indikator für die Zweckmäßigkeit bestimmter acker- und pflanzenbaulicher Kulturmaßnahmen, wie Düngung, Saatbettherrichtung, Bodenlockerung usw., Verwendung findet (ARLAND 1929 a, b und c; Zusammenfassung des Schrifttums vgl. ARLAND 1956), unter bestimmten Voraussetzungen sowohl an Kartoffelpflanzen als auch -knollen und -keimen feststellen konnte.

Ungeachtet des Umfanges und der Vielgestaltigkeit der Untersuchungen, die sich mit den im Gefolge von Virusbefall in der Kartoffelknolle auftretenden Veränderungen befaßt haben, und ungeachtet der hierbei festgestellten vielfältigen Eingriffe in den Stoffwechsel der Kartoffelknolle kommt — abgesehen vom Kallosetest — im landwirtschaftlichen Untersuchungswesen zur Zeit kein Diagnoseverfahren zur Anwendung, das die vorgefundenen Veränderungen diagnostischen Zwecken dienstbar macht. Mit Ausnahme der Kupferprobe (vgl. S. 22 und S. 31) und der Redoxpotentialbestimmungen (vgl. S. 21 f.) sind die zwischen gesunden und virusbefallenen Knollen festgestellten Reaktionsunterschiede bzw. die auf deren Grundlage ausgearbeiteten Diagnoseverfahren noch nicht einmal in größerem Umfang hinsichtlich ihrer Anwendungsmöglichkeiten im Rahmen praktischer Aufgaben überprüft worden. Es lag somit nahe, daß die vielen bisher ermittelten Ergebnisse noch eine Fülle ungenutzter Diagnosemöglichkeiten in sich bergen.
Eigene experimentelle Beiträge zum Problem der physiologisch-chemischen Virusdiagnostik an Kartoffelknollen sollten sich daher zunächst mit vergleichenden methodischen Untersuchungen befassen, um Unterlagen zur Einschätzung der Leistungsfähigkeit und der Einsatzmöglichkeit physiologisch-chemischer Diagnoseverfahren zu gewinnen.

III. Vergleichende Überprüfung verschiedener physiologisch-chemischer Diagnoseverfahren

A) AUFSTELLUNG DES UNTERSUCHUNGSPROGRAMMS

Die Leistungsfähigkeit und, durch diese bedingt, die diagnostische Bedeutung und die Verwendungsmöglichkeit physiologisch-chemischer Diagnoseverfahren sind im wesentlichen von 3 Faktoren abhängig, und zwar

1. von der Arbeitssicherheit, d. h. von der Genauigkeit, mit der das Diagnoseverfahren Virusinfektionen anzuzeigen vermag;
2. von der „Arbeitsbreite", d. h. von der Anzahl der im Test erfaßten Viren und
3. von dem erforderlichen Arbeits- und Kostenaufwand.

Da die Arbeitssicherheit maßgeblich die Verwendungsmöglichkeit bestimmt, der geplante Verwendungszweck aber wiederum gewisse methodische Anforderungen stellt, die bei Ausarbeitung von Diagnoseverfahren die Arbeitsrichtung vorschreiben, ergibt sich als erstes wesentliches Ziel der geplanten Untersuchungen die Ermittlung der Arbeitssicherheit physiologisch-chemischer Diagnoseverfahren.
Diese wird durch mehrere Einzelfaktoren bestimmt. Von grundlegender Bedeutung ist die Größe der zwischen gesunden und virusinfizierten Knollen auftretenden Reaktionsunterschiede. Es genügt jedoch nicht, daß die Reaktionsunterschiede deutlich meßbar sind; sie müssen auch regelmäßig wiederkehren. Die Reaktionsbereiche gesunder und virusinfizierter Knollen dürfen nur geringfügige Überschneidungen aufweisen, so daß dem Reaktionsverlauf mit beträchtlicher Sicherheit gesunde und virusinfizierte Knollen zugeordnet werden können. Je kleiner die Überschneidungszone zwischen den Variationsbereichen gesunder und virusinfizierter Knollen, die sog. kritische Zone, desto größer ist die Arbeitssicherheit des Testes. Als Idealfall ist eine Schwellenreaktion anzusehen, bei der von einem gewissen minimalen Virusgehalt an die Reaktion schlagartig in andere Bahnen gelenkt wird, so daß nur sehr schwacher Befall der Beobachtung entgehen kann.
Als ein weiterer, die Arbeitssicherheit in erheblichem Umfang bestimmender Faktor ist das Ausmaß anzuführen, in dem die Testergebnisse durch Umweltfaktoren beeinflußt werden. Nach allgemeinen pflanzenphysiologischen Erfahrungen sowie auf Grund von verschiedenen Angaben des Schrifttums ist es sehr wahrscheinlich, daß sich bei jedem physiologisch-chemischen Diagnoseverfahren Umwelteinflüsse in mehr oder weniger starkem Maße geltend machen. In der umweltinduzierten Veränderung diagnostisch bedeutsamer Umsetzungen dürfte

daher ein wesentliches Problem der physiologisch-chemischen Virusdiagnostik zu suchen sein. Bei den Untersuchungsergebnissen kommen derartige Veränderungen vor allem darin zum Ausdruck, daß der Bereich der kritischen Zone eine um so größere Ausweitung erfährt, je mehr Herkünfte in die Untersuchungen einbezogen werden.

Neben der Klarstellung des Einflusses, den die angeführten Faktoren auf den Reaktionsverlauf ausüben, ist Untersuchungen über die Arbeitsbreite der Tests erhebliche Bedeutung beizumessen. Die hiermit verbundenen Fragen können insbesondere durch Variation der Versuchsergebnisse nach einzelnen Viren einer Klärung zugeführt werden.

Im Hinblick darauf, daß der Anwendungsbereich physiologisch-chemischer Diagnoseverfahren weniger in der Kennzeichnung des Gesundheitszustandes von wertvollem Zuchtmaterial als vielmehr in Herkunftsprüfungen des landwirtschaftlichen Untersuchungswesens zu suchen sein wird (vgl. S. 12), kommt ferner Erhebungen über den erforderlichen Arbeits- und Kostenaufwand besondere Beachtung zu.

Somit ergibt sich folgendes Arbeitsprogramm:

1. Vergleich zwischen dem Reaktionsverlauf und dem Gesundheitszustand der untersuchten Knollen unter besonderer Berücksichtigung
   a) der Beziehungen zwischen den Ergebnissen der Diagnoseverfahren und der Art und Stärke der Virusinfektion und
   b) der herkunftsbedingten Beeinflussung des Reaktionsverlaufes;
2. Erhebungen über die Arbeitsbreite der Diagnoseverfahren;
3. Kennzeichnung der Arbeitssicherheit der verschiedenen Reaktionen durch übersichtliche Indexwerte (Wertzahlen), die unter Berücksichtigung der Größe der zwischen gesunden und von verschiedenen Viren befallenen Knollen auftretenden Reaktionsunterschiede, des Ausmaßes der unterlaufenden Fehlbeurteilungen und der Größe der kritischen Zone aufzustellen sind;
4. Gegenüberstellung von Diagnoseergebnissen und Arbeitsaufwand zwecks Ermittlung der praktischen Bedeutung der Diagnoseverfahren.

Darüber hinaus wurde angestrebt, einen Beitrag zu leisten:

1. Zur Verbesserung der mit den einzelnen Reaktionen erhaltenen Diagnoseergebnisse durch Ausarbeitung geeigneter Verfahren, die auch die kritische Zone diagnostischen Zwecken nutzbar zu machen gestatten und
2. zur Gewinnung von Anhaltspunkten für die Verbesserung bereits im Schrifttum verzeichneter bzw. für die Entwicklung neuer Diagnoseverfahren.

In dieses Untersuchungsprogramm wurden aus der Vielzahl der zur Zeit des Versuchsbeginns (1950) im Schrifttum verzeichneten Diagnoseverfahren vor allem diejenigen einbezogen, die verhältnismäßig große und sichere Unterschiede zwischen der Reaktionsweise gesunder und kranker Knollen erwarten ließen. Um von vornherein auch gewissen hinsichtlich des Arbeits- und Materialaufwandes zu stellenden Anforderungen Rechnung zu tragen, fanden jedoch Verfahren keine Berück-

sichtigung, die mit so erheblichen methodischen Schwierigkeiten oder mit einem so beträchtlichen Zeit- bzw. Materialaufwand verbunden sind, daß sie hinsichtlich des erforderlichen Aufwandes gegenüber dem Stecklingstest keinen Fortschritt bedeuten und somit kaum für Herkunftsprüfungen in Frage kommen. Dafür wurden einige einfach und schnell zu handhabende Verfahren in das Arbeitsprogramm aufgenommen, die in ihrer Genauigkeit gewisse Mängel aufweisen. Ferner wurde Wert darauf gelegt, in den vergleichenden Untersuchungen möglichst viele verschiedene Umsetzungen zu erfassen, deren Veränderung als Grundlage zur Entwicklung von Diagnoseverfahren gedient hat.
Unter Beachtung dieser Gesichtspunkte wurden für die geplanten Untersuchungen die folgenden Verfahren ausgewählt:

1. Stärkegehaltsbestimmungen(KROHN 1929, LUPP 1950, G. MÜLLER 1952/53 u. a.),
2. die Alkoholprobe (RATHSACK und HURWITZ 1932),
3. elektrometrische Pufferungsbestimmungen (WARTENBERG 1937),
4. die Biuretreaktion (FRIEDRICH 1938),
5. elektrometrische Potentialmessungen an Eisen(III)-chlorid-Preßsaftgemischen (WARTENBERG 1938),
6. kolorimetrische Potentialbestimmung an Eisen(III)-chlorid-Kaliumrhodanid-Preßsaftgemischen (WARTENBERG 1938),
7. die Kupferprobe (BECHHOLD und ERBE 1932, 1936).

B) METHODISCHE VORVERSUCHE UND VERSUCHSANORDNUNG

1. *Diagnoseverfahren*

a) Stärkegehaltsbestimmungen

Um den Stärkegehalt jeder e i n z e l n e n Knolle rasch und sicher zu ermitteln, wurden die in die Untersuchungen einbezogenen Knollen nach der Schwimmethode (STELZNER und LEHMANN 1944, vgl. auch LUPP 1950 und G. MÜLLER 1952/53) so lange in Gefäße verschiedener Kochsalzkonzentration überführt, bis ihr spezifisches Gewicht demjenigen der Salzlösung entsprach. Der prozentuale Salzgehalt der entsprechenden Lösungen wurde unmittelbar als Maßzahl für die Beurteilung des Gesundheitszustandes herangezogen, da die absoluten Trockensubstanz- bzw. Stärkewerte bei den vorliegenden Untersuchungen weniger von Interesse sind.

b) Alkoholprobe

Die Alkoholprobe, die als eines der zweckmäßigsten Verfahren zur Bestimmung des Wasserbindungsvermögens gesunder und virusbefallener Knollen in die vergleichenden Untersuchungen einbezogen wurde, kam unverändert nach den An-

gaben von RATHSACK und HURWITZ (1932) zur Durchführung, indem die Knollen nach sorgfältiger Reinigung gewogen, für 24 Stunden in 95%igen Alkohol überführt und nach Verdunsten des anhaftenden Alkohols zurückgewogen wurden. Die Größe des im Alkoholbad erlittenen Gewichtsverlustes wurde zu dem Gesundheitszustand der untersuchten Knollen in Beziehung gesetzt.
Da für die Alkoholprobe nur völlig unbeschädigte und schorffreie Knollen Verwendung finden können, war es nicht in allen Fällen möglich, die geplanten Versuchsreihen in vollem Umfange durchzuführen.

c) Elektrometrische Pufferungsbestimmungen (= Pufferungstest)

Das Pufferungsvermögen gesunder und virusinfizierter Knollen wurde an Hand der Veränderungen der p_H-Werte ermittelt, die durch Zugabe von 4,5 ml n/10 NaOH zu 5 ml Preßsaft bewirkt werden. Die Aziditätsmessungen erfolgten im Hinblick auf die mehrfach gegen die Verwendung der Chinhydronelektrode für p_H-Messungen in Kartoffelpreßsäften erhobenen Bedenken (WARTENBERG 1937, WARTENBERG und RUMMENI 1952/53) mit niederohmigen Glaselektroden. Abgesehen davon, daß eine Verfälschung der Meßergebnisse durch Reduktionsvorgänge mit Sicherheit vermieden werden kann, sprach für die Verwendung von Glaselektroden, daß diese die p_H-Messungen bis zu einem höheren p_H-Bereich als die Chinhydronelektroden ermöglichen und somit größere Pufferungsunterschiede zu erfassen gestatten.
Um die durch Anlagerung von Eiweiß an die Membranen der Glaselektroden entstehenden Meßfehler zu vermindern, wurde der verwendete Preßsaft vor der ersten p_H-Messung mit der gleichen Menge destillierten Wassers versetzt. Trotzdem erfolgte bei einer größeren Anzahl von Messungen allmählich eine gewisse Verschiebung des Meßbereiches der Glaselektroden, die nach etwa 20 Messungen eine Nacheichung und nach etwa 200 Messungen eine Auswechslung der Elektrode erforderlich machte.
Als Meßgerät diente ein Ionometer der Firma Lautenschläger.

TABELLE 1
Die Bedeutung der zur Kennzeichnung der Ergebnisse der Biuretreaktion aufgestellten Wertzahlen

Wertzahl	Farberscheinung	Virusbefall der Knollen
1	gesamte Probe gelb oder rotgelb	kein Virusbefall
2	neben gelben Farbtönen vereinzelt blaue oder violette Farbtöne	nur vereinzelt leichter Virusbefall
3	gelbe und violette Farbtöne in etwa gleichem Umfang nebeneinander vertreten	leichter Virusbefall, daneben auch einige stärker befallene Knollen
4	neben violetten Farbtönen nur vereinzelt gelbe oder blaßgelbe Farbtöne, bisweilen Probe über einer breiten fahlgelben Farbzone hellviolett gefärbt	Virusbefall, bisweilen einige Knollen nur leichter befallen
5	gesamte Probe violett gefärbt	schwerer Virusbefall

d) Biuretreaktion

Nach den Angaben von FRIEDRICH (1938) wurde ein Gemisch von 2 ml Knollenpreßsaft und 2 ml n-NaOH nach kurzem Stehen mit 4 ml einer 0,5%igen Kupfersulfatlösung versetzt. 24 Stunden später wurden die Farbwerte der Proben im Reagenzglas vor einem hellen Hintergrund beurteilt. Während FRIEDRICH zur vereinfachten Beschreibung des Reaktionsverlaufes die Farberscheinungen in vier durch die Zahlenwerte 1 bis 4 gekennzeichnete Gruppen einteilte, wurden in den vorliegenden Untersuchungen die Farbwerte zur besseren Differenzierung in fünf Gruppen (= Wertzahlen) unterteilt, deren Bedeutung aus Tab. 1 ersichtlich ist.

e) Potentialmessungen an Eisen(III)-sulfat-Preßsaftgemischen (= Eisen(III)-sulfat-Potentialtest)

Da im Schrifttum keine eingehende Versuchsanordnung vorliegt, mußte in Vorversuchen zunächst das Mischungsverhältnis von Preßsaft und Eisen(III)-sulfat ermittelt werden, bei dem im Verlauf elektrometrischer Potentialmessungen gesunde und virusinfizierte Knollen an möglichst unterschiedlichen, aber leicht meßbaren Potentialen erkannt werden können. Mit diesem Ziele wurden gleiche Preßsaftmengen mit verschieden großen Eisen(III)-sulfatgaben versetzt. Hierbei zeigte sich, daß zwischen gesunden und kranken Knollen um so größere Potentialunterschiede auftreten, je geringer die Konzentration der verwendeten Eisen(III)-sulfatlösung ist. Gleichzeitig macht sich aber auch eine stärkere, verhältnismäßig lang anhaltende Potentialtrift in Richtung negativer Werte bemerkbar. Je niedriger die Eisen(III)-sulfatkonzentration, um so später tritt Potentialkonstanz ein. Darüber hinaus wird bei niedrigen Eisen(III)-sulfatkonzentrationen die Höhe des Potentiales bereits durch geringfügige Abweichungen in der Reagenzien- und besonders der Preßsaftbemessung so beträchtlich beeinflußt, daß von einem gewissen Grenzwert ab bei weiterer Verringerung der Eisen(III)-sulfatkonzentration nicht nur der absolute, sondern auch der relative Meßfehler immer stärker anwächst.

Die besten Meßergebnisse müssen demnach erzielt werden, wenn bei rascher Potentialkonstanz der Wert

$$\frac{\sigma_D}{M_1 - M_2}$$

ein Minimum aufweist, wobei σ_D der mittlere Fehler der Differenz der Mittelwerte gesunder und kranker Knollen und $(M_1 - M_2)$ die Differenz der Mittelwerte gesunder und kranker Knollen bedeutet.

Diese Bedingung erwies sich bei Zugabe von 5 ml m/10 Eisen(III)-sulfatlösung zu 5 ml Kartoffelpreßsaft als weitgehend erfüllt. Die vergleichenden Untersuchungen kamen daher in entsprechender Versuchsanordnung zur Durchführung. Die Potentialmessungen erfolgten mit einer blanken Platinelektrode, wobei eine Kalomelelektrode mit gesättigter KCl-Lösung als Bezugselektrode diente. Als Meßgerät fand ein Ionometer der Firma Lautenschläger Verwendung. Bei jeder Probe wurden die Potentialmessungen in fünfminütigem Abstand so lange wiederholt, bis zwei aufeinanderfolgende Messungen gleiche Potentialwerte ergaben.

Die Meßgenauigkeit von Ionometer und Elektrode wurde täglich vor Beginn der Untersuchungen an Hand einer Standardazetatlösung nach MICHAELIS überprüft. Gleichzeitig wurde das Potential der Eisen(III)-sulfatlösung erneut bestimmt, da dieses gewissen Schwankungen unterworfen ist, die sich in etwa gleicher Höhe auf das Potential des Eisen(III)-sulfat-Preßsaftgemisches übertragen. Um die hieraus resultierenden Schwankungen der Versuchsergebnisse zu vermeiden, wurde zur Kennzeichnung des Gesundheitszustandes der untersuchten Knollen nicht unmittelbar der an den Eisen(III)-sulfat-Preßsaftgemischen gemessene Potentialwert, sondern die Potentialdifferenz zwischen diesem Wert und dem täglich erneut bestimmten Potential der reinen Eisen(III)-sulfatlösung herangezogen. Hierbei deuten hohe Potentialdifferenzen auf Virusbefall hin, während geringe Differenzen für Proben gesunder Knollen kennzeichnend sind.

f) Potentialbestimmungen an Eisen(III)-sulfat-Kaliumrhodanid-Preßsaftgemischen (= Potential-Farbtest)

Etwa gleichlaufend mit der Höhe der Potentialwerte, die sich bei elektrometrischen Messungen an Eisen(III)-sulfat-Preßsaftgemischen ergeben, stellen sich bestimmte Farbwerte ein, wenn den Gemischen Kaliumrhodanid zugesetzt wird (WARTENBERG 1938). Hohen Potentialwerten(= geringen Differenzen zwischen dem Potential der Eisen(III)-sulfatlösung und dem Potential des Eisen(III)-sulfat-Preßsaftgemisches) entspricht die tiefrote Farbe des Eisen(III)-rhodanids, während niedrige Potentialwerte (= hohe Differenzen zwischen dem Potential der Eisen(III)-sulfatlösung und dem Potential des Eisen(III)-sulfat-Preßsaftgemisches) an gelbgrünen bis olivgrünen Farbtönen kenntlich sind. Es ist daher möglich, auf zeitraubende Meßverfahren und den Gebrauch wertvoller Meßgeräte zu verzichten. Da dies im Hinblick auf die praktische Anwendung des Diagnoseverfahrens von erheblicher Bedeutung sein dürfte, wurde auch das vereinfachte Verfahren in die Untersuchungen einbezogen. Hierbei wurden entsprechend den Ergebnissen von Vorversuchen 2 ml Kartoffelpreßsaft mit 2,5 ml einer Reagenslösung versetzt, die jeweils kurz vor dem Gebrauch aus zwei Teilen m/10Eisen(III)-sulfatlösung und einem Teil m/10 Kaliumrhodanidlösung hergestellt worden war.

TABELLE 2

Die Bedeutung der zur Kennzeichnung der Ergebnisse der Eisen(III)-chlorid-Kaliumrhodanid-Farbreaktion aufgestellten Wertzahlen

Wertzahl	Farbe der Probe	Virusbefall
1	tiefrot	kein Virusbefall
2	rotbraun bis braunrot	nur vereinzelt leichter Virusbefall
3	braun bis hellbraun	leichter Virusbefall, daneben einige stärker befallene Knollen
4	braungelb bis gelb	Virusbefall, bisweilen einige Knollen nur leichter befallen
5	gelbgrün bis olivgrün	schwerer Virusbefall

Die in den einzelnen Proben auftretenden Farbtöne wurden zur einfachen Kennzeichnung des Reaktionsverlaufes wie bei der Biuretreaktion fünf Reaktionsgruppen (= Wertzahlen) zugeordnet, deren Bedeutung aus Tab. 2 hervorgeht. Beachtenswert ist, daß etwa gleichlaufend mit dem Farbumschlag von Rot nach Gelbgrün bis Olivgrün die Menge ausgeflockten Eiweißes immer mehr zunimmt.

g) Kupferprobe

Wie bei BECHHOLD und ERBE (1932, 1936) angegeben, wurden die zu untersuchenden Knollen, nachdem in der Mitte zwischen Kronen- und Nabelende, senkrecht zur Längsachse je ein Streifen von blankem Kupferblech eingeführt worden war, zunächst 8 Std. bei 37 °C und dann 16 Std. bei 18 bis 20 °C aufbewahrt. Anschließend wurden sie nach Entfernung des Bleches senkrecht zum Einstichkanal in zwei Teile zerschnitten. Der Umfang der sich nunmehr zu beiden Seiten des Einstichkanals bildenden melanotischen Verfärbungen wurde ausgemessen, indem die zumeist scharfen Grenzen der verfärbten Gewebeteile mit einem Planimeter umfahren wurden. Die ermittelten Planimeterwerte wurden nach KLINKOWSKI (1935) durch die Länge des Stichkanals dividiert und anschließend mit 100 multipliziert. Auf diese Weise ergab sich ein Indexwert, bei dem niedrige Zahlen auf virusinfizierte und hohe Zahlen auf gesunde Knollen hindeuten.

2. Knollenmaterial

Die in die vergleichenden Untersuchungen einbezogenen 7 Diagnoseverfahren kamen jeweils nacheinander an Knollen der gleichen Pflanze zur Durchführung. Herkunft, Anzahl und der bei mehrmaliger Feldbeurteilung ermittelte Gesundheitszustand der für die Untersuchungen ausgewählten Pflanzen der Sorte Ackersegen sind aus nachfolgender Aufstellung ersichtlich:

Herkunftsort	Anzahl der in die Untersuchungen einbezogenen Pflanzen	
	gesund	virusinfiziert
Walthersdorf/Erzgeb. — Gesundheitslage	100	100
Mecklenburg (Bütow und Groß-Lüsewitz) — Gesundheitslage	100	—
Probstheida bei Leipzig — Abbaulage	100	100
Döbeln — Abbaulage	—	50
Zetta, Kreis Meißen — Abbaulage	—	50

75% der virusbefallenen Pflanzen jeder Herkunft hatten Symptome weit fortgeschrittener Blattroll- und Strichelerkrankungen gezeigt (= schwerer Abbau). Bei den restlichen 25% waren Mosaikerscheinungen oder erst gegen Ende der Vegetationsperiode leichte Blattroll- und Strichelerscheinungen aufgetreten. Diese Pflanzen sollen nachfolgend als leicht abgebaut bezeichnet werden (Begründung vgl. S. 42 f.). Als gesunde Pflanzen hatten nur solche Berücksichtigung gefunden, an denen auch gegen Ende der Vegetationsperiode weder Symptome von Virusbefall noch von Befall mit anderen Krankheiten oder Schädlingen aufgetreten waren.

Zur Kontrolle des Gesundheitszustandes wurde von jeder Pflanze eine Knolle im Stecklingstest geprüft bzw. im Feldbestand nachgebaut.[1]) Diese Kontrolluntersuchung bestätigte bei gesunden Pflanzen aus Gesundheitslagen sowie bei Pflanzen, die Symptome weit fortgeschrittener Blattroll- und Strichelinfektionen gezeigt hatten, in allen Fällen die Ergebnisse der Feldbeurteilung des Vorjahres. Anders liegen die Verhältnisse bei den Knollen von Pflanzen, die Mosaikerscheinungen oder gegen Ende der Vegetationsperiode leichte Blattroll- und Strichelerscheinungen gezeigt hatten. Hier traten bei 9% der Stecklinge keine Befallssymptome auf. Umgekehrt waren bei 24% der Kontrollen der in der Abbaulage von Probstheida als gesund geernteten Klone Befallssymptome zu verzeichnen. Von einer Neuaufteilung des entsprechenden Knollenmaterials nach den Ergebnissen des Kontrollnachbaues wurde jedoch Abstand genommen, da insbesondere Primärinfektionen vielfach nicht alle Knollen einer Pflanze erfassen. Um die hierdurch bedingten Unsicherheitsfaktoren auszuschalten, wurden allen wesentlichen Schlußfolgerungen lediglich die Werte zugrunde gelegt, die an Knollen stark virusinfizierter Pflanzen bzw. an Knollen gesunder Pflanzen aus Gesundheitslagen erhalten worden waren.

C) ERGEBNISSE

1. Überblick über die Beziehungen zwischen Gesundheitszustand und Reaktionsverlauf

Die bei den vergleichenden Untersuchungen gewonnenen Ergebnisse sind, in geeigneter Weise zusammengefaßt, in Tab. 3 bis 9 dargestellt. Zwei Anteilreihen beziehen sich auf alle an gesunden und virusinfizierten Knollen ermittelten Werte. Daneben sind die Ergebnisse herkunftsweise aufgeschlüsselt.

Zur weiteren Charakterisierung der Ergebnisse sind für jede Anteilreihe die Anzahl (N) der dieser zugrunde liegenden Einzeluntersuchungen, der Mittelwert (M), der

[1]) Jede einzelne Knolle in die Kontrolle einzubeziehen, ohne das Untersuchungsprogramm zu beschränken, war nicht möglich, denn viele Klone umfaßten nur wenige bzw. kleine Knollen. Eine Prüfung der Stecklinge auf maskierte bzw. latente Virusinfektion durch Pflanzentests oder serologische Untersuchungen konnte ebenfalls nicht erfolgen, da seinerzeit weder der benötigte Gewächshausraum noch die erforderlichen Seren zur Verfügung standen. Auf Grund der verhältnismäßig geringfügigen Verschiebungen im Reaktionsverlauf der Knollen von Pflanzen, bei denen im Vorjahr Mosaik- oder leichte Blattroll- und Strichelerscheinungen aufgetreten waren (vgl. S. 41 ff.), ist wenig wahrscheinlich, daß die erhaltenen Ergebnisse durch die Aussonderung der Knollen von Pflanzen, bei denen die Virusinfektionen so leicht waren, daß sie noch im Stecklingstest maskiert blieben, wesentlich verändert worden wären; allenfalls hätten die bei den als gesund bezeichneten Knollen gewonnenen Variationsreihen eine geringfügige Verschiebung in Richtung „gesund" erfahren, so daß die virusinduzierten Reaktionsunterschiede deutlicher hervorgetreten wären. Die erhaltenen Ergebnisse stellen somit Mindestwerte dar.

TABELLE 3

Die Ergebnisse der Stärkegehaltsbestimmungen.

Die Anteilreihen lassen erkennen, wieviel Prozent der Gesamtknollenzahl einer jeden Reihe in einer Kochsalzlösung der in Spalte a angegebenen Konzentration gerade noch an die Oberfläche steigen.

Sorte: Ackersegen

a	1	2	3	4	5	6	7	8	9	10	11	12
	Mecklenburg (gesund) Herkunft 1	Mecklenburg (gesund) Herkunft 2	Walthersdorf (gesund)	Walthersdorf + Mecklenburg (gesund)	Döbeln (gesund)	Alle gesunden Herkünfte zusammen	Mecklenburg (Abbau)	Walthersdorf (Abbau)	Döbeln (Abbau)	Probstheida (Abbau)	Walthersdorf + Mecklenburg + Döbeln (Abbau)	Alle abgebauten Herkünfte zusammen
NaCl %	%	%	%	%	%	%	%	%	%	%	%	%
9	2		6	2,70	5	3,25	8	19	4	1	10,3	8
10			8	2,70	7	3,75	11	35	7	1	17,7	13,5
11		2	23	8,30	12	9,25	17	16	5	25	12,7	15,7
12		6	33	13,00	15	13,50	2	13	18	25	11,0	14,5
13	4	30	10	14,60	11	13,75	28	11	17	1	18,7	14,3
14	8	40	13	20,30	16	19,25	21	3	9	35	11,0	17,0
15	4	19	3	8,70	18	11,00	5		14	7	6,3	6,5
16	14	3	3	6,70	10	7,50	4	3	14	5	7,0	6,5
17	32		1	11,00	3	9,00	4		8		4,0	3,0
18	14			4,70	3	4,25			4		1,3	1,0
19	2			0,70		0,50						
20	1			0,30		0,25						
21	0			0,00		0,00						
22	3			1,00		0,75						
23	16			5,30		4,00						
N	100	100	100	300	100	400	100	100	100	100	300	400
$M \pm \sigma_m$	17,54 ±0,31	13,77 ±0,10	12,05 ±0,17	14,45 ±0,18	13,29 ±0,23	14,16 ±0,15	12,58 ±0,21	10,86 ±0,16	13,66 ±0,23	12,82 ±0,16	12,37 ±0,14	12,48 ±0,11
σ	3,09	0,99	1,65	3,11	2,25	2,96	2,06	1,64	2,33	1,61	2,33	2,18

TABELLE 4

Die Ergebnisse der Alkoholprobe.

Die Anteilreihen lassen erkennen, wieviel Prozent der Gesamtknollenzahl einer jeden Reihe bei 24stündigem Aufenthalt in 95%igem Alkohol den in Spalte a angegebenen Gewichtsverlust aufweisen.

Sorte: Ackersegen

a	1	2	3	4	5	6	7	8
Gewichtsverlust in % d. Knollengewichtes	Mecklenburg (gesund) %	Walthersdorf (gesund) %	Walthersdorf + Mecklenburg (gesund) %	Walthersdorf (Abbau) %	Probstheida (Abbau) %	Döbeln (Abbau) %	Walthersdorf + Probstheida (Abbau) %	Alle abgebauten Herkünfte zusammen %
0,15					1,3	12	0,6	2,0
0,25	14		4,7		5,3	16	2,3	4,0
0,35	12		4,0		8,0	16	3,4	5,0
0,45	16		5,3	1	6,7	8	3,4	4,0
0,55	14	2	6,0	1	8,0	4	4,0	4,0
0,65	18	1	6,7	2	12,0	16	6,3	7,5
0,75	16	1	6,0	1	12,0	20	5,7	7,5
0,85	4	5	4,7	4	12,0		7,4	6,5
0,95	4	6	5,3	12	16,1		13,7	12,0
1,05	2	15	10,7	19	12,0	4	16,0	14,5
1,15		15	10,0	17	5,3		12,0	10,5
1,25		21	14,0	18			10,3	9,0
1,35		16	10,7	10	1,3		6,3	5,5
1,45		8	5,3	5		4	2,9	3,0
1,55		6	4,0	8			4,6	4,0
1,65		2	1,3	2			1,1	1,0
1,75		2	1,3					
N	50	100	150	100	75	25	175	200
$M \pm \sigma_m$	0,56 ± 0,03	1,21 ± 0,02	0,99 ±0,03	1,16 ± 0,02	0,74 ± 0,03	0,53 ± 0,06	0,98 ± 0,02	0,93 ± 0,03
σ	0,21	0,23	0,38	0,23	0,27	0,31	0,32	0,36

TABELLE 5

Die Ergebnisse der Pufferungsbestimmungen.

Die Anteilreihen lassen erkennen, wieviel Prozent der Gesamtknollenzahl einer jeden Reihe die in Spalte a angegebenen p_H-Differenzen aufweisen, wenn der p_H-Wert von 5 ml Preßsaft vor und nach Zugabe von 4,5 ml n/10 NaOH gemessen wird.

Sorte: Ackersegen

a Diff. zwischen den p_H-Werten vor und nach d. Laugenzugabe	1 Herkunft Mecklenburg (gesund) %	2 Walthersdorf (gesund) %	3 Walthersdorf + Mecklenburg (gesund) %	4 Probstheida (gesund) %	5 alle gesunden Herkünfte zusammen %	6 Walthersdorf (leichter Abbau) %	7 Walthersdorf (schwerer Abbau) %	8 Walthersdorf (leichter+ schwerer Abbau) %	9 Probstheida (leichter Abbau) %	10 Probstheida (schwerer Abbau) %	11 Probstheida (leichter+ schwerer Abbau) %	12 Walthersdorf + Probstheida (schwerer Abbau) %	13 Meißen + Döbeln (Abbau) %	14 alle abgebauten Herkünfte zusammen %
2,0				2	0,70		2,7	2	4	5,3	5	4,0	4	3,70
2,2		2	1,0	3	1,70	3,8	6,7	6	0	6,7	5	6,7	6	5,70
2,4			0,0	4	1,30	3,8	12,2	10	12	12,0	12	12,1	10	10,70
2,6		1	0,5	7	2,70	0,0	17,6	13	12	14,7	14	16,1	11	12,60
2,8	2	4	3,0	12	6,00	11,6	18,9	17	16	16,0	16	17,4	17	16,60
3,0	3	8	5,5	14	8,30	15,4	16,2	16	24	13,3	16	14,8	20	17,30
3,2	6	8	7,0	15	9,70	23,1	9,5	13	20	10,7	13	10,1	13	13,00
3,4	13	15	14,0	14	14,00	15,4	8,1	10	8	10,7	10	9,4	9	9,70
3,6	15	17	16,0	13	15,00	11,6	5,4	7	4	5,3	5	5,4	4	5,30
3,8	18	17	17,5	8	14,30	7,7	2,7	4		1,3	1	2,0	3	2,70
4,0	16	14	15,0	5	11,60	3,8		1		4,0	3	2,0	2	2,00
4,2	14	8	11,0	2	8,00	3,8		1					1	0,70
4,4	7	4	5,5	1	4,00									
4,6	4	2	3,0		2,00									
4,8	2		1,0		0,70									
N	100	100	200	100	300	26	74	100	25	75	100	149	100	300
$M \pm \sigma_m$	3,82 ±0,04	3,6 ±0,05	3,7 ±0,03	3,2 ±0,05	3,5 ±0,03	3,25 ±0,09	2,84 ±0,05	2,95 ±0,05	2,90 ±0,08	2,88 ±0,06	2,88 ±0,05	2,86 ±0,04	2,92 ±0,05	2,92 ±0,03
σ	0,43	0,48	0,47	0,51	0,54	0,46	0,43	0,47	0,38	0,50	0,47	0,46	0,47	0,47

TABELLE 6

Die Ergebnisse der Biuretreaktion.

Die Anteilreihen lassen erkennen, wieviel Prozent der Gesamtknollenzahl einer jeden Reihe auf die in Spalte a angeführten Wertzahlen entfallen.

Sorte: Ackersegen

a	1	2	3	4	5	6	7	8	9	10	11	12	13	14
	Mecklenburg (gesund)	Walthersdorf (gesund)	Walthersdorf + Mecklenburg (gesund)	Probstheida (gesund)	alle gesunden Herkünfte zusammen	Walthersdorf (leichter Abbau)	Walthersdorf (schwerer Abbau)	Walthersdorf (leichter + schwerer Abbau)	Probstheida (leichter Abbau)	Probstheida (schwerer Abbau)	Probstheida (leichter + schwerer Abbau)	Walthersdorf + Probstheida (schwerer Abbau)	Meißen + Döbeln (Abbau)	alle abgebauten Herkünfte zusammen
Wertzahl	%	%	%	%	%	%	%	%	%	%	%	%	%	%
1	79	62	70,5	12	51,0	4	0,0	1,0	4	0,0	1	0,0	0	0,67
2	16	26	21,0	27	23,0	8	1,3	3,0	0	1,3	1	1,3	0	1,34
3	3	9	6,0	28	13,3	36	9,3	16,0	12	2,7	5	6,0	1	7,33
4	2	1	1,5	24	9,0	32	13,3	18,0	36	14,7	20	14,0	8	15,33
5	0	2	1,0	9	3,7	20	76,1	62,0	48	81,3	73	78,7	91	75,33
N	100	100	200	100	300	25	75	100	25	75	100	150	100	300
$M \pm \sigma_m$	1,28 ±0,06	1,55 ±0,09	1,42 ±0,05	2,9 ±0,12	1,9 ±0,04	3,56 ±0,21	4,76 ±0,08	4,37 ±0,09	4,24 ±0,19	4,76 ±0,07	4,63 ±0,07	4,7 ±0,05	4,9 ±0,03	4,63 ±0,04
σ	0,62	0,86	0,76	1,16	0,61	1,04	0,71	0,93	0,97	0,57	0,72	0,64	0,33	0,74

TABELLE 7

Die Ergebnisse der Potentialmessungen an Eisen(III)-sulfat-Preßsaftgemischen.

Spalte a: Anzahl der auf die in Spalte A angeführten Potentialwertklassen entfallenden Knollen in % der Gesamtknollenzahl einer jeden Reihe.

Spalte b: Die Durchschnittswertzahlen, die sich bei Durchführung der Eisen(III)-sulfat-Kaliumrhodanid-Farbreaktion an Preßsäften der Knollen der entsprechenden Potentialwertklasse ergeben.

Sorte: Ackersegen

A	1		2		3		4		5		6		7		8		9		10		11		12		13		14	
	Mecklenburg (gesund)		Walthersdorf (gesund)		Walthersdorf + Mecklenburg (gesund)		Probstheida (gesund)		Alle gesunden Herkünfte zusammen		Walthersdorf (leichter Abbau)		Walthersdorf (schwerer Abbau)		Walthersdorf (leichter + schwerer Abbau)		Probstheida (leichter Abbau)		Probstheida (schwerer Abbau)		Probstheida (leichter + schwerer Abbau)		Walthersdorf + Probstheida (schwerer Abbau)		Meißen + Döbeln (Abbau)		Alle abgebauten Herkünfte zusammen	
Potentialsenkung mV	a %	b Wz	a %	b Wz	a %	b Wz	a %	b Wz	a %	b Wz	a %	b Wz	a %	b Wz	a %	b Wz	a %	b Wz	a %	b Wz	a %	b Wz	a %	b Wz	a %	b Wz	a %	b Wz
55	2	2,0			1,0	2,0			0,70	2,0																		
65	3	1,0	2	1,5	2,5	1,2			1,70	1,2																		
75	6	1,3	4	1,8	5,0	1,5			3,30	1,5	3,60	2,0			1	2,0									1	2,0	0,70	2,0
85	11	2,5	7	2,6	9,5	2,5	1	3,0	6,30	2,5	7,10	2,5			2	2,5			1,40	2,0	0,99	2,0	0,70	2,0	0	0,0	1,00	2,3
95	15	2,4	12	2,3	14,0	2,4	3	2,6	10,00	2,1	3,60	3,0	1,4	3,0	2	3,0	3,60	3,0	0,00	0,0	0,99	3,0	0,70	3,0	1	3,0	1,30	3,0
105	19	2,4	16	2,8	16,0	2,6	7	2,9	14,00	2,6	7,10	2,5	4,2	3,0	5	2,6	3,60	2,0	1,40	3,0	1,98	2,5	2,80	3,0	2	2,5	3,00	2,6
115	16	2,7	18	3,0	18,0	2,8	11	3,0	15,00	2,9	14,30	3,0	6,9	2,8	9	3,1	7,10	3,0	4,10	2,7	4,95	2,8	5,50	2,7	5	3,0	6,30	3,0
125	12	3,1	15	3,1	13,5	3,7	15	3,3	14,00	3,1	17,90	3,2	11,1	3,0	13	3,3	7,10	3,5	8,20	3,3	7,92	3,3	9,60	3,4	9	3,4	10,00	3,3
135	8	3,6	12	3,9	9,5	3,8	18	3,7	12,60	3,5	17,90	3,0	13,9	3,3	15	3,6	14,30	4,0	15,10	3,9	14,85	3,9	14,50	3,5	14	3,7	14,60	3,8
145	5	3,8	8	4,2	6,5	4,1	16	4,1	9,70	4,1	10,70	3,0	22,2	4,3	19	3,8	17,90	4,2	16,40	3,9	16,83	4,0	19,30	4,2	16	3,9	17,20	2,9
155	2	3,5	5	4,0	3,5	3,9	13	4,2	6,70	4,6	7,10	4,0	15,3	4,0	13	4,0	17,90	4,2	17,80	4,0	17,83	4,1	16,50	4,0	19	4,2	16,60	4,1
165	1	4,0	1	5,0	1,0	4,5	9	4,4	3,70	4,6	7,10	4,5	9,7	3,7	9	4,5	10,70	4,0	15,10	4,5	13,87	4,4	12,40	4,2	14	4,2	12,30	4,4
175							4	4,3	1,35	4,3	3,60	5,0	6,9	4,6	6	4,4	7,10	4,5	10,90	4,4	9,90	4,4	9,00	4,5	9	4,3	8,30	4,4
185							2	5,0	0,70	5,5			5,6	4,0	4	4,8	7,10	5,0	5,50	4,8	5,94	4,8	5,50	4,4	6	4,3	5,30	4,7
195							1	4,0	0,30	4,0			2,8	5,0	2	4,0	3,6	5,0	2,70	4,0	2,97	4,3	2,80	4,5	3	4,3	2,60	4,3
205																			1,40	5,0	0,99	5,0	0,70	5,0	1	5,0	0,70	5,0
N	100		100		200		100		300		28		72		100		28		73		101		145		100		301	
$M \pm \sigma_m$	108,3 ±2,25		115,1 ±2,20		111 ±1,61		137,6 ±2,2		120 ±1,49		127,14 ±4,63		146,1 ±2,64		140,8 ±2,46		147,5 ±4,62		151,71 ±2,62		150,50 ±2,27		148,9 ±1,9		151,7 ±2,3		147,2 ±1,38	
σ	22,5		22,05		22,7		22,2		25,7		24,54		22,42		24,58		24,5		22,36		22,9		22,52		22,9		23,96	

TABELLE 8

Die Ergebnisse der Eisen(III)-chlorid-Kaliumrhodanid-Farbreaktion (= Potential-Farbtest). Die Anteilreihen lassen erkennen, wieviel Prozent der Gesamtknollenzahl einer jeden Reihe auf die in Spalte a angeführten Bewertungsklassen entfallen.

Sorte: Ackersegen

a	1	2	3	4	5	6	7	8	9	10	11	12	13	14
	Mecklenburg (gesund)	Walthersdorf (gesund)	Walthersdorf + Mecklenburg (gesund)	Probstheida (gesund)	alle gesunden Herkünfte zusammen	Walthersdorf (leichter Abbau)	Walthersdorf (schwerer Abbau)	Walthersdorf (leichter + schwerer Abbau)	Probstheida (leichter Abbau)	Probstheida (schwerer Abbau)	Probstheida (leichter + schwerer Abbau)	Walthersdorf + Probstheida (schwerer Abbau)	Meißen + Döbeln (Abbau)	alle abgebauten Herkünfte zusammen
Wertzahl	%	%	%	%	%	%	%	%	%	%	%	%	%	%
1	22,8	16	19,5	3	14,0	3,6	7,0	6,06				3,47	1,90	2,53
2	25,7	18	22,0	10	18,0	21,4	7,0	11,11	7,2	13,7	11,9	10,42	8,70	10,13
3	29,7	28	29,0	30	29,3	39,3	18,3	24,24	21,4	11,0	13,9	14,58	17,50	19,62
4	10,9	22	16,5	27	20,0	25,0	38,1	34,35	35,7	39,7	38,6	38,89	35,00	34,49
5	10,9	16	13,0	30	18,7	10,7	29,6	24,24	35,7	35,6	35,6	32,64	36,9	33,23
N	101	100	200	100	300	28	71	99	28	73	101	144	103	316
$M \pm \sigma_m$	2,62 ±0,13	3,04 ±0,13	2,82 ±0,09	3,71 ±0,15	3,1 ±0,07	3,2 ±0,19	3,8 ±0,14	3,6 ±0,12	4,0 ±0,18	3,97 ±0,12	3,98 ±0,1	3,9 ±0,09	3,96 ±0,1	3,86 ±0,06
σ	1,26	1,3	1,29	1,45	1,3	1,02	1,17	1,15	0,94	1,01	1,0	1,09	1,04	1,07

TABELLE 9

Die Ergebnisse der Kupferprobe.

Die Anteilreihen lassen erkennen, wieviel Prozent der Gesamtknollenzahl einer jeden Reihe auf die in Spalte a angegebenen Indexklassen entfallen.

Sorte: Ackersegen

a	1	2	3	4	5	6	7	8	9	10
	Mecklenburg (gesund)	Walthersdorf (gesund)	Walthersdorf + Mecklenburg (gesund)	Probstheida (gesund)	Alle gesunden Herkünfte zusammen	Walthersdorf (schwerer Abbau)	Probstheida (schwerer Abbau)	Walthersdorf + Probstheida (schwerer Abbau)	Döbeln + Meißen (schwerer Abbau)	Alle abgebauten Herkünfte zusammen
Indexklassen	%	%	%	%	%	%	%	%	%	%
10	3	5	4,0	6	4,70	9,3	6,7	8,00	4	6,4
30	7	8	7,5	7	7,30	12,0	14,7	13,30	12	12,8
50	4	6	5,0	7	5,70	13,3	17,4	15,30	11	13,6
70	9	11	10,0	8	9,30	10,7	13,3	12,00	8	10,4
90	8	11	9,5	11	10,00	9,3	10,7	10,00	14	11,6
110	13	15	14,0	10	12,70	13,3	12,0	12,70	10	11,6
130	12	9	10,5	12	11,00	12,0	8,0	10,00	7	8,8
150	8	8	8,0	8	8,00	4,0	9,3	6,70	6	6,4
170	10	6	8,0	9	8,30	4,0	5,3	4,70	6	5,2
190	6	7	6,5	5	6,00	5,4	0,0	2,70	5	3,6
210	6	5	5,5	3	4,70	2,7	1,3	2,00	4	2,8
230	3	4	3,5	6	4,30	2,7	0,0	1,30	2	1,6
250	4	2	3,0	4	3,30	1,3	1,3	1,30	3	2,0
270	3	3	3,0	2	2,70				4	1,6
290	4		2,0	2	2,00				2	0,8
310									2	0,8
N	100	100	200	100	300	75	75	150	100	250
$M \pm \sigma_m$	137,4 ±7,18	120 ±6,66	128,7 ±4,95	126,4 ±7,2	127,93 ±4,06	95,33 ±7,07	85,46 ±6,00	90,40 ±4,63	119,8 ±7,82	102,16 ±4,28
σ	71,8	66,6	69,8	72,0	70,4	61,2	52,0	56,7	78,24	67,6

TABELLE 9a

Die Beziehungen zwischen der Art und Stärke der Virusinfektion und dem Verlauf der Diagnosereaktionen

Verglichene Kollektive / Diagnoseverfahren	Pufferungsbestimmungen		Biuretreaktion		elektrometrische Potentialmessungen		Potential-Farbtest		Alkoholprobe		Stärkegehaltsbestimmungen		Kupferprobe	
	u	t	u	t	u	t	u	t	u	t	u	t	u	t
gesund — Blattroll	9,03	3,05	21,66	3,05	8,10	3,05	3,39	3,05	1,03	3,04	4,55	3,04	1,93	3,05
gesund — Strichel	8,04	3,06	17,57	3,06	6,14	3,06	2,35	3,06	1,31	3,05	3,63	3,05	2,04	3,06
gesund — Mosaik	1,28	3,07	6,65	3,07	0,33	3,07	0,09	3,07	+	+	+	+	+	+
gesund — leichtes Blattroll	2,61	3,07	6,33	3,07	1,23	3,07	0,62	3,07	+	+	+	+	+	+
gesund — leichtes Strichel	2,61	3,07	6,16	3,07	2,82	3,07	0,41	3,07	+	+	+	+	+	+
Blattroll — Strichel	0,12	3,10	0,81	3,10	0,78	3,11	0,58	3,10	0,32	3,08	0,33	3,08	0,27	3,10
Mosaik — leichtes Blattroll	1,06	3,54	0,00	3,63	0,11	3,50	0,60	3,50	+	+	+	+	+	+
Mosaik — leichtes Strichel	1,12	3,58	0,38	3,58	1,38	3,54	0,43	3,54	+	+	+	+	+	+
leichtes Strichel — leichtes Blattroll	0,12	3,58	0,31	3,58	1,21	3,50	0,18	3,50	+	+	+	+	+	+
Blattroll — leichtes Blattroll	2,09	3,16	3,64	3,16	3,14	3,16	1,36	3,16	+	+	+	+	+	+
Strichel — leichtes Strichel	1,75	3,21	3,36	3,20	0,70	3,21	1,41	3,21	+	+	+	+	+	+
Blattroll — Mosaik	3,51	3,16	4,25	3,16	3,46	3,16	1,05	3,16	+	+	+	+	+	+
Strichel — Mosaik	3,49	3,22	3,01	3,21	2,72	3,21	1,94	3,21	+	+	+	+	+	+

u = Die Differenz zwischen den Mittelwerten der verglichenen Kollektive, dargestellt als Vielfaches des mittleren Fehlers der Differenz

t = Zufallsbereich der Differenz entsprechend der Zahl der Einzeluntersuchungen bei einer Überschreitungswahrscheinlichkeit von 0,27%; statistisch gesicherte Reaktionsunterschiede bei $u > t$

+ = Es liegen nur Ergebnisse von stark blattroll- bzw. strichelvirusinfizierten Knollen vor

mittlere Fehler des Mittelwertes (σ_m) sowie die mittlere Abweichung (= Standardabweichung) σ angegeben (Berechnung nach WEBER 1948).
Wie ein Überblick über die in den Tabellen angeführten Werte erkennen läßt, sind sowohl in den Reihen mit gesunden als auch in den Reihen mit virusinfizierten Knollen die Einzelergebnisse zumeist sehr weit um den Mittelwert gestreut. Die Variationsareale gesunder und kranker Knollen überschneiden sich in einem verhältnismäßig großen Bereich. Dieser Überschneidungsbereich ist im allgemeinen am kleinsten, wenn die an gesunden Knollen aus Gesundheitslagen gewonnenen Ergebnisse den an stark virusbefallenen Knollen ermittelten Werten gegenübergestellt werden. Aber auch in diesem Falle sind die Überschneidungen zwischen den Variationsbereichen gesunder und kranker Knollen in der Regel noch so umfangreich, daß eine genaue Einzelknollendiagnose nur in wenigen Fällen möglich sein dürfte. Bei den meisten Verfahren können lediglich extreme Reaktionswerte eindeutig gesunden bzw. kranken Knollen zugeordnet werden.
Dessen ungeachtet lassen die erhaltenen Ergebnisse hoffen, daß es zumindest bei den besten der in die Untersuchungen einbezogenen Verfahren möglich sein wird, von dem bei der Untersuchung einer größeren Stichprobe ermittelten durchschnittlichen Testergebnis (Mittelwert) auf den Gesundheitszustand der entsprechenden Herkunft zu schließen, denn die an gesunden und virusbefallenen Knollen erhaltenen Mittelwerte sind vielfach so deutlich und hochsignifikant voneinander unterschieden (vgl. Tab. 9a und Tab. 10), daß sie Rückschlüsse auf den Gesundheitszustand der untersuchten Herkünfte gestatten. Vor allem die Ergebnisse der Pufferungsbestimmungen, der Biuretreaktion, der elektrometrischen Potentialmessungen und der Untersuchungen an Eisen(III)-chlorid-Kaliumrhodanid-Preßsaftgemischen berechtigen in dieser Hinsicht zu Hoffnungen.

2. *Untersuchungen über die Arbeitsbreite der Diagnoseverfahren*

Um zu ermitteln, welche Viren von den verschiedenen Tests erfaßt werden und wie sich unterschiedliche Befallsstärke auf das Testergebnis auswirkt, wurden die bei den vergleichenden Untersuchungen erhaltenen Werte entsprechend dem Virusbesatz der untersuchten Knollen variiert.
Im Hinblick auf die mehr oder weniger starke umweltbedingte Beeinflussung des Reaktionsverlaufes (vgl. S. 43 f.) mußten diese Untersuchungen auf die Knollen einer Herkunft beschränkt bleiben. Auf Grund der bei der Stecklingskontrolle des Gesundheitszustandes erhaltenen Ergebnisse (vgl. S. 32) wurde hierfür die Herkunft Walthersdorf ausgewählt. Zur Kennzeichnung der Untersuchungsbefunde sind in Tab. 9a die Differenzen zwischen den Mittelwerten ($M_1 - M_2$) der Variationsreihen entsprechend der Formel

$$u = \frac{M_1 - M_2}{\sqrt{\frac{\sigma_1^2}{N_2} + \frac{\sigma_2^2}{N_1}}}$$

als Vielfaches (= u) des mittleren Fehlers der Differenz zum Ausdruck gebracht (vgl. KOLLER 1953, S. 40 bzw. WEBER 1948, S. 181; σ = mittlere Abweichung, Standardabweichung entspr. Formel auf S. 45; N = Umfang des Kollektives) und dem Zufallsbereich der Differenzen (= t; Berechnung nach KOLLER 1953—Tafel 7— für eine Überschreitungswahrscheinlichkeit von 0,27%) gegenübergestellt worden. Ist der u-Wert kleiner als der Zufallsbereich der entsprechenden Differenz, so müssen die verglichenen Variationsreihen als zur selben Grundgesamtheit bzw. zu zwei Grundgesamtheiten mit gleichem Mittelwert und gleicher mittlerer Abweichung zugehörig aufgefaßt werden. Eine Zusammenfassung entsprechender Variationsreihen ist möglich. Übersteigen die u-Werte die t-Werte, so dürfen die zwischen den verglichenen Kollektiven vorgefundenen Reaktionsunterschiede als statistisch gesichert angesehen werden, und eine Zusammenfassung derartiger Kollektive ist nicht statthaft.

Ein Überblick über die in Tab. 9a verzeichneten Werte läßt erkennen, daß sich die Variationsreihen gesunder bzw. blattroll- und strichelvirusinfizierter Knollen vor allem bei den Pufferungsbestimmungen, bei der Biuretreaktion und bei den elektrometrischen Potentialmessungen beträchtlich voneinander unterscheiden. Die u-Werte übersteigen die zugehörigen t-Werte um ein Vielfaches. Auch bei dem Potentialfarbtest und bei den Stärkegehaltsbestimmungen sind größere Unterschiede zu verzeichnen.

Wesentlich geringer sind die bei den genannten Verfahren auftretenden Reaktionsabweichungen, wenn den an Knollen gesunder Pflanzen erhaltenen Werten die Ergebnisse gegenübergestellt werden, die an Knollen von Pflanzen gewonnen worden sind, bei denen im Vorjahr Mosaikerscheinungen oder — vorwiegend gegen Ende der Vegetationsperiode — Symptome leichter Blattroll- und Strichelvirusinfektionen aufgetreten waren.

Praktisch keine Unterschiede (u-Werte wesentlich kleiner als die entsprechenden t-Werte) ergeben sich bei Gegenüberstellung der an blattroll- und strichelvirusinfizierten Knollen erhaltenen Werte. Einer Zusammenfassung derartiger Ergebnisse (vgl. Tab. 3 bis 9) steht somit nichts entgegen. Auch die an Knollen von Pflanzen mit Mosaikerscheinungen bzw. leichten Blattroll- und Strichelerscheinungen gewonnenen Werte unterscheiden sich kaum voneinander und dürfen daher zusammengefaßt werden, wenn dies im Interesse einer übersichtlichen Darstellung wünschenswert ist.

Im Gegensatz zu den angeführten Fällen sind größere, z. T. statistisch gesicherte Unterschiede zu verzeichnen, wenn die an Knollen von Pflanzen mit stärkeren Blattrollerscheinungen gewonnenen Ergebnisse den an Knollen mit leichten Blattrollerscheinungen gewonnenen Werten gegenübergestellt werden. Dasselbe gilt für den Vergleich der an Knollen mit stärkeren bzw. leichteren Strichelerscheinungen erhaltenen Ergebnisse sowie für die Gegenüberstellung der an Knollen mit Blattroll- und Strichelerscheinungen bzw. Mosaikerscheinungen ermittelten Werte.

Die angeführten Befunde lassen erkennen, daß bei den in die Erörterungen einbezogenen Verfahren das Ausmaß der virusinduzierten Veränderungen der diagnostisch bedeutsamen Umsetzungen weniger von der Art der Viruserkrankung als vielmehr vom Umfang des durch den Virusbefall hervorgerufenen Vitalitätsverlustes der Knollen bzw. der diesen bedingenden Stoffwechselstörungen abhängig ist. Bei Sekundärinfektionen mit stark schädigenden Viren sind in der Regel die besten Testergebnisse zu erwarten, während Primärinfektionen und Infektionen mit Viren, die verhältnismäßig geringe Wuchs- und Ertragsdepressionen zur Folge haben, mit geringerer Sicherheit angezeigt werden.

3. *Zur herkunftsbedingten Beeinflussung des Reaktionsverlaufes*

Wenn auch die vorliegenden Ergebnisse keine sichere Kennzeichnung des Ausmaßes zulassen, in dem Herkunftseinflüsse den Verlauf der verschiedenen Diagnoseverfahren zu verändern vermögen, so vermitteln doch die Reaktionsunterschiede, die zwischen den in die Untersuchungen einbezogenen Herkünften bei Knollen gleichen Gesundheitszustandes auftreten, Hinweise auf herkunftsbedingte Reaktionsabweichungen. Es sind daher in Tab. 3 bis 9 neben einer Zusammenfassung der an gesunden und virusbefallenen Knollen erzielten Ergebnisse auch die an den einzelnen Herkünften gewonnenen Werte getrennt angeführt.

Ein Vergleich zwischen den bei Durchführung der Pufferungsbestimmungen, der Biuretreaktion, der elektrometrischen Potentialmessungen und des Potential-Farbtestes an gesunden Knollen aus Mecklenburg gewonnenen Ergebnissen und den an entsprechenden Knollen aus dem Erzgebirge erhaltenen Werten läßt erkennen, daß bei der Erzgebirgsherkunft die Durchschnittsergebnisse geringfügig in Richtung „krank" verschoben sind. Weit bedeutsamer sind die zwischen den gleichen Herkünften bei Durchführung der Stärkegehaltsbestimmung und der Alkoholprobe auftretenden Unterschiede. Diese übertreffen z. T. die zwischen einwandfrei gesunden und kranken Knollen beobachteten Differenzen. Je größere Ausmaße derartige herkunftsbedingte Schwankungen annehmen, desto weniger sind naturgemäß entsprechende Reaktionen für diagnostische Zwecke geeignet.

Von beachtlicher Größe ist bei den meisten Verfahren die Verschiebung der Durchschnittswerte in Richtung „krank", die bei den Knollen im Vorjahr symptomloser Pflanzen aus Abbaulagen im Vergleich zu entsprechenden Knollen aus Gesundheitslagen zu verzeichnen ist. Den Ergebnissen der Stecklingskontrolle zufolge ist diese Verschiebung allerdings z. T. dadurch bedingt, daß eine Anzahl der entsprechenden Pflanzen in der vergangenen Vegetationsperiode infiziert worden war. Es erscheint jedoch fraglich, ob Neuinfektionen die alleinige Ursache für die beträchtlichen Abweichungen sind, zumal die an stark virusbefallenen Knollen aus Abbaulagen ermittelten Durchschnittswertzahlen im Vergleich zu den an entsprechendem Knollenmaterial aus Gesundheitslagen ermittelten Werten ebenfalls in Richtung „krank" verschoben sind. Es liegt nahe, daß im einzelnen nicht bekannte, aber wohl besonders häufig in Abbaulagen auftretende Umwelteinflüsse Anteil an den angeführten Veränderungen haben.

Obwohl an einer verhältnismäßig geringen Anzahl von Herkünften gewonnen, sprechen die erhaltenen Ergebnisse dafür, daß bei allen physiologisch-chemischen Verfahren Herkunfts- und anderweitige Umwelteinflüsse in Rechnung zu stellen sind, wie dies auf Grund allgemeiner Kenntnisse über die umweltbedingte Beeinflussung physiologischer Umsetzungen auch kaum anders zu erwarten ist. Zumindest im Hinblick auf die Biuretreaktion, die Pufferungsbestimmungen und die Potentialmessungen erscheint jedoch die Annahme berechtigt, daß die Arbeitssicherheit durch herkunfts- und umweltbedingte Veränderungen keine wesentliche Beeinträchtigung erfährt. Umfassende Aufschlüsse über das Ausmaß umweltinduzierter Reaktionsabweichungen müssen indessen umfangreicheren Untersuchungen vorbehalten bleiben (vgl. S. 89ff. u. S. 159ff.), die allerdings wegen des erforderlichen Arbeitsaufwandes nur für solche Verfahren lohnenswert sind, die versprechen, sowohl hinsichtlich der Arbeitssicherheit als auch der methodischen Handhabung den gestellten Anforderungen weitgehend gerecht zu werden.

4. Vergleiche zwischen der Arbeitssicherheit der überprüften Diagnoseverfahren

a) Kennzeichnung der Arbeitssicherheit durch übersichtliche Kennziffern (Bildung von Beurteilungszahlen)

Um die mit den verschiedenen Verfahren erhaltenen, in Tab. 3 bis 9 angeführten Ergebnisse übersichtlich und schnell miteinander vergleichen und auf diese Weise die besten Diagnoseverfahren ermitteln zu können, sollten diese noch weiter dergestalt zusammengefaßt werden, daß die Arbeitssicherheit jedes Diagnoseverfahrens durch einen einzigen Kennwert zum Ausdruck gebracht wird.

Als Ausgangspunkt für die Aufstellung eines derartigen Kennwertes diente die Beobachtung, daß die diagnostisch bedeutsamen Umsetzungen durch Virusinfektionen, die etwa gleich große Wuchs- und Ertragsdepressionen zur Folge haben, offenbar stets im gleichen Ausmaß verändert werden. Dadurch, daß sich diese virusinduzierten Veränderungen den durch äußere und innere Faktoren bewirkten Schwankungen der Stoffwechselvorgänge gesunder Knollen überlagern, ergibt sich somit bei viruskranken Knollen, um das Ausmaß der virusinduzierten Veränderungen verschoben, die gleiche Variationskurve wie bei gesunden Knollen. Übersteigt der Abstand zwischen der an gesunden bzw. virusinfizierten Knollen erhaltenen Variationskurve wesentlich die bei gesunden und kranken Knollen aufgetretene Variabilität, so kommt dem entsprechenden Diagnoseverfahren eine große Trennschärfe zu, während diese umgekehrt um so geringer ist, je mehr sich die Variationsbereiche gesunder und virusinfizierter Knollen überschneiden. Dementsprechend muß sich ein geeigneter Kennwert für die Arbeitssicherheit eines Diagnoseverfahrens ergeben, wenn das Ausmaß der virusinduzierten Stoffwechselveränderung in Beziehung zur Variabilität der diagnostisch bedeutsamen Stoffwechselvorgänge gesetzt wird.

Die Maßzahl für die virusinduzierte Stoffwechseländerung ergibt sich aus der Differenz der bei der Untersuchung gesunder und virusinfizierter Knollen erhaltenen Mittelwerte. Als Maßzahl für die Variabilität wird zweckmäßigerweise die mittlere Abweichung (Standardabweichung)

$$\sigma = \sqrt{\frac{\sum_{i=1}^{N} z_i(x_i - M)^2}{N-1}}$$

herangezogen (z = Häufigkeit des Meßwertes, x = Meßwert; übrige Symbole entspr. S. 32 u. 41 f.). Falls die Variabilität der Stoffwechselvorgänge gesunder Knollen in der Tat im wesentlichen durch Umweltfaktoren hervorgerufen wird, stellt σ überdies eine Maßzahl für die Empfindlichkeit der einzelnen Diagnoseverfahren gegenüber Umweltfaktoren dar. Je empfindlicher die einem Test zugrunde liegenden Umsetzungen gegenüber bestimmten Umweltfaktoren sind, desto größere Werte wird σ annehmen.

Insofern die Variabilität der GAUSSschen Normalverteilung folgt, dürfen aus dem Wert des Verhältnisses

$$\mathrm{K} = \frac{M_1 - M_2}{\sigma}$$

unmittelbar Rückschlüsse auf die Trennschärfe und somit die Arbeitssicherheit des untersuchten Tests gezogen werden. So besagt z. B. der Wert K = 6, daß zwischen den Anteilreihen gesunder und virusinfizierter Knollen praktisch kaum mehr Überschneidungen auftreten, da ja in diesem Falle zwischen den beiden Mittelwerten ein Bereich von $2 \times 3\sigma$ liegt, der annähernd dem Bereich $M \pm 3\sigma$ gleichkommt, in dem sich 99,73% aller Werte der Normalverteilungskurve befinden. Werte über 6 lassen erkennen, daß die in die Betrachtungen einbezogenen Variationsreihen sehr weit auseinandergerückt sind, und zwar um so weiter, je größer die entsprechenden Werte sind. Von einem gewissen Abstand an findet zwischen den Variationskurven gesunder und stark virusbefallener Knollen noch eine dritte, auf Grund der Untersuchungsergebnisse an leicht virusbefallenen Knollen gebildete Variationskurve Platz. Das bedeutet, daß sich in diesem Falle gesunde Knollen nicht nur mit Sicherheit von stark virusbefallenen, sondern auch von leicht virusbefallenen Knollen unterscheiden lassen. Verfahren, die bei der Überprüfung derartige Kennwerte (= K) ergeben, können daher auch zur Stellung von Einzelknollendiagnosen herangezogen werden und sind somit u. U. für virologische Untersuchungen in Zuchtbetrieben geeignet. Wird der Wert 6 nicht erreicht, so treten Überschneidungen ein. Diese nehmen immer größeren Umfang an, je kleiner der Kennwert (= K) ist. Der Wert

$$6 - K$$

vermittelt somit einen Eindruck von der Breite des vielfach als kritische Zone bezeichneten Überschneidungsbereiches. Darüber hinaus ist dem Kennwert zu entnehmen, welcher Anteil der an gesunden bzw. virusinfizierten Knollen gewonnenen Werte außerhalb der kritischen Zone liegt und dadurch die Stellung eindeutiger Diagnosen gestattet. Dieser Anteil ergibt sich nach Verminderung des Kennwertes um den Wert 3 aus der tabellarischen Auswertung des GAUSSschen Integrals (vgl. u. a. WEBER 1956, Tafeln 2 und 2a). So liegen beispiels-

weise bei einem Kennwert von 4 die Ergebnisse von etwa 84% der untersuchten Knollen außerhalb der kritischen Zone.
Da derartige Rückschlüsse jedoch nur berechtigt sind, wenn die Variabilität der in den verschiedenen überprüften Verfahren erfaßten Stoffwechselvorgänge zumindest in ausreichender Annäherung der Normalverteilung folgt, war zunächst der entsprechende Nachweis zu erbringen.

Auf das Vorliegen von Normalverteilungen deutete bei zahlreichen Diagnoseverfahren, z. B. bei Potential- und Pufferungsmessungen, der Umstand hin, daß sich etwa $^2/_3$ der Werte der einzelnen Variationsreihen innerhalb des Bereiches $M = \pm \sigma$ befinden und die entsprechenden Reihen weder einen positiven noch einen negativen Exzeß, noch irgendwelche andere Anomalien erkennen lassen.
Um weitere Hinweise auf das Vorliegen einer Normalverteilung zu erhalten, wurden aus den Variationsreihen, die auf Grund der bei den Untersuchungen erhaltenen Ergebnisse aufgestellt worden waren, Prozentsummenkurven gebildet. Diese wurden mit der Prozentsummenkurve der der jeweiligen Variationsreihe am besten angepaßten GAUSS-Kurve verglichen. Durch Verwendung eines rechtwinklig geradlinigen Koordinatensystems, bei dem die Ordinatenachse nach dem GAUSSschen Integral geteilt ist (= Wahrscheinlichkeitsnetz), wurde die GAUSSsche Summenkurve (Ogive) in eine Gerade überführt (= HAZENsche Gerade), deren Verlauf die ihr zugrunde liegende Normalverteilung kennzeichnet (vgl. WEBER 1956, S. 29 u. S. 111—116). Steilen Geraden entsprechen hohe, schlanke Normalverteilungskurven, Geraden mit geringer Neigung flache Kurven.
Das Variationspolygon der empirischen Prozentsummen-Kurve erscheint im Wahrscheinlichkeitsnetz als eine gebrochene Linie. Der Grad der Übereinstimmung dieser Linie mit der ihr theoretisch zugrunde liegenden HAZENschen Geraden bietet einen Maßstab dafür, in welchem Umfang die empirisch ermittelte Verteilung der dieser zugrunde liegenden Normalverteilung entspricht.
Wie aus Abb. 1 und 2 ersichtlich, kommt vor allem die Verteilung der bei den elektrometrischen Potentialmessungen und bei den Pufferungsmessungen ermittelten Werte einer Normalverteilung sehr nahe. Auch die Verteilung der bei Durchführung der Kupferprobe (Abb. 3) sowie der Alkoholprobe (Abb. 4) erhaltenen Werte zeigt recht enge Beziehungen zur GAUSS-Verteilung. Die Ergebnisse der Stärkegehaltsbestimmung (Abb. 5) weisen dagegen größere Abweichungen von der die ideale Summenkurve kennzeichnenden Geraden auf. Es liegt nahe, die Ursache dieser Abweichungen im wesentlichen darin zu suchen, daß die Umweltverhältnisse den Stärkegehalt in so starkem Maße beeinflussen, daß selbst die auf dem gleichen Schlage auftretenden Unterschiede in den Vegetationsbedingungen bereits größere Reaktionsunterschiede hervorrufen, die bei der verhältnismäßig geringen Anzahl von Einzeluntersuchungen einen unausgeglichenen Kurvenverlauf zur Folge haben. Daher dürfte vertretbar sein, bei allen in Abb. 1 bis 5 angeführten Verfahren vorauszusetzen, daß die an gesunden bzw. viruskranken Knollen gewonnenen Ergebnisse zumindest in einer für die Auswertung des Kennwertes ausreichenden Annäherung in Form einer Normalverteilung gestreut sind.

Gegenüberstellung der an gesunden (*G*) und virusinfizierten (*K*) Knollen erhaltenen Prozentsummenkurven (gestrichelte Linien) und der diesen entsprechenden Summenkurven der Normalverteilung (ausgezogene Linien) im Wahrscheinlichkeitsnetz.

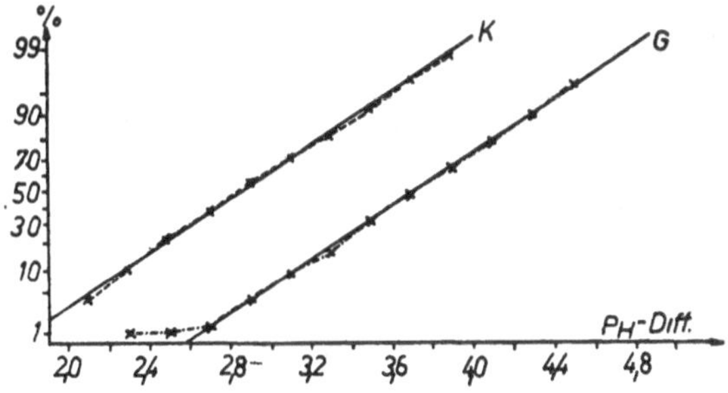

Abb. 1. Pufferungsbestimmungen unter Berücksichtigung der in Tab. 5, Sp. 3 und 12 verzeichneten Ergebnisse.

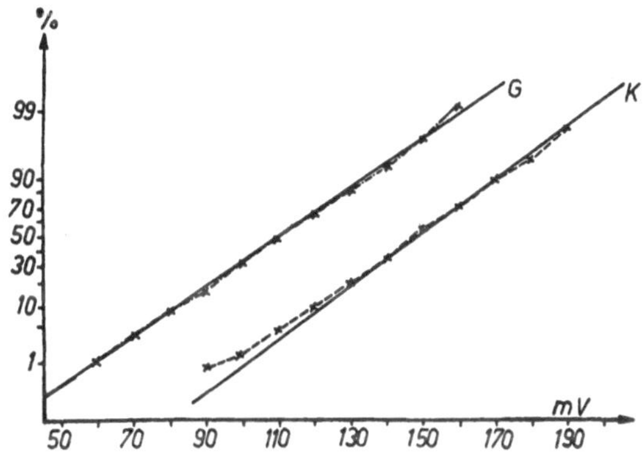

Abb. 2. Elektrometrische Potentialmessungen unter Berücksichtigung der in Tab. 7, Sp. 3a und 12a verzeichneten Ergebnisse.

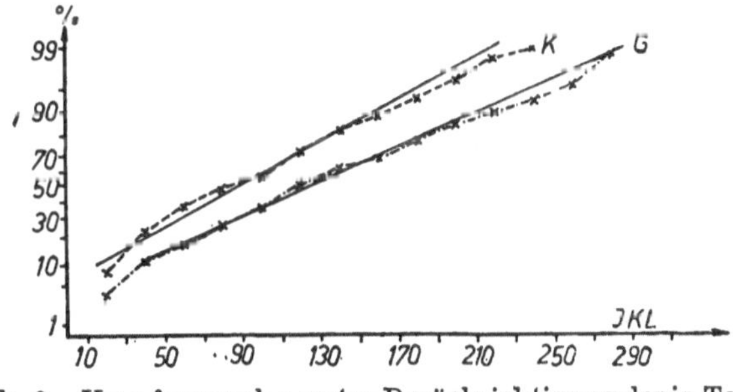

Abb. 3. Kupferprobe unter Berücksichtigung der in Tab. 9, Sp. 3 und 8 verzeichneten Ergebnisse; Abszisse: Indexklassen (IKL).

Gewisse Bedenken bestanden hingegen zunächst gegen die Bejahung der Frage, ob die angeführten Kennwerte auch zur Kennzeichnung der diagnostischen Sicherheit der Biuretreaktion und der Eisen(III)-sulfat-Kaliumthodanid-Reaktion (=Potential-Farbtest) herangezogen werden dürfen, wie dies im Hinblick auf die Schaffung einer einheitlichen Vergleichsbasis sehr wünschenswert war, denn die mit diesen Diagnoseverfahren erhaltenen Ergebnisse lassen infolge der häufigen Verschiebung der Maxima an den Anfang und an das Ende der Variationsreihe nicht ohne weiteres einen Zusammenhang mit einer Normalverteilung erkennen. Werden jedoch die bei Durchführung des Potential-Farbtestes erhaltenen Ergebnisse nach den Werten, die bei der elektrometrischen Potentialbestimmung an der gleichen Knolle ermittelt worden sind, in Klassen eingeteilt und zu Durchschnittswertzahlen (vgl. S. 73 u. 76) zusammengefaßt (Tab. 7, Spalten b), so zeigt sich, daß die Werte der Farbreaktion zwischen den Potentialwertklassen 75 mV und 145 mV mit den elektrometrisch ermittelten Potentialwerten bzw. Potentialdifferenzen anwachsen. Unter bzw. über den genannten Grenzwerten bleiben sie dagegen unabhängig vom elektrometrisch bestimmten Potentialwert in etwa

Gegenüberstellung der an gesunden (*G*) und virusinfizierten (*K*) Knollen erhaltenen Prozentsummenkurven (gestrichelte Linien) und der diesen entsprechenden Summenkurven der Normalverteilung (ausgezogene Linien) im Wahrscheinlichkeitsnetz.

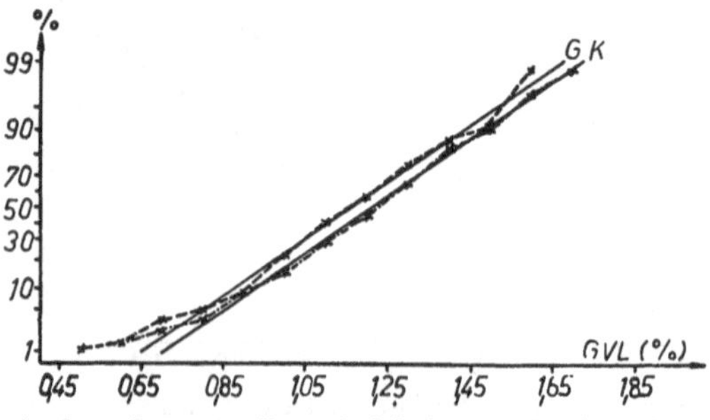

Abb. 4. Alkoholprobe unter Berücksichtigung der in Tab. 4, Sp. 2 und 4 verzeichneten Ergebnisse; Abszisse: Gewichtsverlust (GVL) in %.

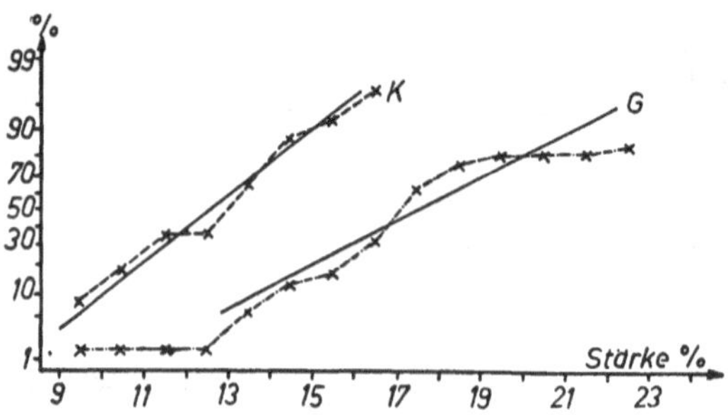

Abb. 5. Stärkegehaltsbestimmung unter Berücksichtigung der in Tab. 3, Sp. 2 und 7 verzeichneten Ergebnisse.

gleicher Höhe bestehen. Dies ist offensichtlich darauf zurückzuführen, daß unterhalb des bei etwa 75 mV liegenden Grenzpotentials im Reaktionsgemisch so viele freie dreiwertige Eisenionen vorhanden sind, daß die entsprechenden Proben unabhängig von der Höhe des Potentials durch die rote Farbe des Eisen(III)-rhodanids und somit durch die Wertzahlen 1 oder 2 gekennzeichnet sind, während umgekehrt von einem bei etwa 145 mV liegenden Grenzpotentialwert an die Konzentration freier dreiwertiger Eisenionen so gering ist, daß die Bildung des roten Eisen(III)-rhodanids vollständig unterbleibt und in der Reagenslösung — abgesehen von gewissen zufallsbedingten Schwankungen — nur noch gelbliche oder olivgrüne Farbtöne auftreten. Infolgedessen werden in den diesen Farbwerten entsprechenden Wertzahlen 1 bzw. 5 alle Knollen vereinigt, deren elektrometrisch bestimmte Potentialdifferenzen niedriger bzw. größer als die entsprechenden Grenzpotentiale sind. Die Wertzahlen 1 und 5 repräsentieren also keine in sich geschlossenen, sondern nach oben offenen Klassen. Da bei den an kranken Knollen ausgeführten elektrometrischen Potentialmessungen das obere Grenzpotential — wie aus Tab. 7 hervorgeht — bereits unweit der Gipfelklasse liegt, entsprechen somit bei der Farbreaktion allen Knollen mit höherer Potentialsenkung Farbwerte der Wertzahlen 4 und 5. Es entsteht daher in diesen Wertzahlklassen ein Maximum, welches nicht an dieser Stelle zu liegen käme, wenn höhere Potentialdifferenzen an einer weiteren Farbverschiebung — beispielsweise von grün nach blau — zu erkennen wären. Ebenso ergibt sich bei gesunden Herkünften ein Maximum in der Wertzahlklasse 1.

Bei der Biuretreaktion, bei der die Maxima bei den gesunden bzw. stark viruskranken Knollen ebenfalls in den entsprechenden Randklassen zu liegen kommen, während in den angrenzenden Klassen ein starkes Absinken der Knollenzahl zu verzeichnen ist, liegen offensichtlich ähnliche Verhältnisse vor. Hierauf deuten besonders Ergebnisse hin, die an Knollen von im Vorjahr symptomlosen Pflanzen aus Abbaulagen bzw. von leicht virusbefallenen Pflanzen gewonnen worden sind (Tab. 6, Sp. 4 und 6). Hier hatten die den Verlauf der Biuretreaktion bestimmenden Faktoren nicht so weitgehende Veränderungen erfahren wie bei schwer befallenen Knollen. Infolgedessen war der Variationsbereich des der Biuretreaktion zugrunde liegenden physiologischen Prinzips in vollem Umfang in den Umschlagbereich der Biuretreaktion gerückt, und die Streuung konnte sich einer Normalverteilung angleichen, deren Maximum in der Mittelklasse zu liegen kommt. Es liegt daher die Annahme nahe, daß auch die der Biuretreaktion zugrunde liegenden physiologischen Vorgänge wie die dem Potential-Farbtest zugrunde liegenden Vorgänge der Normalverteilung entsprechend variieren.

Sehr wahrscheinlich ist, daß sich bei beiden Verfahren die σ-Werte etwa im gleichen Verhältnis wie die Differenzen zwischen den zugehörigen Mittelwerten erhöhen würden, wenn zu deren Berechnung an Stelle der mit dem Potential-Farbtest bzw. der Biuretreaktion erhaltenen Werte die Ergebnisse von Untersuchungsverfahren herangezogen werden könnten, die die volle Variationsbreite des den genannten Verfahren zugrunde liegenden physiologischen Prinzips zu erfassen gestatten. Infolgedessen ist auch damit zu rechnen, daß das in den Kennwerten zum Ausdruck kommende Verhältnis zwischen der Differenz der Mittelwerte und der Variabilität in diesem Falle keine wesentliche Veränderung erfährt. Somit dürften aber auch kaum Bedenken dagegen bestehen, die Kennwerte der Biuretreaktion und des Potential-Farbtestes zur Kennzeichnung der Arbeitssicherheit dieser Verfahren heranzuziehen und mit den Kennwerten der anderen in die Untersuchungen einbezogenen Diagnoseverfahren zu vergleichen.

Bei der Berechnung der Kennwerte erwuchsen im weiteren Verlauf der Untersuchungen daraus gewisse Schwierigkeiten, daß die Variabilität virusinfizierter Knollen—besonders infolge von Unterschieden im Ausmaß der Virusdurchseuchung der in den einzelnen Anteilreihen zusammengefaßten Knollen — nicht immer der Variabilität gesunder Knollen entsprach.
Um den durch derartige Unterschiede in der Variabilität gegebenen Schwierigkeiten zu begegnen, ohne das Wesen der Kennwerte und besonders deren Aussagen (vgl. S. 45 f.) zu verändern, wurde den Unterschieden dergestalt Rechnung getragen, daß zur Bildung des Kennwertes gemäß der Formel

$$\mathrm{B} = \frac{2\,|M_1 - M_2|}{\sigma_1 + \sigma_2}$$

sowohl die bei gesunden als auch die bei virusbefallenen Knollen erhaltene Standardabweichung herangezogen wurde, wobei gewisse durch eine derartige Zusammenfassung bedingte mathematische Ungenauigkeiten im Hinblick auf die angeführten Vorteile in Kauf genommen wurden. Der gemäß obiger Formel ermittelte Kennwert soll im folgenden als Beurteilungszahl (= B) bezeichnet werden.
Im Hinblick auf gewisse durch Herkunft, Umwelt und Gesundheitszustand bedingte Variabilitätsschwankungen sind die Beurteilungszahlen verschiedener Diagnoseverfahren nur dann miteinander vergleichbar, wenn die ihnen zugrunde liegenden Ergebnisse wie in den vorliegenden Untersuchungen am gleichen Knollenmaterial gewonnen worden sind oder wenn die Beurteilungszahlen auf Grund der Ergebnisse von Untersuchungen an einem sehr umfangreichen Knollenmaterial gebildet wurden. Dennoch dürfte auch der Vergleich verschiedener, an unterschiedlichem Knollenmaterial gewonnener Beurteilungszahlen zumindest Anhaltspunkte für die zu erwartende Arbeitssicherheit vermitteln.

b) Beurteilung der Arbeitssicherheit der in die Untersuchungen einbezogenen Verfahren an Hand der Beurteilungszahlen

In Tab. 10 sind in Sp. a die Beurteilungszahlen der in die Untersuchungen einbezogenen Reaktionen zusammengestellt, die unter Verwendung der an den Knollen gesunder Pflanzen aus Mecklenburg und Walthersdorf bzw. viruskranker Pflanzen aus Walthersdorf und Probstheida ermittelten Ergebnisse gebildet worden sind.
Daneben ist in Sp. b zur weiteren Charakterisierung der Arbeitssicherheit der einzelnen Verfahren die Differenz zwischen den Mittelwerten gesunder und virusbefallener Knollen als Vielfaches (u) des mittleren Fehlers der Differenz zum Aus-

druck gebracht (Berechnung vgl. S. 41). Übersteigt der angeführte Wert die Zahl 3, so dürfen im Hinblick auf die verhältnismäßig große Anzahl von Einzeluntersuchungen die zwischen gesunden und virusinfizierten Knollen vorgefundenen Reaktionsunterschiede als statistisch gesichert angesehen werden.

TABELLE 10

Die Beurteilungszahlen zur Kennzeichnung der diagnostischen Sicherheit der überprüften Reaktionen

$$B = \frac{2|M_1 - M_2|}{\sigma_1 + \sigma_2}$$

Diagnoseverfahren	a Beurteilungszahl	b u-Wert	c Reaktion an	d Durchschnittl. Zeitaufwand für die Untersuchung einer Knolle in min
1. Biuretreaktion	4,69	42,71	Preßsaft	7
2. Pufferungsbestimmung	1,81	16,70	Preßsaft	9
3. Potentialbestimmung an Eisen(III)-sulfat-Preßsaftgemischen	1,68	15,34	Preßsaft	12
4. Farbreaktion an Eisen(III)-sulfat-Kaliumrhodanid-Preßsaftgemischen	0,91	8,21	Preßsaft	7
5. BECHHOLDsche Kupferprobe	0,60	5,50	gesamter Knolle	3
6. Stärkegehaltsbestimmung	0,76	9,27	gesamter Knolle	2
7. Alkoholprobe	0,33	0,3	gesamter Knolle	4

Ein erster orientierender Überblick über die Beurteilungszahlen der verschiedenen in die Untersuchungen einbezogenen Diagnoseverfahren läßt erkennen, daß diese im allgemeinen recht niedrige Werte aufweisen. Allein bei der Biuretreaktion ist die Beurteilungszahl von beachtlicher Größe. Bei den meisten Verfahren überschneiden sich demnach die Variationsreihen gesunder und kranker Knollen innerhalb eines weiten Bereiches. Es dürfte daher bereits als ein beachtlicher Erfolg anzusehen sein, wenn es gelingt, einen Test aufzufinden, dessen Beurteilungszahl den Wert 6 erreicht, so daß in gewissem Umfange die Möglichkeit zur Stellung von Einzelknollendiagnosen geboten ist.

Betrachten wir die Beurteilungszahlen im einzelnen, so fällt vor allem der niedrige Wert der Beurteilungszahl der Alkoholprobe auf. Dieser besagt, daß sich die an gesunden Knollen gewonnenen Ergebnisse kaum von den an kranken Knollen erhaltenen Werten unterscheiden. In bester Übereinstimmung hiermit ist auch der u-Wert kleiner als der dreifache mittlere Fehler der Differenz zwischen den

Mittelwerten gesunder und virusinfizierter Knollen. Die bei Durchführung der Alkoholprobe auftretenden Unterschiede sind demzufolge nicht einmal bei Gegenüberstellung von Ergebnissen, die an gesunden und stark virusinfizierten Knollen gewonnen worden sind, statistisch gesichert.

Etwas bessere Diagnoseergebnisse vermittelt die Stärkegehaltsbestimmung. Der u-Wert ist größer als 3. Die Differenz zwischen den Mittelwerten aus den Ergebnissen der Untersuchungen an gesunden und kranken Knollen ist demnach statistisch gesichert. Die niedrige Beurteilungszahl besagt aber, daß die kritische Zone, in der die gleichen Werte sowohl gesunden als auch kranken Knollen entsprechen können, noch derartig breit ist, daß die Stellung verläßlicher Diagnosen kaum möglich erscheint, zumal die herkunftsbedingten Unterschiede von beträchtlicher Höhe sind. Die umwelt- und herkunftsbedingten, vielfach unabhängig vom Virusbefall auftretenden starken Schwankungen des Stärkegehalts, die das Diagnoseergebnis weitgehend verfälschen können, sind dem Praktiker auch längst aus der Erfahrung bekannt.

Von etwa gleicher Größenordnung wie die Beurteilungszahl der Stärkegehaltsbestimmung ist die Beurteilungszahl der Kupferprobe. Die Ausführungen über die Arbeitssicherheit der Stärkegehaltsbestimmungen treffen daher auch für diese Reaktion zu. Die Ergebnisse, die KLINKOWSKI (1935) bei Untersuchungen über die Bedeutung der Kupferprobe als diagnostisches Hilfsmittel zur Beurteilung des Gesundheitszustandes von Kartoffelknollen gewonnen hatte, haben sich in vollem Umfange bestätigt.

Gleichfalls noch nicht voll befriedigend sind die Ergebnisse des Potential-Farbtestes. Die in den niedrigen Werten der Beurteilungszahl zum Ausdruck kommenden beträchtlichen Abweichungen zwischen Gesundheitszustand und Reaktionsverlauf dürften jedoch mehr auf gewisse, u. a. im Wesen von Farbreaktionen beruhende methodische Mängel als auf starke Umweltbeeinflussung des diagnostisch ausgewerteten Prinzips zurückzuführen sein. Hierauf deutet vor allem die wesentlich höhere Beurteilungszahl der elektrometrischen Potentialbestimmungen an Eisen(III)-sulfat-Preßsaftgemischen hin, denen ja das gleiche Prinzip zugrunde liegt wie der Farbreaktion (vgl. S. 30). Der höheren Beurteilungszahl entsprechend ist die kritische Zone bei den Ergebnissen der elektrometrischen Potentialmessungen im allgemeinen kleiner als bei den vorgenannten Verfahren. Auch die umweltbedingten Einflüsse dürften sich bereits in tragbaren Grenzen halten. Somit erscheint es im Hinblick auf die Genauigkeit der Ergebnisse möglich, die elektrometrischen Potentialmessungen an Eisen(III)-sulfat-Preßsaftgemischen in gewissem Umfange zu virusdiagnostischen Zwecken heranzuziehen. Da aber immerhin noch beträchtliche Abweichungen zwischen Reaktionsverlauf und Gesundheitszustand auftreten, dürfte es erforderlich sein, die Ergebnisse zumindest durch ein weiteres Verfahren von wenigstens gleich großer Diagnosegenauigkeit zu kontrollieren (vgl. S. 60f. und S. 192 ff.).

Noch etwas größer als die Beurteilungszahl der elektrometrischen Potentialmessungen ist die Beurteilungszahl der Pufferungsmessungen. Ungeachtet dieser geringen, kaum Zufallsschwankungen übersteigenden Differenzen dürfte die

Arbeitssicherheit des Pufferungstestes derjenigen der elektrometrischen Potentialmessung gleichzusetzen sein. Die hinsichtlich der Genauigkeit der Potentialmessungen getroffenen Feststellungen haben daher im wesentlichen auch für die Ergebnisse des Pufferungstestes Gültigkeit.

Die günstigsten Diagnoseergebnisse sind von der Biuretreaktion zu erwarten, da diesem Diagnoseverfahren von den in die vergleichenden Untersuchungen einbezogenen Verfahren die höchste Beurteilungszahl zukommt. Es besteht aber auch bei der Biuretreaktion nicht in allen Fällen vollständige Übereinstimmung zwischen dem Reaktionsverlauf und dem Gesundheitszustand der untersuchten Knollen, denn die Beurteilungszahlen liegen immer noch beträchtlich unter dem hierfür gültigen Grenzwert 6. Wenn auch die Biuretreaktion ebenfalls nicht zur Stellung genauer Einzelknollendiagnosen herangezogen werden kann, dürfte sie bei Herkunftsprüfungen doch recht gute Aussagen über den durchschnittlichen Gesundheitszustand der untersuchten Herkünfte vermitteln.

5. Diagnostische Auswertung der kritischen Zone durch Aufstellung von Wahrscheinlichkeitskurven

Obgleich keines der in die Untersuchungen einbezogenen Verfahren Einzelknollendiagnosen ermöglicht, so ist doch die Aussagekraft der Ergebnisse der einzelnen Reaktionen größer, als es zunächst den Anschein hat. Da nachgewiesen oder zumindest wahrscheinlich gemacht werden konnte, daß die Streuung der Ergebnisse aller Verfahren der Normalverteilung unterliegt (vgl. S. 46 bis S. 50), kommt jedem Ergebnis eine bestimmte Wahrscheinlichkeitsdichte bzw. Wahrscheinlichkeit zu. In der kritischen Zone, in der sich die Variationsbereiche gesunder und virusinfizierter Knollen überschneiden, sinkt daher die Wahrscheinlichkeit, daß einem bestimmten Diagnoseergebnis gesunde Knollen entsprechen, von der einen Seite zur anderen fortschreitend, ständig ab, während die Wahrscheinlichkeit des Auftretens virusinfizierter Knollen in gleichem Maße zunimmt. Da aber beispielsweise die Aussage, daß die auf eine bestimmte Reaktionsklasse entfallenden Knollen mit 40% Wahrscheinlichkeit viruskrank sind, bereits beinhaltet, daß Herkünfte mit einer großen Anzahl derartiger Knollen als Pflanzgut ungeeignet sind, vermitteln auch die Werte der kritischen Zone bei Herkunftsprüfungen brauchbare Aussagen, wenn die jedem Reaktionswert entsprechenden Wahrscheinlichkeitswerte bekannt sind. Die Wahrscheinlichkeit (W_G), mit der Knollen, deren Testergebnisse auf die Bewertungsklassen der kritischen Zonen entfallen, als gesund angesehen werden dürfen, läßt sich für jede Reaktion an Hand der in Tab. 3 bis 9 verzeichneten Versuchsergebnisse entsprechend der Formel

$$W_G = \frac{G}{G + K}$$

näherungsweise bestimmen, indem die Anzahl der in den einzelnen Bewertungsklassen aufgetretenen gesunden Knollen (G) der Gesamtzahl der auf jeweils die gleiche Klasse entfallenden Knollen ($G + K$) gegenübergestellt wird. Die Wahrscheinlichkeitswerte für das Auftreten kranker Knollen (W_K) ergeben sich entsprechend der Formel

$$W_K = \frac{K}{G + K}$$

bzw. als die Differenz zwischen den Wahrscheinlichkeitswerten für das Auftreten gesunder Knollen und 100%.

Um die zufallsbedingten Schwankungen auszugleichen, die bei dem verhältnismäßig geringen Umfang der untersuchten Proben unvermeidlich sind und zu

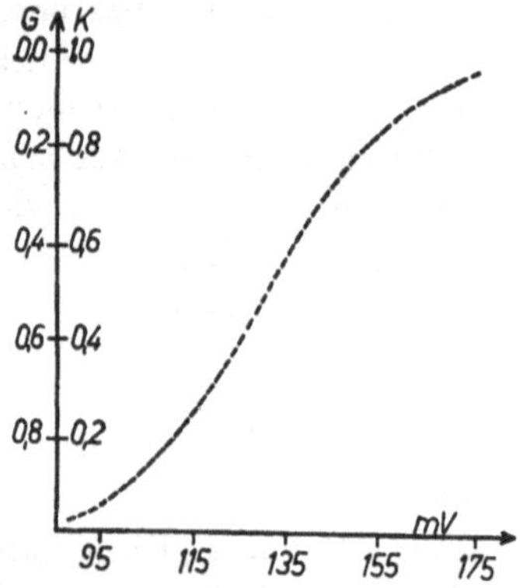

Abb. 6. Elektrometrische Potentialmessungen
Wahrscheinlichkeitskurve, aufgestellt an Hand der den Ergebnissen aus Tab. 7, Sp. 3a und 12a zugrundeliegenden idealen Normalverteilungskurven;
Abszisse: Meßergebnisse in mV; Ordinate: die bei dem auf der Abszisse verzeichneten Meßwert vorhandene Wahrscheinlichkeit für das Vorliegen gesunder (G) bzw. virusinfizierter (K) Knollen.

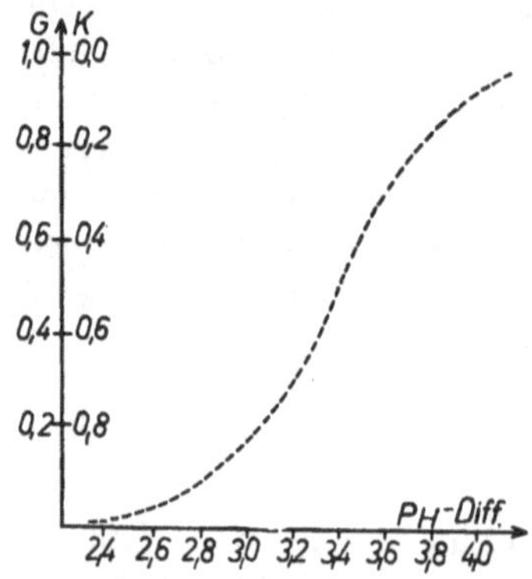

Abb. 7. Pufferungsbestimmung
Wahrscheinlichkeitskurve, aufgestellt an Hand der den Ergebnissen aus Tab. 5, Sp. 3 und 12 zugrunde liegenden idealen Normalverteilungskurven;
Abszisse: ermittelte p_H-Differenzen; Ordinate: die bei den auf der Abszisse verzeichneten p_H-Differenzen vorhandene Wahrscheinlichkeit für das Vorliegen gesunder (G) bzw. virusinfizierter (K) Knollen.

erheblichen Berechnungsfehlern führen können, wurden den Wahrscheinlichkeitsberechnungen nicht die Werte der auf Grund der Untersuchungsergebnisse aufgestellten Variationsreihen, sondern die Werte der diesen am besten angepaßten Normalverteilungskurven zugrunde gelegt. Die hierbei ermittelten Ergebnisse sind in Abb. 6 bis 10 für die Pufferungsbestimmung, die elektrometrische Potentialmessung, die Kupferprobe, die Alkoholprobe und die Biuretreaktion in Form von Wahrscheinlichkeitskurven dargestellt. Diese Kurven gestatten, für jedes beliebige Reaktionsergebnis den entsprechenden Wahrscheinlichkeitswert zu ermitteln. Man errichtet auf der Abszisse in dem dem Reaktionsergebnis entsprechenden Punkt das Lot und verfolgt es bis zum Schnittpunkt mit der Wahrscheinlichkeitskurve. In Höhe dieses Schnittpunktes kann nunmehr auf der Ordinate der Wahrscheinlichkeitswert abgelesen werden.

Ist beispielsweise im Verlauf elektrometrischer Potentialmessungen bei 100 Knollen eine Potentialsenkung von rund 125 mV und bei 100 weiteren Knollen eine solche von rund 135 mV festgestellt worden, so ergibt sich an Hand der entsprechenden Wahrscheinlichkeitskurve, daß etwa 60 bzw. 40 Knollen gesund sein werden. Obwohl keine genauen Aussagen über den Gesundheitszustand der einzelnen Knollen vermittelt werden, ist somit die Aussage möglich, daß die entsprechende Herkunft kaum für den Nachbau geeignet ist.

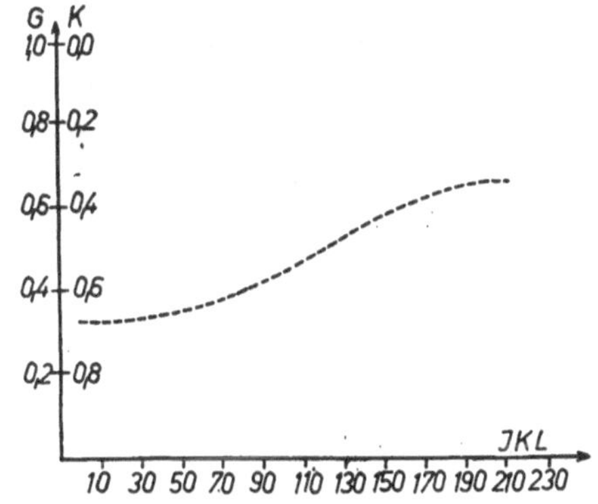

Abb. 8. Kupferprobe
Wahrscheinlichkeitskurve, aufgestellt an Hand der den Ergebnissen aus Tab. 9, Sp. 3 und 8 zugrunde liegenden idealen Normalverteilungskurven;
Abszisse: Indexklassen (IKL); Ordinate: die bei den auf der Abszisse verzeichneten Indexklassen vorhandene Wahrscheinlichkeit für das Vorliegen gesunder (*G*) bzw. virusinfizierter (*K*) Knollen.

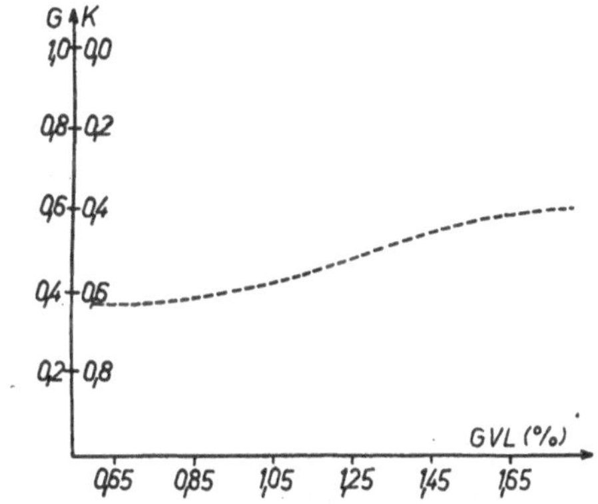

Abb. 9. Alkoholprobe
Wahrscheinlichkeitskurve, aufgestellt an Hand der den Ergebnissen aus Tab. 4, Sp. 2 und 4 zugrunde liegenden idealen Normalverteilungskurven;
Abszisse: Gewichtsverlust (GVL) in %; Ordinate: die bei dem auf der Abszisse verzeichneten Meßwert vorhandene Wahrscheinlichkeit für das Vorliegen gesunder (*G*) bzw. virusinfizierter (*K*) Knollen.

Darüber hinaus können aus dem Verlauf der Wahrscheinlichkeitskurven der überprüften Reaktionen innerhalb gewisser Grenzen Rückschlüsse auf die Sicherheit der Diagnosemethoden gezogen werden. Je steiler die Kurven im Mittelteil ansteigen, desto bessere Ergebnisse werden mit den entsprechenden Verfahren erzielt, desto weiter sind die Variationskurven gesunder und kranker Knollen voneinander entfernt, desto kleiner ist naturgemäß auch der Prozentsatz der untersuchten Knollen, der auf die kritische Zone entfällt, und desto größer sind die Beurteilungszahlen. Es muß jedoch beachtet werden, daß die Form der Kurven auch vom Umfang der Virusdurchseuchung und der Herkunft des Knollenmaterials abhängig ist, das für die Ermittlung der den Berechnungen zugrunde liegenden Meßwerte herangezogen worden war. Daneben wird die Form der Kurven vom Abszissenmaßstab beeinflußt. Dennoch spiegelt der Verlauf der Kurven die Diagnosegenauigkeit recht deutlich wider. So verläuft z. B. die für die Potentialmessungen an Eisen(III)-sulfat-Preßsaftgemischen aufgestellte Kurve (Abb. 6) zwischen den beiden Wendepunkten wesentlich steiler als die Wahrscheinlichkeitskurven der Kupferprobe (Abb. 8) oder der Alkoholprobe (Abb. 9).

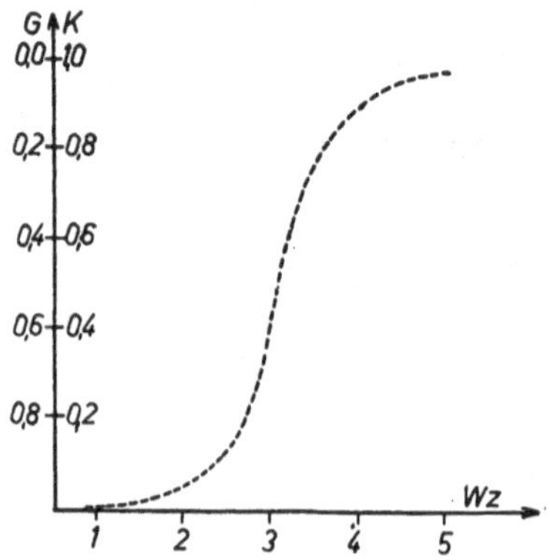

Abb. 10. Biuretreaktion
Wahrscheinlichkeitskurve, aufgestellt an Hand der in Tab. 6, Sp. 3 und 12 verzeichneten Ergebnisse;
Abszisse: Wertzahl (Wz); Ordinate: die bei den auf der Abszisse verzeichneten Wertzahlen vorhandene Wahrscheinlichkeit für das Vorliegen gesunder (G) bzw. virusinfizierter (K) Knollen.

Die für die Biuretreaktion allerdings lediglich aus fünf Punkten ermittelte Wahrscheinlichkeitskurve (Abb. 10) läßt entsprechend der beachtlichen diagnostischen Sicherheit dieses Diagnoseverfahrens einen besonders steilen Verlauf erkennen.

6. *Gegenüberstellung von Diagnoseergebnis und Arbeitsaufwand*

Den Ergebnissen der vergleichenden Untersuchungen zufolge dürften die Biuretreaktion, aber auch Pufferungsbestimmungen und elektrometrische Potentialmessungen hinsichtlich ihrer Arbeitssicherheit zumindest für die Überprüfung des Gesundheitszustandes von Herkünften niederer Anerkennungsstufen geeignet sein, zumal die Aussagekraft der Diagnoseverfahren durch Aufstellung von Wahrscheinlichkeitskurven beträchtlich erhöht werden kann. Voraussetzung für eine derartige Anwendung in der Praxis des landwirtschaftlichen Untersuchungswesens ist jedoch, daß sich der erforderliche Arbeitsaufwand in vertretbaren Grenzen hält. Als obere tragbare Grenze dürfte im allgemeinen der für die Durchführung des Stecklingstestes erforderliche Arbeits- und Kostenaufwand anzusehen sein. Ausnahmen kommen nur dann in Betracht, wenn die Arbeitssicherheit eines physiologisch-chemischen Tests diejenige des Stecklingstestes wesentlich übersteigt oder wenn die Notwendigkeit einer sehr raschen Anerkennung fraglicher Herkünfte wirtschaftliche Erwägungen auszuschließen gestattet.

Zur Ermittlung des für die verschiedenen Verfahren benötigten Arbeitsaufwandes wurde bei Durchführung der vergleichenden Untersuchungen über größere Zeiträume hinweg die zum Ansetzen der Proben erforderliche Arbeitszeit vermerkt. Hierbei fanden auch Nebenarbeiten, wie Bereitstellung des Untersuchungsmaterials, Bereitung der erforderlichen Reagenzien, Reinigung der verwendeten Glasgeräte usw., Berücksichtigung.
Die bei diesen Erhebungen nachgewiesenen Zeiten, die als Höchstzeiten anzusehen sein dürften, welche bei Reihenuntersuchungen durch stetig wachsende Übung und Verbesserung des Arbeitsablaufes eine gewisse Verminderung erfahren können, sind in Tab. 10 (Sp. d) den für die verschiedenen Verfahren ermittelten Beurteilungszahlen (Sp. a) gegenübergestellt worden. Wie diese Aufstellung erkennen läßt, werden durch Diagnoseverfahren mit geringem Zeitaufwand im allgemeinen nur unbefriedigende Diagnoseergebnisse erzielt. Gute diagnostische Leistungen werden lediglich von Verfahren erreicht, die einen beträchtlichen Arbeitsaufwand erfordern. Dieser übersteigt durchweg den für den Stecklingstest erforderlichen Aufwand, der von uns unter Einbeziehung aller Nebenarbeiten mit 3 Min. je Knolle[1] ermittelt wurde, wobei der Aufwand für Gewächshausbeheizung und Unterhaltungsarbeiten am Gewächshaus ebenso unberücksichtigt geblieben ist wie die für die Errichtung des Gewächshauses geleistete Arbeit bzw. die angefallenen aktivierungspflichtigen Kosten.

Die Ergebnisse der vergleichenden Untersuchungen zusammenfassend, muß daher die Feststellung getroffen werden, daß wohl einige der in die Untersuchungen einbezogenen Diagnoseverfahren hinsichtlich ihrer Genauigkeit für Herkunftsprüfungen geeignet erscheinen, daß aber gerade diese Verfahren einen erheblich höheren Arbeits-

[1]) Am Institut für Landwirtschaftliches Versuchs- und Untersuchungswesen Jena der Deutschen Akademie der Landwirtschaftswissenschaften zu Berlin — Abt. Saat- und Pflanzgutuntersuchungen — ergibt sich für den Stecklingstest bei Reihenuntersuchungen im Rahmen von Herkunftsprüfungen nach den Erhebungen von Herrn Diplomlandwirt WRADZIDLO, für deren Durchführung ihm auch an dieser Stelle nochmals herzlichst gedankt sei, ein Aufwand von etwa 2 Min. 30 Sek. je Knolle. Es ist wahrscheinlich, daß der für physiologisch-chemische Tests erforderliche Zeitaufwand bei Reihenuntersuchungen um etwa den gleichen Prozentsatz unter den in Tab. 10 angeführten Werten liegen wird, wie der vom Institut für Landwirtschaftliches Versuchs- und Untersuchungswesen Jena ermittelte Arbeitsaufwand des Stecklingstestes unter dem von uns ermittelten liegt.

aufwand als der Stecklingstest erfordern und infolgedessen kaum für eine Anwendung im landwirtschaftlichen Untersuchungswesen empfohlen werden können.

Somit ist die Frage, warum sich bisher keines der im Verlauf der umfangreichen Untersuchungen zur physiologisch-chemischen Virusdiagnostik erarbeiteten Diagnoseverfahren in der Praxis durchsetzen konnte, zumindest im Hinblick auf die in die vorliegende Überprüfung einbezogenen Reaktionen dahingehend zu beantworten, daß bei Verfahren mit guter diagnostischer Leistung vor allem der hohe Arbeitsaufwand die praktische Anwendung erschwert haben dürfte.

D) FOLGERUNGEN AUS DEN ERGEBNISSEN DER VERGLEICHENDEN UNTERSUCHUNGEN

Aus der Gegenüberstellung von Diagnoseergebnis und Arbeitsaufwand ergibt sich als wesentliches Ziel weiterer Arbeiten die Beseitigung des Mißverhältnisses zwischen Arbeitsaufwand und Arbeitssicherheit. Es muß angestrebt werden, neue Diagnoseverfahren zu entwickeln, die sowohl hinsichtlich ihrer Genauigkeit als auch hinsichtlich ihrer leichten und schnellen Handhabung befriedigen, oder aber bereits bekannte, hinreichend genaue Diagnoseverfahren zu vereinfachen. Wenn es auf diese Weise gelingt, mit geringem Arbeitsaufwand verbundene Schnelltests zu erarbeiten, die nach Möglichkeit mehrere Viren, besonders aber das serologisch nicht erfaßbare Blattrollvirus, anzuzeigen vermögen, dürften physiologisch-chemische Tests trotz gewisser, kaum völlig vermeidbarer Fehldiagnosen bald einen festen Platz im landwirtschaftlichen Untersuchungswesen einnehmen. Dies ist um so wahrscheinlicher, als einerseits die Ergebnisse bereits kurz nach Beginn der Untersuchungen vorliegen, während andererseits der Umfang entsprechender Untersuchungen nicht durch den vorhandenen Gewächshausraum begrenzt wird. Hinzu kommt, daß es leicht zu handhabende Diagnoseverfahren gestatten, die Untersuchungskapazität binnen kurzem beliebig zu erweitern, da die Landwirtschaft in den Wintermonaten in der Lage ist, genügend Hilfskräfte für die Untersuchungen zur Verfügung zu stellen.

Hierdurch wird nicht nur ermöglicht, mehr Herkünfte zu erfassen, sondern die Untersuchungen können auch an größeren Stichproben erfolgen. Das bedeutet aber wiederum eine wesentliche Erhöhung der Sicherheit der Ergebnisse, denn je größer der Umfang der untersuchten Probe, desto mehr verringert sich das Ausmaß der zufallsbedingten Abweichungen zwischen dem Gesundheitszustand der Stichprobe und demjenigen der Herkunft, während umgekehrt bei geringerem Umfang der Proben deren Zusammensetzung selbst bei Beachtung aller Regeln der Probenahme beträchtlich von der durchschnittlichen Zusammensetzung der Herkünfte abweichen kann. Aus diesem Grunde hält es beispielsweise HAUSCHILD (1951) für erforderlich, für die richtige, den gegenwärtig geltenden Anerkennungsvorschriften entsprechende Einstufung von Kartoffelherkünften mindestens 500 Einzelproben heranzuziehen. Wenn auch bei bestimmter Fragestellung und bei sehr gering bzw. stark virusinfiziertem Knollenmaterial der Umfang der Proben u. U. beträchtlich vermindert werden kann, ohne daß die zufallsbedingten Abweichungen die festgelegten Toleranzgrenzen überschreiten (vgl. z. B. FOCKE 1956, WENZL und ZISLAVSKY 1958), so wachsen doch häufig bei geringem Umfang der Proben die zufallsbedingten Abweichungen zwischen Stichprobe und Herkunft in einem solchen Maße an, daß die Arbeitssicherheit verhältnismäßig zuverlässiger Diagnoseverfahren nicht mehr voll zur Geltung kommt. Werden beispielsweise im Stecklingstest von jeder Herkunft nur 50 Stecklinge beurteilt und gelten für die An- oder Aberkennung bzw. Rückstufung folgende Grenzwerte (WELLER und ARENZ 1951):

Supereliten bis zu 2% Virusbesatz,
Eliten bis zu 4% Virusbesatz und
Hochzuchten bis zu 6% Virusbesatz,

so sind die einzelnen Anerkennungsstufen lediglich durch einen einzigen virusbefallenen Steckling voneinander unterschieden. Da es aber weitgehend Zufall ist, ob bei der Probenahme 1 oder 2 kranke Knollen mehr oder weniger entnommen werden, ist besonders die Entscheidung über Anerkennung und z. T. auch die Entscheidung über Aberkennung oder Rückstufung nicht unbeträchtlichen Zufallseinflüssen unterworfen.[1]) Entsprechende Ergebnisse dürften in diesem Falle sogar nicht selten durch die Ergebnisse von Verfahren übertroffen werden, die zwar nicht frei von Schwankungen um Durchschnittswerte sind, aber durch leichte, schnelle und billige Handhabung die Untersuchung einer größeren Anzahl von Proben gestatten, zumal es bei Herkunftswertprüfungen weniger auf die genaue Feststellung des Gesundheitszustandes jeder einzelnen in die Untersuchungen einbezogenen Knolle als vielmehr auf eine möglichst genaue Ermittlung des durchschnittlichen Gesundheitszustandes der untersuchten Herkünfte ankommt. Es dürften daher gewisse durch umweltinduzierte Schwankungen hervorgerufene Schwächen in Bezug auf die Arbeitssicherheit von physiologisch-chemischen Schnellmethoden durch Erhöhung des Umfanges der Stichproben in beträchtlichem Maße ausgeglichen werden.

Indem sich somit die Beseitigung des Mißverhältnisses zwischen Diagnosegenauigkeit und Arbeitsaufwand bzw. die Ausarbeitung verläßlicher Schnelltests gegenwärtig als das Hauptproblem der Untersuchungen zur physiologisch-chemischen Virusdiagnostik an Kartoffelknollen ergibt, erhebt sich die Frage nach geeigneten Ansatzpunkten für entsprechende Untersuchungen.

Eine Antwort hierauf ist am ehesten von Erhebungen über die Ursachen des bei der Durchführung vieler Verfahren erforderlichen hohen Arbeitsaufwandes zu erwarten. Wie aus Sp. c der Tab. 10 ersichtlich, ist dieser, abgesehen von zeitraubenden elektrometrischen Bestimmungen, zu einem großen Teil durch die Gewinnung des für viele Untersuchungen benötigten Preßsaftes bedingt. Die hier-

[1]) Zufallsbedingte Abweichungen werden vor allem zu fälschlicher Anerkennung führen, da fälschliche Aberkennung leicht vermieden werden kann, indem bei unerwartet starkem Virusbesatz eine zweite, größere Probe untersucht wird.

für erforderliche Arbeitszeit dürfte durch die Verwendung hochtouriger Zerkleinerungsgeräte (Star-Mix, Küchenmaschine Akra usw.) nicht wesentlich verringert werden. Ganz abgesehen davon, daß das Zerkleinern einzelner Knollen bei vielen Gerätetypen auf gewisse Schwierigkeiten stößt, wird die eingesparte Zeit bei der nach dem Zerreiben jeder Knolle erforderlichen Reinigung und Trocknung der Geräte zu einem großen Teil wieder zugesetzt. Ein Gleiches dürfte für Pressen zutreffen, die Saft aus unzerriebenen Knollen zu gewinnen gestatten und besonders für Verfahren Verwendung finden können, bei denen eine verhältnismäßig geringe Preßsaftmenge erforderlich ist, denn im Hinblick auf die Gefahr von Verdünnungseffekten müssen derartige Geräte nach jeder Reinigung um so sorgfältiger getrocknet werden, je geringer die gewonnene Preßsaftmenge ist.
Infolgedessen will es als sehr zweckmäßig erscheinen, Untersuchungen zur Ausarbeitung geeigneter Schnelltests vor allem auf die *Entwicklung von Verfahren abzustellen, die die Gewinnung von Preßsaft zu vermeiden gestatten*, indem sie entweder an *ganzen Knollen* oder aber an leicht zu gewinnenden *Knollenteilen* zur Durchführung kommen. Hierbei ist insbesondere an die Entwicklung von Verfahren zu denken, bei denen *Stanzstücke* Verwendung finden, die mit dem Korkbohrer einfach, schnell und in gleicher Größe aus den Knollen entnommen werden können.
Neben der Beseitigung des Mißverhältnisses zwischen Arbeitsaufwand und Diagnosegenauigkeit darf als weiteres Ziel der Untersuchungen zur Virusdiagnostik bei Kartoffelknollen auch *die Steigerung der Arbeitssicherheit* nicht außer acht gelassen werden. Es dürfen daher bei der Entwicklung von Schnelltests nur solche Reaktionsunterschiede zwischen gesunden und virusbefallenen Knollen Berücksichtigung finden, deren Sicherheit zumindest derjenigen der besten der bisher bekannten physiologisch-chemischen Diagnoseverfahren gleichkommt, nach Möglichkeit diese aber noch übertrifft.
Außerdem kommt es darauf an, die Testsicherheit in vieler Hinsicht befriedigender Verfahren durch Einengung der kritischen Zone weiter zu erhöhen. Dies macht erforderlich, in *fehlerkritischen Untersuchungen* ein möglichst genaues Bild darüber zu gewinnen, in welcher Weise die Reaktionsbedingungen, die Ernte- und Lagerungsverhältnisse sowie andere von der Untersuchungsstelle kontrollierbare Faktoren den Testverlauf zu beeinflussen vermögen.
Wenn es auch zweifellos gelingen wird, durch entsprechende Maßnahmen zur Präzisierung geeigneter Tests beizutragen, so dürfte schließlich doch eine für den Einzeltest unüberwindliche Genauigkeitsgrenze erreicht werden. Dies besagt jedoch nicht, daß die Sicherheit der physiologisch-chemischen Virusdiagnostik hierdurch eine endgültige Beschränkung erfährt. Es erscheint vielmehr möglich, auch diese Grenze zu überschreiten, indem mehrere Diagnoseverfahren nebeneinander an der gleichen Knolle durchgeführt werden. Da anzunehmen ist, daß viele Umweltfaktoren den Verlauf verschiedener Diagnoseverfahren in unterschiedlicher, z. T. gegenläufiger Weise beeinflussen, liegt nahe, daß sich in einer Anzahl von Fällen umweltinduzierte Reaktionsabweichungen weitgehend ausgleichen, wenn die Ergebnisse mehrerer Verfahren zu einer Indexzahl zusammengefaßt werden. Zumindest aber dürften größere Abweichungen, die zwischen den Ergebnissen

an den gleichen Knollen ausgeführter Tests auftreten, bei der Wertung der Befunde zur Vorsicht mahnen.

Daß die Diagnosegenauigkeit durch geeignete Kombination der Ergebnisse verschiedener Diagnoseverfahren weit über die von jedem einzelnen Verfahren allein erreichbare Genauigkeitsgrenze hinaus gesteigert werden kann, hat bereits die von PFANKUCH angeregte Zusammenfassung der Ergebnisse von Leitfähigkeits- und Pufferungsmessungen (vgl. S. 15 u. S. 22 f.) zu einem die diagnostische Sicherheit der Ergebnisse der einzelnen Reaktionen beträchtlich übertreffenden Indexwert gezeigt (WARTENBERG 1938).

Es ist allerdings kaum anzunehmen, daß jede Zusammenfassung der Ergebnisse verschiedener Tests zu einer Steigerung der Testsicherheit führt. Über die Kombinationsfähigkeit der verschiedenen Verfahren müssen vielmehr erst geeignete Untersuchungen Aufschlüsse bringen. Ergeben sich hierbei günstige Testkombinationen von großer Arbeitssicherheit, so dürfte ihre praktische Anwendung aber wiederum erst dann sinnvoll sein, wenn sie den Arbeitsaufwand oder wenigstens die Kosten des Stecklingstests nicht wesentlich überschreiten. Somit ist auch die Ausarbeitung geeigneter Kombinationsverfahren eng mit der Entwicklung verschiedener auf unterschiedlichen physiologischen Vorgängen beruhender Schnelltests gekoppelt.

Aus der vorstehenden Darlegung ergeben sich für die weiteren Untersuchungen zur physiologisch-chemischen Virusdiagnostik im wesentlichen die nachgenannten, zeitlich aufeinanderfolgenden Arbeitsabschnitte:

1. Ausarbeitung von Schnelltests, die an ganzen Knollen oder leicht gewinnbaren Knollenteilen ausgeführt werden können und möglichst große Testsicherheit aufweisen.

2. Weitere Erhöhung der Arbeitssicherheit entsprechender Tests, indem die kritische Zone durch Erforschung und möglichst weitgehende Ausschaltung wesentlicher das Testergebnis beeinflussender Umweltfaktoren eingeengt wird (= Durchführung fehlerkritischer Untersuchungen).

3. Untersuchungen über die Möglichkeiten zur Erhöhung der Testsicherheit durch geeignete Zusammenfassung der Ergebnisse verschiedener Schnelltests zu Zahlenindices (= Ausarbeitung von Kombinationsverfahren).

IV. Ausarbeitung von Schnelltests auf der Grundlage von Permeabilitäts- und Reduktionsunterschieden

A) PERMEABILITÄTSUNTERSUCHUNGEN

Die Untersuchungen zur Entwicklung von Schnelltests knüpften an die von RUHLAND und MICHAEL (1936, vgl. S. 15) beschriebenen Veränderungen in den Permeabilitätsverhältnissen virusbefallener Knollen an.

Zunächst wurde geprüft, ob die an den Kartoffelsorten Erdgold, Wekaragis, Odenwälder Blaue und Modrows Industrie erhaltenen Befunde auch für die Sorte Ackersegen gelten. Es wurden mit einem Korkbohrer von 8 mm Durchmesser mehreren gesunden bzw. blattroll- und strichelkranken Knollen der Sorte Ackersegen in Richtung vom Kronen- zum Nabelende Stanzstücke entnommen und an beiden Enden soweit gekürzt, daß ihre Länge 4 cm betrug. Je 12 Stanzstücke von Knollen gleichen Gesundheitszustandes wurden zu einer Probe vereinigt und in einem kleinen Becherglas mit 30 ml destillierten Wassers versetzt. Hiervon wurden nach 24 Stunden abgemessene Mengen nach Zusatz verdünnter Schwefelsäure bis zum ersten Auftreten von Braunstein mit n/20 Kaliumpermanganatlösung versetzt. Obwohl infolge gewisser Schwierigkeiten in der Endpunktbestimmung die Menge der exosmierten reduzierenden Substanzen wie bei RUHLAND und MICHAEL (1936) nur roh abgeschätzt werden konnte, ergaben sich deutliche Unterschiede zwischen den Proben gesunder und virusinfizierter Knollen. Im Durchschnitt reduzierten Proben blattroll- und strichelkranker Knollen das 2,6fache der von Proben gesunder Knollen verbrauchten Kaliumpermanganatmenge. Die von RUHLAND und MICHAEL (1936) an verschiedenen heute nicht mehr im Handel befindlichen Sorten beschriebenen Permeabilitätsunterschiede treten demnach auch bei Knollen der Sorte Ackersegen in beachtlichem Ausmaß in Erscheinung.

In einer zweiten, umfangreicheren Versuchsreihe fanden zum Ansetzen der einzelnen Proben nur 3 Stanzstücke Verwendung. Diese wurden jeweils der gleichen Knolle entnommen, wie dies für Untersuchungen im Rahmen praktischer Aufgaben erforderlich ist. Es traten wiederum zwischen den Mittelwerten der an gesunden und virusinfizierten Knollen gewonnenen Ergebnisse beträchtliche Differenzen auf. Die Streuung der einzelnen Werte war jedoch erheblich größer, und die Variationsbereiche gesunder und virusbefallener Knollen wiesen dementsprechend umfangreichere Überschneidungen auf als in der ersten Versuchsreihe.

Als Ursache für dieses starke Anwachsen der Streuung war vor allem in Betracht zu ziehen, daß sich die zwischen Knollen gleichen Gesundheitszustandes auftretenden Schwankungen der Permeabilitätsverhältnisse nicht mehr in dem Maße ausgleichen können, wie dies bei Verwendung von Durchschnittsproben mit zahlreichen Stanzstücken aus mehreren Knollen der Fall ist. Darüber hinaus war in diesem Zusammenhang von Bedeutung, daß die Verminderung der Anzahl der Stanzstücke eine Verringerung der Konzentration an exosmierten reduzierenden Substanzen und somit eine Erhöhung des Titrationsfehlers nach sich zog. Letztere war besonders durch eine weitere Erschwerung bei der Bestimmung des Endpunktes der Titration bedingt.

Um den Schwierigkeiten bei der Endpunktbestimmung zu begegnen, wurde auf die Titration gänzlich verzichtet. Statt dessen wurde das Exosmat 24 Stunden nach dem Ansetzen der Proben nach Entfernung der Stanzstücke mit verdünnter Schwefelsäure und einer konstanten Kaliumpermanganatmenge versetzt. Diese war nach den Ergebnissen von Vorversuchen so bemessen, daß Proben virusbefallener Knollen im Verlaufe mehrerer Stunden das zugesetzte Kaliumpermanganat vollständig bis zur zweiwertigen Stufe reduzieren, während in Proben gesunder Knollen ein dichter Braunsteinniederschlag die Reagenslösung trübt. Die in dieser Versuchsanordnung erhaltenen Ergebnisse vermochten jedoch noch immer nicht voll zu befriedigen. Auch durch Variation weiterer Faktoren der Versuchsanordnung, wie z. B. des Durchmessers der Stanzstücke oder der Anzahl der je Probe verwendeten Stanzstücke, konnten keine wesentlichen Fortschritte erzielt werden. Erst als die Stanzstücke nach eintägiger Exosmose nicht entfernt wurden, sondern in der angesäuerten Kaliumpermanganatlösung verblieben, traten gewisse Abweichungen vom bisherigen Reaktionsverlauf auf, und zwar nahm das Reduktionsvermögen der Proben beträchtlich zu. Eine besonders starke Erhöhung der Reduktionskräfte war in Proben mit Gewebeteilen gesunder Knollen zu verzeichnen. Diese erreichten nicht nur das Reduktionsvermögen der Proben kranker Knollen, sondern sie übertrafen es vielfach noch in beachtlichem Maße. Somit zeichnete sich eine Umkehr der ursprünglich beobachteten Reduktionsverhältnisse ab.

Dieser Umkehreffekt trat noch deutlicher in Erscheinung, als die Zugabe der Kaliumpermanganatlösung sofort beim Ansetzen der Proben erfolgte. Die Reduktionskräfte der Stanzstücke gesunder Knollen übertrafen nunmehr diejenigen kranker Knollen in einem solchen Ausmaß, daß zwischen den Variationsbereichen gesunder und virusinfizierter Knollen kaum mehr Überschneidungen zu verzeichnen waren. Daher durfte erwartet werden, nach Vervollkommnung der Versuchsanordnung eine Stanzstückmethode zur schnellen und einfachen Kennzeichnung virusinfizierter Kartoffelknollen zur Verfügung zu haben. Es lag jedoch auf der Hand, daß mit dieser nicht mehr Permeabilitätsunterschiede, sondern anderweitige virusinduzierte Veränderungen erfaßt werden. Offenbar erhöht die saure Kaliumpermanganatlösung die Durchlässigkeit der Zellwände sowohl der Gewebeteile gesunder als auch virusbefallener Knollen in einem solchen Ausmaß, daß die im Zellsaft gelösten reduzierenden Substanzen nunmehr entsprechend ihrer Konzentration in die umgebende Lösung austreten können.

Um die Gültigkeit dieser Vorstellungen zu prüfen, wurden die Zellwände gesunder und viruskranker Kartoffelknollen auf einer feinen Glasreibe mechanisch zerstört. Von dem auf diese Weise gewonnenen Schabebrei wurde der Zellsaft abgepreßt, angesäuert und mit geeigneten, in Vorversuchen ermittelten Mengen von Kaliumpermanganat versetzt. Hierbei ergaben sich dieselben Reduktionsverhältnisse wie in den Kontrollproben, die jeweils mit Stanzstücken der gleichen Knollen angesetzt worden waren. Es darf daher als erwiesen gelten, daß der Verlauf der Reduktionsvorgänge nach Zugabe von saurer Kaliumpermanganatlösung zu Stanzstücken nicht mehr von den Permeabilitätsverhältnissen, sondern von der im Zellsaft vorhandenen, bei Virusbefall beträchtlich verringerten Konzentration an reduzierenden Substanzen abhängig ist. Von Permeabilitätsuntersuchungen ausgehend, war somit ein neues Diagnoseverfahren aufgefunden worden, das nach den wesentlichen Bestandteilen der erforderlichen Reagenslösung als Kaliumpermanganat-Test bezeichnet werden soll.

B) KALIUMPERMANGANAT-TEST

1. Untersuchungen mit saurer Reagenslösung

Der Umfang der im Kaliumpermanganat-Test zwischen Proben gesunder und blattroll- bzw. strichelvirusinfizierter Knollen auftretenden Reduktionsunterschiede ermöglichte es, die Proben in Reagenzgläsern mit einem einzigen Stanzstück anzusetzen. Hierbei traten die größten Unterschiede auf, wenn mit dem Korkbohrer in Richtung vom Kronen- zum Nabelende entnommene Stanzstücke von 8 mm Durchmesser und einer Mindestlänge von 4,5 cm in 14 mm weiten Reagenzgläsern mit 2 ml n-Schwefelsäure und 2,5 ml 2%iger Kaliumpermanganatlösung versetzt wurden. Proben mit Stanzstücken virusbefallener Knollen waren 24 Stunden nach dem Ansetzen durch starke Braunsteinausflockungen getrübt, während die Reagenslösung von Proben mit Stanzstücken gesunder Knollen innerhalb des gleichen Zeitraumes durch Auflösung des zunächst ebenfalls ausgeflockten Braunsteinniederschlages hell und nahezu klar geworden war. Übergänge zwischen diesen beiden Extremen deuteten vielfach auf schwächere Virusinfektion hin. Es traten jedoch verhältnismäßig häufig Abweichungen in Erscheinung. Darüber hinaus war die genaue Beurteilung der Proben nicht selten dadurch beeinträchtigt bzw. erschwert, daß der Braunstein unabhängig vom Gesundheitszustand in Partikeln von unterschiedlicher Größe ausflockte. Stärkere Zusammenballungen bildeten am Boden einen dichten Niederschlag von verhältnismäßig geringfügiger Ausdehnung, und die überstehende Reagenslösung war klar. Hierdurch wurde vielfach der Anschein gesunder Proben erweckt. Aber auch wenn die Proben vor der Beurteilung kräftig geschüttelt wurden, ließen sich Beurteilungsfehler kaum vermeiden, da die Reagenslösungen infolge von Unterschieden in der Teilchengröße selbst bei gleichen Braunsteinmengen mitunter in unterschiedlichem Maße getrübt waren.

In Proben mit Stanzstücken gesunder Knollen bildete der vorübergehend ausflockende Braunstein in vielen Fällen ebenfalls sehr rasch größere Aggregate, die den reduzierenden Substanzen den Zugriff vielfach in einem solchen Maße erschwerten, daß bei der Beurteilung der Proben mehr Braunstein zugegen war, als den Reduktionskräften und somit dem Gesundheitszustand der untersuchten Knollen entsprach. In weiteren Untersuchungen wurde daher nach Möglichkeiten zur Unterbindung bzw. Erschwerung der Braunsteinaggregation gesucht.

Zunächst wurden den Proben verschiedene viskose Substanzen zugesetzt, von denen anzunehmen war, daß sie die unerwünschte Aggregation des Braunsteines mechanisch erschweren. Einige dieser Stoffe erstarrten jedoch in der sauren Reagenslösung. Andere wirkten auf Kaliumpermanganat reduzierend, und Stoffe, die keine unerwünschten Nebenwirkungen zeigten, vermochten die Aggregation des Braunsteines nicht merklich zurückzudrängen. Um das Versuchsziel zu erreichen, mußten daher andere Wege beschritten werden.

2. Untersuchungen mit alkalischer Reagenslösung

In der Hoffnung, daß die diagnostisch bedeutsamen reduzierenden Substanzen Kaliumpermanganat auch in alkalischer Lösung zu reduzieren vermögen, wurden Stanzstücke gesunder und virusbefallener Knollen der Sorte Ackersegen mit n-Natronlauge und anschließend mit Kaliumpermanganatlösung versetzt. Da in anderen Untersuchungen aus alkalischen Kaliumpermanganatlösungen Braunstein stets feindispers ausgefallen war, bestanden Aussichten, die beschriebenen Mängel auf diesem Wege abstellen zu können. Auch durfte mit der Ausschaltung derjenigen Abweichungen von den Beziehungen zwischen Reaktionsverlauf und Gesundheitszustand gerechnet werden, die dadurch bedingt sind, daß saure Kaliumpermanganatlösungen nicht nur von den diagnostisch bedeutsamen Substanzen, sondern offensichtlich auch von einer Vielzahl weiterer, in ihrer Konzentration unabhängig vom Virusbefall schwankender Stoffe reduziert werden, denn bei hohen p_H-Werten können nur noch Stoffe, deren Redoxpotential in alkalischen Lösungen sehr niedrig ist, mit Kaliumpermanganat oxydoreduktive Umsetzungen eingehen. Weiterhin fallen die Fehler fort, die durch die in saurer Lösung unkontrollierbar erfolgende Rohrzuckerinversion und Stärkehydrolyse bedingt sind.

Die Ergebnisse entsprechender Untersuchungen ließen erkennen, daß sich bei Verwendung alkalischer Kaliumpermanganatlösungen zwischen Proben unterschiedlichen Gesundheitszustandes ähnliche Reduktionsunterschiede ausbilden wie bei Zugabe saurer Kaliumpermanganatlösungen. Es werden jedoch wesentlich geringere Kaliumpermanganatmengen reduziert.

In Gegenwart von Stanzstücken gesunder Knollen verliert die alkalische Kaliumpermanganatlösung sehr rasch ihre violette Farbe und nimmt das Grün der sechswertigen Stufe des Mangans an, während in Proben mit Stanzstücken kranker Knollen das Violett des Permanganats erheblich länger erhalten bleibt. Die bereits in dem rascheren Farbwechsel von Violett nach Grün zum Ausdruck kommende stärkere Reduktionskraft gesunder Knollen läßt in der Folgezeit verhältnismäßig rasch Braunstein ausflocken. Dieser Niederschlag löst sich jedoch bald wieder auf, und die Reagenslösung wird gelblich bis farblos und nahezu durchsichtig. Manganhydroxyd fällt nicht aus. Offenbar bilden die Reduktionsprodukte mit anderen aus den Knollenteilen exosmierten Stoffen sehr feste Komplexe.

In Proben mit Stanzstücken virusinfizierter Knollen wird der erst erheblich später ausfallende Braunstein nur in seltenen Fällen weiter reduziert. Häufig ist er noch 24 Stunden nach dem Ansetzen in der gesamten Probe gleichmäßig verteilt. Hin und wieder auftretende größere Zusammenballungen lassen sich durch kräftiges Schütteln wieder in eine feine Verteilung von sehr ausgeglichener Partikelgröße zurückführen. Die größten Unterschiede zwischen Proben gesunder und kranker Knollen werden erhalten, wenn Stanzstücke von 8 mm Durchmesser in 14 mm weiten Reagenzgläsern mit 1,5 ml n-Natronlauge und anschließend mit 3 ml 0,5%iger Kaliumpermanganatlösung versetzt werden. Die Länge der Stanzstücke muß so bemessen sein, daß diese aus dem Reagensgemisch herausragen.

Untersuchungen in der genannten Versuchsanordnung an einem umfangreicheren Knollenmaterial ließen die Überlegenheit der alkalischen über die saure Reagenslösung erkennen. Noch immer kam es jedoch in einer Anzahl von Fällen durch frühzeitige Braunsteinzusammenballungen zu Störungen im Ablauf der diagnostisch bedeutsamen Reduktionsvorgänge. Daher wurde in weiteren Arbeiten angestrebt, die Reduktionskräfte der Stanzstücke anstatt durch Manganverbindungen durch andere Stoffe nachzuweisen, deren Reduktionsprodukte keine so starke Neigung zur Aggregation zeigen wie die Reduktionsprodukte des Kaliumpermanganats.

C) WISMUTNITRAT-TEST

Stoffe, die in den Reduktionsproben an die Stelle des Kaliumpermanganats treten sollen, müssen mehrere Bedingungen erfüllen. Wesentliche Voraussetzung ist, daß sie die Reduktionsvorgänge an einer Farbänderung oder an der Bildung charakteristischer Verbindungen erkennen lassen. Darüber hinaus darf vor allem die Oxydationstufe dieser Stoffe mit anderen Substanzen der Probe keine unerwünschten Verbindungen eingehen, oder es muß die Möglichkeit bestehen, diese durch einfache Maßnahmen zu verhindern.

Die angeführten Bedingungen waren bei einigen Schwermetallsalzen weitgehend erfüllt, von denen zunächst Wismutsalze großes Interesse erregten. Diese lassen Reduktionsvorgänge am Ausfall eines tiefschwarzen, sich infolge feinster Verteilung nur langsam absetzenden Niederschlages von elementarem Wismut erkennen. Andererseits werden sie durch Weinsäure oder deren Salze in einem löslichen, sehr stabilen Komplex gebunden, der Hydroxydbildung verhindert. Außerdem werden Wismutverbindungen von verhältnismäßig wenigen organischen Substanzen reduziert.

Zunächst wurde in Vorversuchen geprüft, inwieweit ein Lösungsgemisch von Wismutnitrat bzw. Wismutsubnitrat, Seignettesalz und Natronlauge, das als NYLANDER-Reagens bisweilen zum Nachweis des Reduktionsvermögens verschiedener Verbindungen Verwendung findet, auch die Reduktionskräfte gesunder und virusinfizierter Knollen der Sorte Ackersegen zu kennzeichnen vermag. Hierbei bildete sich bei Zimmertemperatur innerhalb von 48 bis 72 Stunden und bei einer Reaktionstemperatur von 40 °C innerhalb von 24 Stunden auf den Stanzstücken ein schwarzer Belag von elementarem Wismut, dessen Stärke in Proben virusinfizierter Knollen mitunter etwas geringer als in Proben gesunder Knollen war. Es durfte somit als erwiesen gelten, daß die in Abhängigkeit vom Gesundheitszustand der Kartoffelknolle in unterschiedlichem Umfange vorhandenen reduzierenden Substanzen aus Wismutsalzen elementares Wismut in Freiheit zu setzen vermögen.

Daher wurde zur Ermittlung der günstigsten Versuchsbedingungen die Wismutnitratkonzentration der Reagenslösung zwischen 0,5 und 15% variiert. In Reagenzgläsern von 14 mm Durchmesser wurden Stanzstücke von 8 mm Durchmesser vollständig mit Reagenslösung versetzt. Alle Proben wurden bei 40 °C aufbewahrt und 24 Stunden nach dem Ansetzen beurteilt.

Hierbei zeigten Proben mit niedrigen Wismutnitratkonzentrationen sowohl in Gegenwart von Stanzstücken gesunder als auch virusinfizierter Knollen schwarze Farbtöne. Mit dem Anwachsen der Wismutnitratkonzentration wurden die Stanzstücke kranker Knollen immer heller, während in Proben gesunder Knollen die schwarzen Farbtöne zunahmen. Die Unterschiede zwischen gesunden und kranken Knollen traten daher zunächst immer deutlicher hervor. Bei hohen Wismutnitratkonzentrationen nahmen schließlich auch die Stanzstücke gesunder Proben hellere Farbtöne an, bis bei den höchsten Konzentrationen die Unterschiede wieder verwischt waren und die Stanzstücke gesunder und kranker Knollen bei klarer oder schwach bräunlicher Reagenslösung etwa die gleiche weißgraue Farbe zeigten.

Die besten Farbdifferenzen waren bei Reagenslösungen zu verzeichnen, in denen 6 bis 9% Wismutnitrat ($Bi(NO_3)_3 \cdot 5\,H_2O$) gelöst waren. Innerhalb dieses Konzentrationsbereiches blieb die Reagensflüssigkeit in Proben blattroll- und strichelvirusinfizierter Knollen völlig klar. Die Stanzstücke nahmen häufig einen grauen bis weißgrauen Farbton an, der bei längerem Stehen nicht selten noch heller wurde. Im Gegensatz hierzu waren die Stanzstücke gesunder Knollen durch ausgefallenes, elementares Wismut tiefschwarz gefärbt. Vielfach zeigte auch die Reagensflüssigkeit schwarze Trübungen. Für die weiteren Untersuchungen, in deren Verlauf die Arbeitssicherheit des Wismutnitrat-Testes ermittelt und mit derjenigen des jeweils an Stanzstücken der gleichen Knolle zur Ausführung kommenden Kaliumpermanganat-Testes verglichen wurde, fand daher eine Reagenslösung Verwendung, in der Wismutnitrat in einer Konzentration von 7% vertreten war.

Die Ergebnisse entsprechender Untersuchungen bestätigten, daß zwischen dem Testergebnis und dem Gesundheitszustand der untersuchten Knollen enge Zusammenhänge bestehen. Die Farbdifferenzen erwiesen sich beim Wismutnitrat-Test als größer und leichter erfaßbar als die Farbunterschiede des Kaliumpermanganat-Testes. Das elementare Wismut fiel stets in feinster Verteilung aus. Es konnten daher die Fehldiagnosen vermieden werden, die beim Kaliumpermanganat-Test durch Zusammenballungen von Braunstein entstehen. Hiervon abgesehen scheint der Wismutnitrat-Test aber auch ganz allgemein den Gesundheitszustand der untersuchten Knollen besser widerzuspiegeln als der Kaliumpermanganat-Test. Schließlich ist bei Gegenüberstellung der beiden Tests noch besonders hervorzuheben, daß beim Wismutnitrat-Test gesunde Knollen durch das Auftreten eines Niederschlages kenntlich gemacht werden, während beim Kaliumpermanganat-Test ein auch in gesunden Proben zunächst ausfallender Braunsteinniederschlag aufgelöst wird. Diesem Unterschied dürfte für den Ausgleich gewisser sortentypischer Reaktionsabweichungen (vgl. S. 99ff.) Bedeutung zukommen. Für bestimmte, bei einigen Sorten unumgängliche Veränderungen in der Zusammensetzung der Reagenslösung erscheint auf Grund der angeführten Unterschiede die Kaliumpermanganatlösung besser geeignet. Die Eigentümlichkeiten anderer Sorten können jedoch besser durch Veränderungen in der Zusammensetzung der Wismutnitratlösung ausgeglichen werden.

Wenn der Wismutnitrat-Test auch in den angeführten Untersuchungen recht befriedigende Ergebnisse erbracht hatte, bestanden doch gewisse Bedenken gegen seine Anwendung bei Reihenuntersuchungen im Rahmen praktischer Aufgaben, denn Wismutnitrat war verhältnismäßig selten und teuer. Der hohe Preis des Präparates mußte bei der für Herkunftswertprüfungen erforderlichen großen Anzahl von Untersuchungen um so mehr ins Gewicht fallen, als dieses in der Reagenslösung in verhältnismäßig hoher Konzentration vertreten ist. Ein Gleiches traf auch für andere Wismutverbindungen zu, die nach den Ergebnissen weiterer Untersuchungen ebenfalls zur Kennzeichnung des Abbaugrades von Kartoffelknollen Verwendung finden können, wenn die Konzentration der Reagenslösung entsprechend abgeändert wird.

Daher wurde trotz der erzielten guten Ergebnisse der Versuch unternommen, die diagnostisch bedeutsamen Reduktionsunterschiede unter Verwendung anderer Stoffe nachzuweisen.

D) FEHLING-TEST

1. Ausarbeitung eines auf die Verwendung kupfersulfathaltiger Reagenslösungen abgestellten Diagnoseverfahrens

Als weitere Verbindungen auf ihre Eignung zum Nachweis der Reduktionskräfte der Stanzstücke überprüft wurden, fiel die Aufmerksamkeit bald auf Kupfersulfat, dessen zweiwertige Kupferionen mit Weinsäure oder deren Salzen in alkalischen Lösungen einen tiefblauen Komplex bilden. Dieser verhindert einerseits den Ausfall von Kupfer(II)-hydroxyd, während er andererseits die Reduktion der Kupferionen zu Kupfer(I)-oxyd nicht zu unterbinden vermag. Auf Grund dieser Eigenschaften wird eine unter der Bezeichnung FEHLINGsche Lösung bekannte Mischung einer wäßrigen Lösung von Kupfersulfat mit weinsaurem Alkali und Alkalilauge nicht selten zum Nachweis des Reduktionsvermögens verschiedener Verbindungen verwendet. Das hierbei in Gegenwart reduzierender Substanzen je nach den Reaktionstemperaturen mehr oder weniger schnell ausfallende Kupfer(I)-oxyd bleibt bei Zimmertemperatur lange in feinster Verteilung als gelbe bis fahlgelbe Trübung bestehen, während es in der Wärme verhältnismäßig rasch zu größeren, ziegelroten Partikeln aggregiert.

Versuche mit gesunden und virusinfizierten Knollen der Sorte Ackersegen ließen erkennen, daß die Reduktionskräfte der Stanzstücke gesunder Knollen die zweiwertigen Kupferionen alkalischer, weinsäurehaltiger Kupfersulfatlösungen zu reduzieren vermögen.

Mehrfache Variation verschiedener Faktoren der Versuchsanordnung und wiederholte gestaffelte Steigerung der Kupfersulfatkonzentration der Reagenslösungen führten zu einer Versuchsanordnung, die gesunde und virusbefallene Knollen mit beträchtlicher Sicherheit zu kennzeichnen gestattet. In Richtung vom Kronen- zum Nabelende entnommene und an beiden Enden von der Schale befreite Stanzstücke von 8 mm Durchmesser werden mit dem Kronenende voran in Reagenzgläser von 14 mm Durchmesser überführt und bis 2 mm über den oberen Stanzstückrand mit Reagenslösung versetzt. Diese besteht zu gleichen Teilen aus 1%-iger wäßriger Kupfersulfatlösung und 2%iger Lösung von Seignettesalz in n-Natronlauge.

In Gegenwart von Stanzstücken gesunder Knollen trübt sich in dieser Versuchsanordnung die zunächst klare, tiefblaue FEHLINGsche Lösung vielfach bereits nach kurzem Stehen bei Zimmertemperatur und nimmt allmählich grünlichgelbe Farbtöne an. Diese gehen in der Regel einige Zeit später durch den Ausfall eines fein verteilten und mitunter sehr dichten Niederschlages von Kupfer(I)-oxyd in reingelbe bis rötlichgelbe Farben über. In einigen Proben, in denen das Kupfer(I)-oxyd in so feiner Verteilung ausfällt, daß die Reagenslösung trotz stärkerer Gelbfärbung klar und durchsichtig bleibt, erfolgt die Aggregation des Kupfer(I)-oxyds zu größeren Teilchen allerdings erst, wenn die Proben nach dem Entfernen der Stanzstücke im Wasserbad erwärmt werden.

Auch in den Proben mit Stanzstücken virusinfizierter Knollen, in denen keine Reduktionserscheinungen auftreten, bleibt die Farbe der Reagenslösung nicht unverändert erhalten, sondern wird nach einigen Stunden allmählich durch violette Farbtöne verdrängt, die einen deutlichen Kontrast zum Gelb gesunder Proben bilden. Durch diesen Farbkontrast ermöglicht das Diagnoseverfahren, das nach den wesentlichen Bestandteilen der erforderlichen Reagenslösung im folgenden als FEHLING-Test bezeichnet werden soll, eine rasche und sichere Einstufung des Reaktionsverlaufes, wie dies besonders im Hinblick auf Proben mit Stanzstücken schwach virusinfizierter Knollen, in denen mehr oder weniger umfangreiche gelbe und violette Farbzonen nebeneinander auftreten, bedeutungsvoll ist. Je stärker bei Proben mit Mischfarben der Anteil gelber Farbtöne, desto weniger ist in der Regel die Vitalität der entsprechenden Knollen geschwächt, während eine Zunahme des Anteils violetter Farbtöne im wesentlichen auf zunehmenden Virusbefall hindeutet. Es ist jedoch zu beachten, daß in Durchsicht im allgemeinen die gelben Farbtöne stärker hervortreten, während in Aufsicht die violetten Farbtöne mehr zur Geltung kommen. Bei der Beurteilung des Testes (vgl. S. 73ff.) sollen daher alle Proben einheitlich in Durchsicht vor einem hellen Hintergrund betrachtet werden. Weiterhin empfiehlt es sich, die Beurteilung der Proben nicht früher als 20 Stunden, aber auch nicht später als 28 Stunden nach dem Ansetzen vorzunehmen. Besonders in Proben, in denen gelbe und violette Farbtöne nebeneinander auftreten, schreitet nämlich die Gelbfärbung nach einer anfänglich rascheren Reaktion noch viele Stunden langsam fort und kommt erst nach etwa 20 Stunden zum Stillstand. Andererseits machen sich bereits etwa 28 Stunden nach dem Ansetzen sowohl bei Ausbildung reingelber Farbtöne als auch bei gleichzeitiger Ausbildung von gelben und violetten Farbtönen bisweilen braune bis schwarze Verfärbungen störend bemerkbar. Diese stehen mit dem Gesundheitszustand des Untersuchungsmaterials in keinem ersichtlichen Zusammenhang und können nur als die Folge sekundärer Umsetzungen gedeutet werden, in deren Verlauf ein Teil des ausgefallenen Kupfer(I)-oxyds zu schwarzem Kupfer (II)-oxyd reoxydiert wird.

Vor allem im Hinblick auf den Ausgleich sortentypischer Reaktionsunterschiede (vgl. S. 99ff.) ist schließlich die Beobachtung von Bedeutung, daß Erhöhung der Kupfersulfatkonzentration der Reagenslösung sowie Verringerung des Stanzstück- oder Erhöhung des Reagenzglasdurchmessers im allgemeinen auch in Proben mit Stanzstücken gesunder Knollen das Auftreten violetter Farbtöne zur Folge haben. Umgekehrt sind bei Verminderung der Kupfersulfatkonzentration oder bei Verwendung von Stanzstücken größeren bzw. von Reagenzgläsern geringeren Durchmessers auch in Proben kranker Knollen vielfach gelbe Farbtöne zu verzeichnen.

2. *Die Beziehungen zwischen Komplexbildner und Reaktionsverlauf*

Dadurch, daß das Seignettesalz beim FEHLING-Test als Komplexbildner die Konzentration an freien Kupferionen in der Reagenslösung entsprechend der Beständigkeitskonstanten des Kupfer-Weinsäure-Komplexes in einer bestimmten Höhe hält, beeinflußt es die hinsichtlich Geschwindigkeit und Ausmaß konzentrationsabhängigen oxydoreduktiven Prozesse. Darüber hinaus sind auch im Hinblick auf die gegen Ende der Umsetzungen häufig entstehenden schwarzen bis braunschwarzen Farbtöne sowie im Hinblick auf die Ausbildung der violetten Kontrastfarbe in Proben kranker Knollen gewisse Einflüsse des Komplexbildners wahrscheinlich. Weitere Untersuchungen sollten daher Aufschlüsse über die Beziehungen zwischen Komplexbildner und Reaktionsverlauf erbringen.

Hierbei fanden an Stelle von Seignettesalz als Komplexbildner Stoffe mit anderen physikalisch-chemischen und chemischen Eigenschaften Verwendung, die durch bestimmte Reaktionsabweichungen Hinweise auf die Rolle des Komplexbildners zu vermitteln versprachen. Für die Auswahl entsprechender Substanzen war maßgeblich, daß diese gleich dem Seignettesalz infolge der Anwesenheit von alkoholischen Hydroxylgruppen mit zweiwertigen Kupferionen in alkalischer Lösung komplexe Verbindungen zu bilden vermögen, mit Wasser in jedem Verhältnis mischbar sind und weder mit den einzelnen Komponenten der Reagenslösung noch mit den aus den Stanzstücken austretenden organischen Substanzen irgendwelche Umsetzungen eingehen. Besonders dürfen sie nicht reduzierend auf die zweiwertigen Kupferionen einwirken, wie das beispielsweise bei Glucose der Fall ist, die mit zweiwertigen Kupferionen eine tiefblaue Komplexverbindung bildet, welche jedoch nach einiger Zeit durch Reduktion des gebundenen Kupfers wieder zerfällt.

Es wurden folgende Stoffe in die Untersuchungen einbezogen:

Citronensäure — $(HOOC)CH_2 \cdot C(OH)(COOH) \cdot CH_2(COOH)$,
Glycerin — $(HO)CH_2 \cdot CH(OH) \cdot CH_2(OH)$,
Äthylenglycol — $(OH)CH_2 \cdot CH_2(OH)$,
Triäthanolamin — $(C_2H_4OH)_3N$.

Bei Glycerin und Triäthanolamin konnte bereits durch einen Zusatz von 0,75 ml bzw. 0,6 ml der Substanz zu 200 ml Reagenslösung (vgl. S. 69) der Ausfall von Kupfer(II)-hydroxyd unterbunden werden. Bei der Ausbildung gelber Farbtöne bestand zwischen den mit Glycerin angesetzen Proben und den unter Verwendung von Seignettesalz durchgeführten Kontrollen Übereinstimmung. In Gegenwart von Triäthanolamin war dagegen besonders beim Auftreten von Mischfarben die Gelbfärbung nicht so weit fortgeschritten wie in den Vergleichsproben. Darüber hinaus zeigten triäthanolaminhaltige Proben in Gegenwart von Stanzstücken kranker Knollen nach 24 Stunden an Stelle des bekannten Violett lediglich einen stahlblauen Farbton, der erst 48 Stunden nach dem Ansetzen der Proben violettstichig wurde. Auch bei Verwendung von Glycerin wurden die violetten Farbtöne nicht so schnell wie in Gegenwart von Seignettesalz ausgebildet. Sie waren jedoch deutlich ausgeprägt, wenn die Proben 24 Stunden nach dem Ansetzen beurteilt wurden.

Die angeführte Verzögerung bzw. Behinderung der normalen Farbausbildung lassen einmal darauf schließen, daß die Beständigkeitskonstante (= formation constant)[1]) des Kupfer-Weinsäure-Komplexes vor allem von derjenigen des Kupfer-Triäthanolamin-Komplexes, aber auch von derjenigen des Kupfer-Glycerin-Komplexes übertroffen wird, denn größere Beständigkeitskonstanten haben ja eine Verringerung der Konzentration an freien Kupferionen in der Reagenslösung und somit eine gewisse Verlangsamung und u. U. auch eine Verringerung des Ausmaßes entsprechender Umsetzungen zur Folge. Da derartige Erscheinungen nicht nur bei den Oxydations-Reduktionsvorgängen, sondern auch bei den zur Violettfärbung führenden Vorgängen zu beobachten sind, bestätigen die erhaltenen Ergebnisse ferner, daß die Ausbildung der violetten Farbtöne ebenfalls durch konzentrationsabhängige Umsetzungen der Kupferionen der Reagenslösung mit bestimmten, aus den Stanzstücken exosmierenden Stoffen hervorgerufen wird. Allem Anschein nach sind für die Bildung der tiefvioletten Verbindung etwas mehr Kupferionen erforderlich, als der Triäthanolamin-Kupfer-Komplex in Freiheit setzt. Schließlich eröffnen die Untersuchungsbefunde die Möglichkeit, durch Zugabe eines geeigneten Komplexbildners die Haltbarkeit der Reagenslösung, die bei Verwendung von Seignettesalz zu wünschen übrig läßt, wesentlich zu steigern, denn erhöhte Festigkeit des Kupferkomplexes bedeutet auch eine Erhöhung der Haltbarkeit der gebrauchsfertigen Reagenslösung. In entsprechenden Untersuchungen erwiesen sich in dieser Hinsicht sowohl triäthanolaminhaltige als auch glycerinhaltige Lösungen der weinsäurehaltigen Reagenslösung wesentlich über-

[1]) $B = \frac{[AX]}{[A] \cdot [X]}$

legen. Noch zwei Jahre nach dem Ansetzen waren derartige Lösungsgemische gebrauchsfähig.
Es lag daher nahe, in der Reagenslösung Seignettesalz durch Glycerin zu ersetzen, während Triäthanolamin wegen der bei Zimmertemperatur beobachteten Behinderung der Reduktionsvorgänge und der Unterbindung der Violettfärbung weniger in Frage kam, obwohl — allerdings kochende — triäthanolaminhaltige, alkalische Kupfersulfatlösung bisweilen als TSCHIRCHsche Lösung zum Nachweis reduzierender Stoffe Verwendung findet (STRASBURGER-KOERNICKE 1950). Vor allem die Reihenuntersuchungen über die Beziehungen zwischen den Ergebnissen des FEHLING-Testes und dem Virusbesatz der untersuchten Herkünfte (vgl. S. 119ff.) wurden größtenteils mit einem Lösungsgemisch ausgeführt, das zu gleichen Teilen aus 1%iger wäßriger Lösung von Kupfersulfat und n-Natronlauge, der 1% Glycerin zugesetzt war, bestand. Im Hinblick auf die Übereinstimmung der Untersuchungsbefunde wird bei Darstellung der Ergebnisse jedoch nicht vermerkt, welcher Komplexbildner jeweils Verwendung gefunden hat. Es wird vielmehr sowohl bei Zugabe von Seignettesalz als auch bei Zugabe von Glycerin die Bezeichnung FEHLING-Test gebraucht, obwohl diese bei glycerinhaltiger Reagenslösung eigentlich nicht zu Recht besteht.
Im Gegensatz zu Glycerin und Triäthanolamin bilden Citronensäure und Äthylenglycol mit Kupfer(II)-Ionen Komplexe mit verhältnismäßig kleiner Beständigkeitskonstante. Es bleiben daher so viele Kupfer(II)-Ionen ungebunden, daß in natronalkalischer Lösung das Löslichkeitsprodukt von Kupfer(II)-hydroxyd überschritten wird und Hydroxyd auszuflocken beginnt. Erst bei der geringeren OH-Ionenkonzentration carbonatalkalischer Lösung sind die Komplexe beständig.
In Proben, die mit natriumcitrathaltiger, carbonatalkalischer Reagenslösung (1 Teil 1%ige $CuSO_4$-Lösung + 1 Teil n-Na_2CO_3-Lösung, versetzt mit 1% Natriumcitrat) angesetzt waren, trat in Gegenwart von Stanzstücken gesunder Knollen nach 24 Stunden bemerkenswerterweise die bekannte Gelbfärbung noch immer in Erscheinung, nur daß sie etwas fahler als diejenige der mit der üblichen Reagenslösung angesetzten Kontrollen war und beim Auftreten von Mischfarben in ihrer Intensität hinter derjenigen der Vergleichsproben zurückblieb. Proben mit Stanzstücken virusinfizierter Knollen zeigten dagegen auch nach längerem Stehen keinerlei Violettfärbung, sondern behielten die hellblaue Farbe der carbonatalkalischen Kupferlösung bei. Diese schlug jedoch augenblicklich in die bekannte violette Farbe um, wenn die Proben 24 bis 30 Stunden nach dem Ansetzen mit n-Natronlauge versetzt wurden. Die Violettfärbung ist demnach an sehr hohe p_H-Werte (= hohe OH-Ionenkonzentrationen) gebunden, während die die Gelbfärbung bedingenden Reduktionsvorgänge auch in weniger stark alkalischen Lösungen noch mit verhältnismäßig großer Intensität vor sich gehen. Hieraus ist erneut ersichtlich, daß beide Vorgänge, obwohl in gleicher Weise von der Cu-Konzentration beeinflußt, verschiedene Umsetzungen darstellen, die unterschiedliche Reaktionsbedingungen erfordern, ein Umstand, der im Hinblick auf Untersuchungen über die Grundlagen des FEHLING-Testes von Bedeutung ist (vgl. S. 77ff.).

Von gewissem Interesse war schließlich auch die Beobachtung, daß bei Zugabe von citronensäurehaltiger, natronalkalischer Reagenslösung zu Stanzstücken gesunder und virusinfizierter Knollen trotz Ausfalls von Kupferhydroxyd noch immer Beziehungen zwischen der Farbausbildung und dem Gesundheitszustand der Proben in Erscheinung traten. Auch als die Stanzstücke, durch diese Befunde angeregt, zunächst mit n-Natronlauge und anschließend ohne Zusatz eines Komplexbildners mit Kupfersulfatlösung entsprechender Konzentration versetzt wurden, entsprachen nach 48 Stunden die Farberscheinungen der Proben im großen und ganzen dem Gesundheitszustand der Stanzstücke. Die Beurteilung wurde allerdings durch nicht in Lösung gegangenes Kupferhydroxyd und schwarzbraune Verfärbungen erschwert.

Da die Reagenslösung ohne Komplexbildner in auffälliger Weise dem Reagensgemisch gleicht, das FRIEDRICH (1938) in einem als Biuretreaktion (vgl. S. 19 u. S. 29) bezeichneten Diagnoseverfahren Knollensäften zusetzte, lag die Annahme nahe, daß zwischen diesem Diagnoseverfahren und dem FEHLING-Test gewisse Beziehungen bestehen. Dies bestätigte sich in weiteren Untersuchungen, und zwar steht der FEHLING-Test im gleichen Verhältnis zur Biuretreaktion wie die FEHLINGsche zur TROMMERschen Zuckerprobe, wobei sich auch für virusdiagnostische Zwecke der FEHLING-Test durch die gleichen Vorzüge auszeichnet, die der FEHLINGschen gegenüber der TROMMERschen Zuckerprobe zukommen (vgl. SCHUSTER 1952, 1954).

3. Erste vergleichende Untersuchungen zur Kennzeichnung der Arbeitssicherheit des FEHLING-Testes

Um erste Vorstellungen über die Leistungsfähigkeit des FEHLING-Testes zu gewinnen, wurden Stanzstücke von gesunden und blattroll- sowie strichelvirusinfizierten Knollen (Kontrolle des Gesundheitszustandes vgl. S. 31 f.) mit kupfersulfathaltiger Reagenslösung versetzt. Gleichzeitig wurden Stanzstücke derselben Knollen dem Kaliumpermanganat-Test (sauer und alkalisch) und dem Wismutnitrat-Test unterzogen. Daneben wurden zur Schaffung weiterer Vergleichsmöglichkeiten das Pufferungsvermögen (vgl. S. 28) und der Stärkegehalt (vgl. S. 27) bestimmt.

Um die Testergebnisse klar und übersichtlich beschreiben zu können, faßten wir die auftretenden Farbwerte den bisher gewonnenen Erfahrungen entsprechend dergestalt in 5 Wertzahlen zusammen, daß alle diagnostisch bedeutsamen Reaktionsunterschiede gekennzeichnet werden konnten, ohne bei der Zuordnung von Reaktionsverlauf und Wertzahlen auf Schwierigkeiten zu stoßen. In allen drei Reduktionsproben kennzeichnet Wertzahl 1 gesunde Knollen, während Wertzahl 5 den bei starkem Virusbefall auftretenden Farbwerten entspricht. Die zwischen den beiden Extremen liegenden Wertzahlen deuten auf Mischfarben hin. Im einzelnen ist die Bedeutung der Wertzahlen aus Tab. 11 ersichtlich.

Das arithmetische Mittel aus den den Reaktionsverlauf der verschiedenen Proben einer Herkunft bzw. einer größeren Versuchsreihe kennzeichnenden Wertzahlen

TABELLE 11

Die Bedeutung der zur Kennzeichnung des Verlaufes der Reduktionsproben gebildeten Wertzahlen

Wertzahl	Farbwert			Virusinfektion der Knollen
	der Reagenslösung beim FEHLING-Test	der Stanzstücke beim Wismutnitrat-Test	der Reagenslösung beim Kaliumpermanganat-Test	
1	rein gelb	schwarz	gelblich, klar und durchsichtig	keine Virusinfektion
2	vorwiegend gelb, vereinzelt, vor allem an den Stanzstückenden, violette Farbtöne	schwarz, aber vereinzelt hellere Stellen	vorwiegend klar und durchsichtig, geringe Braunsteinbildung, insbesondere am Boden des Reagenzglases	nur vereinzelt schwache Virusinfektion
3	etwa zu gleichen Teilen gelbe und blaß- bis tiefviolette Farbtöne	bräunlich, daneben schwarze und helle Stellen	Reagenslösung durch mäßigen Braunsteinausfall hellbraun	vorwiegend schwache Virusinfektion, vereinzelt gesunde oder stark infizierte Knollen
4	vorwiegend violett, vorzugsweise am Boden oder in der Mitte des Reagenzglases schmale, gelbe Farbzonen	hell, nur noch vereinzelt dunkle Stellen	Reagenslösung durch Braunsteinbildung braun	Virusinfektion
5	violett	weiß bzw. weißgrau	dichter, dunkelbrauner Braunsteinniederschlag	starke Virusinfektion

TABELLE 12

Vergleich zwischen den Ergebnissen der Stärkegehaltsbestimmung, der Pufferungsbestimmung, des Kaliumpermanganat-Testes (sauer und alkalisch), des Wismutnitrat-Testes und des FEHLING-Testes; alle fünf Diagnoseverfahren kamen jeweils nacheinander an der gleichen Knolle zur Durchführung.

G = die bei der Untersuchung gesunder Knollen ermittelten Anteilreihen; V = die bei der Untersuchung blattroll- und strichelvirusinfizierter Knollen ermittelten Anteilreihen

Stärkegehaltsbestimmung			Pufferungsbestimmung			Wertzahl	Kaliumpermanganat-Test sauer		Kaliumpermanganat-Test alkalisch		Wismutnitrat-Test		FEHLING-Test	
NaCl-%	G %	V %	p_H-Diff.	G %	V %		G %	V %	G %	V %	G %	V %	G %	V %
9	7	21	2,0		3									
10	7	36	2,2		5	1	52	3	68	3	75	2	81	0
11	17	20	2,4	1	9									
12	30	8	2,6	3	12									
13	18	10	2,8	4	17	2	24	5	19	3	16	3	15	3
14	10	1	3,0	9	17									
15	4	2	3,2	7	11									
16	4	2	3,4	14	8	3	15	17	7	13	5	8	2	4
17	2		3,6	18	9									
18	1		3,8	16	3									
19			4,0	16	1	4	8	39	4	37	2	30	2	21
20			4,2	8	3									
21			4,4	3	2									
22			4,6	1		5	1	36	2	44	2	57	0	72
23			4,8											
N	100	100		100	100		100	100	100	100	100	100	100	100
$M \pm \sigma_m$	12,4 ±0,2	10,7 ±0,16		3,59 ±0,05	3,00 ±0,05		1,82 ±0,1	4,00 ±0,1	1,53 ±0,09	4,16 ±0,1	1,40 ±0,08	4,37 ±0,09	1,25 ±0,06	4,62 ±0,07
σ	1,84	1,59		0,46	0,53		1,03	1,01	0,94	0,97	0,84	0,91	0,59	0,71
Beurteilungszahl	0,98			1,2			2,14		2,75		3,39		5,18	

ergibt eine Durchschnittswertzahl, die besonders deshalb einen guten Überblick über die erhaltenen Testergebnisse und damit über den durchschnittlichen Gesundheitszustand der untersuchten Probe ermöglicht, weil auch die Werte der kritischen Zone Berücksichtigung finden. Durch geeignete Gegenüberstellung der Differenz zwischen den an gesunden und virusinfizierten Knollen gewonnenen Durchschnittswertzahlen und der Streuung können ferner Beurteilungszahlen gewonnen werden (vgl. S. 44 ff.), die gute Vorstellungen von der Trennschärfe und somit von der Leistungsfähigkeit der Diagnoseverfahren vermitteln.

Die erhaltenen Ergebnisse sind in Tab. 12 wiedergegeben. Wie aus den angeführten Werten ersichtlich, rücken die an gesunden bzw. virusbefallenen Knollen ermittelten Anteilreihen, von den Stärkegehaltsbestimmungen beginnend, über Pufferungsbestimmungen, Kaliumpermanganat-Test (sauer und alkalisch), Wismutnitrat-Test bis zum FEHLING-Test immer weiter auseinander. Gleichzeitig vermindert sich die Streuung, und die Beurteilungszahlen wachsen demzufolge ständig an. Reaktionsverlauf und Gesundheitszustand entsprechen sich in recht beachtlichem Umfange. Auf Grund der besonders engen Beziehungen zwischen Farbausbildung und Gesundheitszustand und des deutlichen, leicht zu beurteilenden Farbkontrastes stellt somit der FEHLING-Test die beste Reduktionsprobe dar, die im Verlauf der geschilderten Untersuchungen erarbeitet werden konnte. Im Hinblick auf den mit dem FEHLING-Test erreichten Stand der Virusdiagnostik wurden daher weniger Untersuchungen zur Übertragung der Reduktionskräfte der Stanzstücke auf weitere reduzierbare Substanzen als vielmehr Untersuchungen zur Klärung der Frage nach den physiologischen Grundlagen des FEHLING-Testes und der anderen Reduktionsproben in den Vordergrund der weiteren Arbeiten zur physiologisch-chemischen Virusdiagnostik gestellt.

V. Untersuchungen über die Grundlagen des FEHLING-Testes und dessen Beziehungen zu verschiedenen im Schrifttum verzeichneten Diagnoseverfahren

Indem der Verlauf des FEHLING-Testes durch zwei in gleicher Weise an eine bestimmte Konzentration freier Kupferionen gebundene, sich aber hinsichtlich ihrer p_H-Abhängigkeit unterscheidende Reaktionen bestimmt wird (vgl. S. 71 f.), ergibt sich die Frage, warum in Proben gesunder Knollen die zur Gelbfärbung führenden Reduktionsvorgänge und in Proben virusinfizierter Knollen die zur Violettfärbung führenden Umsetzungen besonders gefördert werden. Hiermit steht die Frage in engem Zusammenhang, ob die beiden Reaktionen unabhängig voneinander verlaufen oder ob die eine Reaktion das Geschehen dergestalt bestimmt, daß die andere nur bei deren Ausbleiben ablaufen kann.
Für die Beantwortung dieser Fragen sind im wesentlichen zwei Hypothesen in Erwägung zu ziehen:

1. Aus den Stanzstücken gesunder Knollen treten Stoffe aus, die Kupfer(II)-Ionen reduzieren, während aus Stanzstücken virusinfizierter Knollen Stoffe exosmieren, die Kupfer(II)-Ionen in stark alkalischem Milieu in einem violetten Komplex zu binden vermögen. Möglicherweise sind letztere dadurch entstanden, daß die in gesunden Knollen vorgefundenen Stoffe ihre reduzierenden Gruppen (evtl. durch Oxydation) eingebüßt, gleichzeitig aber die Befähigung zur Bildung stabiler Kupferkomplexe gewonnen haben.

2. Aus den Stanzstücken sowohl gesunder als auch virusinfizierter Knollen treten stets Stoffe in die umgebende Reagenslösung aus, die Kupfer(II)-Ionen in einem violetten Komplex binden, insofern dessen Beständigkeitskonstante nicht kleiner ist als diejenige des mit der Reagenslösung zugesetzten Kupferkomplexes, wie dies z. B. beim Triäthanolamin-Kupferkomplex (vgl. S. 71) der Fall ist. Aus Stanzstücken gesunder Knollen exosmieren darüber hinaus noch Substanzen, die Kupfer(II)-Ionen zu reduzieren vermögen und diese hierdurch ständig aus der Reagenslösung entfernen. Zum Ausgleich müssen entsprechend der Beständigkeitskonstanten des Kupferkomplexes der Reagenslösung bzw. des in Bildung begriffenen violetten Komplexes unter Abbau dieser Komplexe so lange zweiwertige Kupferionen in Freiheit gesetzt werden, bis das gesamte komplex gebundene Kupfer verbraucht ist. Erschöpfen sich in schwach virusinfizierten Knollen die reduzierenden Stoffe, bevor alle Kupferionen der Reagenslösung reduziert worden sind, so kommt es zur Ausbildung von Misch-

farben. Es treten neben gelben auch violette Farbtöne auf. Die Violettfärbung stellt demnach nur eine Sekundärreaktion dar, die einen außerordentlich guten Farbkontrast zum Gelb gesunder Proben liefert. Sie tritt lediglich dann in Erscheinung, wenn die Reduktionsvorgänge nicht das gesamte zweiwertige Kupfer erfassen und ist somit im wesentlichen von dem Vorrat komplex gebundenen Kupfers in der Reagenslösung abhängig. Dieser wurde bei Aufstellung des Testes empirisch so festgelegt, daß er in Gegenwart von Stanzstücken gesunder Knollen erschöpft wird.

Um eine Entscheidung zwischen den beiden Hypothesen treffen zu können, wurde nach Beendigung aller Umsetzungen von den gelb gefärbten Reagenslösungen einer größeren Anzahl von Proben gesunder Knollen das Kupfer(I)-oxyd durch Filtration abgetrennt. Dem nunmehr klaren, nahezu farblosen Filtrat wurde erneut Reagenslösung zugesetzt.
Falls die erste Hypothese gültig ist, müßte hierbei die Farbe der Reagenslösung bestehen bleiben, es sei denn, die reduzierenden Stoffe hätten bei ihrer Oxydation die Befähigung zur Bildung des violetten Komplexes gewonnen bzw. von vornherein neben reduzierenden Gruppen auch komplexbildende Gruppen besessen, die aber infolge der Kupferreduktion nicht zur Geltung kommen konnten.
Falls die zweite Hypothese zutrifft, müßte dagegen sehr rasch Violettfärbung einsetzen, da den neben den reduzierenden Substanzen aus den Stanzstücken ausgetretenen komplexbildenden Stoffen nunmehr die erforderlichen Kupferionen konkurrenzlos zur Verfügung stünden.
Die in den meisten Proben sehr rasch nach erneuter Zugabe von Reagenslösung auftretende Violettfärbung sprach für die Gültigkeit der zweiten Hypothese. Es durfte angenommen werden, daß die Ausbildung gelber und violetter Farbtöne beim FEHLING-Test durch zwei verschiedene Stoffe, eine reduzierende Substanz und einen Komplexbildner, hervorgerufen wird.
Um eine weitere Bestätigung hierfür zu erhalten und insbesondere die bezüglich der Beweiskraft der Ergebnisse möglichen Einwände (s. o.) zu entkräften, wurde anschließend der Versuch unternommen, die reduzierenden Substanzen bereits vor Durchführung des FEHLING-Testes vom Komplexbildner zu trennen. Hierbei ergaben sich zunächst dadurch Schwierigkeiten, daß die Exosmose der reduzierenden und komplexbildenden Substanzen in ihrem Umfange wesentlich verringert ist, wenn die Stoffe in Wasser oder evtl. in Lauge aufgefangen werden, wie dies für die Abtrennung erforderlich ist. In diesem Falle kommt das Ungleichgewicht in Fortfall, das in den Proben durch die stete Oxydation der reduzierenden Stoffe bzw. durch die Bildung des violetten Komplexes hervorgerufen wird und zu einem nahezu quantitativen Austritt der reaktionsfähigen Stoffe aus den Stanzstükken führt. Dadurch wird der Umfang der Exosmose der entsprechenden Stoffe besonders beim Austritt in Wasser mehr von der Permeabilität der Zellwände (RUHLAND und MICHAEL 1936; vgl. S. 15) und der Molekülgröße der exosmierenden Stoffe als von der Konzentration der Stoffe im Zellsaft bestimmt. Die Gültigkeit der gewonnenen Ergebnisse ist somit in vieler Hinsicht in Frage gestellt.

Diese Schwierigkeiten konnten schließlich behoben werden, indem die Untersuchungen nicht an Exosmaten, sondern nach mechanischer Zerstörung der Zellwände des Knollengewebes an Zellsäften (Preßsäften) durchgeführt wurden. Letztere enthalten nach Ergebnissen entsprechender Untersuchungen die beim FEHLING-Test wirksam werdenden Stoffe in etwa gleicher Konzentration, in der sie aus den Stanzstücken in die umgebende Reagenslösung austreten.

Die Trennung der im Zellsaft befindlichen komplexbildenden und reduzierenden Substanzen wurde mit Hilfe eiweißfällender Reaktionen versucht, denn es durfte angenommen werden, daß es sich bei dem Komplexbildner um Eiweißstoffe handelt, die mit Kupferionen einen in der Biuretreaktion häufig zum Eiweißnachweis herangezogenen violetten Komplex eingehen. Da Ammoniumsulfat, Trichloressigsäure und verschiedene andere Eiweißfällungsmittel Störungen in der Reduktion des Kupfers nach sich zogen, wurde das Eiweiß des Zellsaftes durch Hitzekoagulation gefällt. Anschließend wurde es durch Filtrieren mit einem harten Filter abgetrennt, mit warmem Wasser gründlich gewaschen und in n-Natronlauge wieder gelöst. Je 2 ml der alkalischen Eiweißlösung sowie je 2 ml des enteiweißten Filtrates wurden mit je 4 ml kupfersulfathaltiger Reagenslösung versetzt. Ebenso wurde zur Kontrolle mit Preßsaft verfahren, der vor der Eiweißfällung zu diesem Zwecke zurückgestellt worden war. Daneben kam der FEHLING-Test an einem vor dem Zerreiben der Knollen entnommenen Stanzstück in der üblichen Weise zur Durchführung.

Nach Beendigung aller Umsetzungen wiesen Proben mit eiweißfreien Filtraten gesunder Knollen etwa ebensoviel gelbes bis rotgelbes Kupfer(I)-oxyd auf wie die nicht enteiweißten Preßsaft- bzw. Stanzstückkontrollen. In den Eiweißlösungen traten dagegen keine gelben Farbtöne in Erscheinung. Entsprechende Proben zeigten vielmehr etwa das gleiche rotstichige Violett wie Eiweißlösungen, Preßsaftkontrollen und Stanzstückkontrollen virusinfizierter Knollen. Die eiweißfreien Filtrate viruskranker Knollen hatten die Farbtöne der Reagenslösung beibehalten. Demnach ist das den Verlauf des FEHLING-Testes bestimmende Reduktionsvermögen gesunder Knollen in der Tat an Nichteiweißstoffe gebunden, während die Violettfärbung durch einen Eiweiß-Kupferkomplex hervorgerufen wird.

Zur Bestätigung dieser Ergebnisse wurden eiweißfreie Filtrate gesunder Knollen mit Eiweißlösungen virusinfizierter Knollen vereinigt und umgekehrt. Hierbei trat Gelbfärbung in allen Fällen nur dann auf, wenn den Proben auch eiweißfreies Filtrat gesunder Knollen zugesetzt worden war. Analoge Ergebnisse wurden bei Verwendung der Reagenzien des Wismutnitrat- und des Kaliumpermanganat-Testes erhalten.

In anschließenden Untersuchungen wurde angestrebt, Klarheit über die Natur der in eiweißfreien Filtraten gesunder Knollen zur Kupfersulfat- bzw. Wismutnitrat- oder Kaliumpermanganatreduktion führenden Reduktionskräfte zu gewinnen. Da im Hinblick auf die Vorbehandlung der Filtrate (Hitzekoagulation, starke Alkaligaben) kaum wahrscheinlich war, daß diese durch Fermente hervorgerufen bzw. gesteuert werden, durfte angenommen werden, daß sie durch Reduktionsmittel bedingt sind, die mit zweiwertigem Kupfer oxydoreduktive

Umsetzungen eingehen können. Als solche waren vor allem reduzierende Zucker in Betracht zu ziehen, deren Nachweis häufig mit einigen in den Reduktionsproben verwendeten Reagenzien geführt wird. Hierfür sprach u. a. der Umstand, daß in den Permeabilitätsuntersuchungen von RUHLAND und MICHAEL (1936), von denen die Untersuchungen zur Ausarbeitung des FEHLING-Testes und der anderen Reduktionsproben ihren Ausgang genommen hatten (vgl. S. 62 ff.), aus den Stanzstücken austretende reduzierende Zucker zur Abschätzung der Permeabilität von Gewebescheiben gesunder und virusinfizierter Knollen herangezogen worden waren. Auch die Beobachtung, daß viruskranke Knollen nach längerer Einwirkung von Temperaturen um 0 °C bei Durchführung des FEHLING-Testes das Gelb gesunder Proben zeigen (vgl. S. 95 f.), deutete in diese Richtung, wenngleich nicht von der Hand zu weisen war, daß allein diese anomalen zusätzlichen Reduktionskräfte auf eine Erhöhung der Hexosenkonzentration zurückzuführen sind, während die Reduktionskräfte gesunder Knollen durch andere Stoffe hervorgerufen werden.

Mit dem Ziele, reduzierende Zucker als Osazone nachzuweisen und zu identifizieren, wurden enteiweißte Preßsäfte gesunder und virusinfizierter Knollen mit salzsaurem Phenylhydrazin versetzt (vgl. u. a. BAUER 1945). Hierbei trat während des Erhitzens im Wasserbad in Filtraten gesunder Proben bald ein dichter gelber Niederschlag von Osazonen auf, während aus Filtraten virusinfizierter Knollen erst wesentlich später ein schwacher gelber Niederschlag ausfiel. Nach Beendigung der Umsetzungen hatte sich in gesunden Proben rund 6 mal so viel feinkristallines Osazon gebildet wie in Proben mit Preßsäften virusinfizierter Knollen.

Das erhaltene Osazon wurde nach mehrmaligem Umkristallisieren durch Schmelzpunktbestimmung als Glucosazon identifiziert. Mischschmelzproben von „Kartoffelosazon“ und durch Umsetzung reiner Glucose erhaltenem Glucosazon ergaben den gleichen Schmelzpunkt wie das „Kartoffelosazon“. Es darf daher als erwiesen gelten, daß die im FEHLING-Test und in den anderen Reduktionsproben diagnostischen Zwecken nutzbar gemachten Reduktionsunterschiede vor allem auf eine virusinduzierte Verringerung der Konzentration von Hexosen zurückzuführen sind. Daß auch in Proben viruskranker Knollen eine schwache Osazonbildung einsetzte, während im FEHLING-Test keine Reduktionserscheinungen sichtbar waren, dürfte vor allem auf die bei Zimmertemperatur verhältnismäßig geringe Empfindlichkeit des FEHLING-Testes zurückzuführen sein, denn bei Erwärmen der Proben fallen auch beim FEHLING-Test in Gegenwart von Stanzstücken virusinfizierter Knollen häufig geringe Mengen von gelbem Kupfer-(I)-oxyd aus (vgl. S. 94). In Preßsäften in geringeren Konzentrationen vorhandene, nicht als Osazon fällbare, aber nach papierchromatographischer Auftrennung durch Kaliumpermanganatreduktion nachweisbare Stoffe dürften für das Diagnoseergebnis kaum von Bedeutung sein.

Die bei den Untersuchungen zur Klärung der Frage nach den Grundlagen des FEHLING-Testes erhaltenen Befunde stehen in Übereinstimmung mit Beobachtungen von WOLF und WOLF (1955) an virusinfizierten Tabakblättern. Bei virusbefallenen Kartoffelknollen verschiedener Sorten konnte bereits DOBY (1912a) eine erhebliche Verminderung der Hexosenkonzentration feststellen. In neuerer Zeit fand BOSER (1957) in Knollen strichelkranker Kartoffelpflanzen und bei anaerober Lagerung ebenfalls in Knollen blattrollkranker Kartoffelpflanzen die Hexosenkonzentration vermindert. Schließlich ist in diesem Zusammenhang von Interesse, daß die im Gewebe virusinfizierter Kartoffelknollen vorgefundene Erhöhung des Dextrinwertes, d. h. des Verhältnisses von Dextrinen zu reduzierendem Zucker (RUHLAND und WETZEL 1933, HARTISCH 1934) und des Zukkerwertes, d. h. des Verhältnisses von Rohrzucker zu reduzierendem Zucker (PFANKUCH 1934, 1935), häufig in beträchtlichem Ausmaß durch eine virusinduzierte Verminderung der Konzentration an reduzierenden Zuckern bedingt wird. Obwohl die Hexosenkonzentration unter gewissen Bedingungen, z. B. bei Kältereizung oder chemischer Reizung, auch unabhängig von Virusbefall Schwankungen aufweisen kann, die infolge bestimmter, über Phosphorylierungsvorgänge ablaufender Gleichgewichtsreaktionen zwischen Glucose und Fructose sowie zwischen Hexosen und Rohrzucker im Zuckerwert nicht in gleichem Maße zum Ausdruck kommen, lassen die zuletzt genannten Arbeiten erkennen, daß bereits die Hexosenkonzentration allein in vielen Fällen wesentliche Aufschlüsse über den Gesundheitszustand der untersuchten Knollen zu vermitteln vermag. Dies will um so bedeutsamer erscheinen, als die durch Kältereizung sowie chemische Reizung und zahlreiche andere Faktoren bedingten Fehlerquellen von den Untersuchungsstellen im wesentlichen ausgeschaltet werden können (vgl. S. 89 ff.).

Die Verminderung der Konzentration an reduzierenden Zuckern im Gewebe virusinfizierter Kartoffelknollen ist nach PFANKUCH (1935) dadurch bedingt, daß das sortentypische Gleichgewicht zwischen Zuckerbildung und -abbau bei Virusinfektion sowohl durch Verringerung der Bildungsgeschwindigkeit als auch durch Erhöhung der Abbaugeschwindigkeit gestört ist. Verfolgt man die Bildung und Abbau der reduzierenden Zucker bedingenden Umsetzungen, die auf Grund der Ergebnisse zahlreicher Untersuchungen an verschiedenen tierischen und pflanzlichen Objekten, z. T. auch an der Kartoffelknolle (vgl. z. B. BONNER 1950, LANG 1952, HACKETT 1956, JAMES 1957), recht gut bekannt sind, so trifft man immer wieder auf Teilschritte, von denen bereits Beobachtungen über virusinduzierte Veränderungen vorliegen. Einige dieser Veränderungen stellen die physiologischen Grundlagen von Verfahren zur Virusdiagnostik an Kartoffelknollen dar. Somit ergeben sich z. T. bemerkenswert enge Beziehungen zwischen einigen älteren, vielfach einen beträchtlichen Arbeitsaufwand erfordernden Diagnoseverfahren und dem FEHLING-Test. Es ist daher mit Ausarbeitung des FEHLING-Testes in vieler Hinsicht auch bereits die gestellte Aufgabe (vgl. S. 58 ff.) erfüllt, die Arbeitssicherheit der besten Diagnoseverfahren mit einfacher, schneller Handhabung des Testes zu verbinden. Im Hinblick auf den engen Zusammenhang, in dem Diagnoseverfahren stehen, die Teilschritte der Bildung und Abbau der Hexosen bedingenden Umsetzungen diagnostischen Zwecken nutzbar machen, darf ferner damit gerechnet werden, daß viele im Verlauf von methodischen und fehlerkritischen Untersuchungen am FEHLING-Test gewonnene Ergebnisse auch für andere Verfahren gelten. Es ist daher sowohl von theoretischem als auch praktischem Interesse, die bisher aufgefundenen virusinduzierten Veränderungen einzelner Teilschritte der zur Bildung und zum Abbau der Hexosen führenden Umsetzungen in ihrer mutmaßlichen Aufeinanderfolge eingehender zu betrachten.

Bei den zur Bildung der Hexosen führenden Umsetzungen ist von Bedeutung, daß sich gleichsinnige Veränderungen verschiedener Teilschritte zu einer beträchtlichen quantitativen Verringerung des Gesamtvorganges addieren können.
Zunächst erweist sich in virusbefallenen Kartoffelknollen die Konzentration der Stärke als beträchtlich verringert (Schrifttum vgl. S. 14). Als Ursachen hierfür kommen neben verminderter Assimilationstätigkeit des Sprosses (MÜLLER, D. 1932, COCKERHAM 1939, RUBIN, SOKOLOVA und SAVELIEVA 1956) vor allem verschiedene durch Phloemnekrosen (QUANJER 1913, QUANJER, LEK und OORTWIN BOTJES 1916, v. BREHMER 1923, v. BREHMER u. ROCHLIN 1931, SHEFFIELD 1943, SANFORD und GRIMBLE 1944, BODE 1947, 1949, HEINZE 1947, WILSON 1948, KLOSTERMEYER 1950) oder anderweitige pathologische Veränderungen des Phloems, insbesondere durch Kallosebildung (Schrifttum vgl. S. 23) bedingte Störungen in der Ableitung der Assimilate vom Blatt in die Knollen in Betracht.
Neben diesen quantitativen Veränderungen im Stärkegehalt virusinfizierter Knollen dürften auch qualitative Veränderungen in der Zusammensetzung der Stärkekörner, die sich u. a. in einer Verlangsamung der Jodstärkereaktion und in schwächerer Quellung in starken Säuren auswirken, durch Störung der normalen enzymatischen Umwandlung der Stärke eine Verminderung der Zuckerbildung zur Folge haben (NATTI 1955, vgl. S. 15).
Darüber hinaus wurden Veränderungen im diastatischen Fermentsystem viruskranker Kartoffelknollen nachgewiesen, die dazu beitragen können, den Stärkeabbau erheblich zu verlangsamen und z. T. in andere Wege zu leiten. Nach den Befunden von HARTISCH (1934) ist das von BORCHARDT und PRINGSHEIM (1931) an gesunden Knollen ermittelte Verhältnis in der Aktivität der Saccharogenamylase zur Aktivität der Dextrinogenamylase bei blattrollkranken Knollen zugunsten der Dextrinogenamylase verschoben (vgl. S. 19).

Verfolgt man die virusinduzierten Veränderungen der den Abbau der Hexosen bedingenden Umsetzungen, so verdient zunächst die ähnlich wie bei Befall des Tabaks mit dem Tabakmosaikvirus bzw. dem Ätzvirus (WOODS und DU BUY 1942, GONDO 1954, OWEN 1957 u.a.) auch bei Befall der Kartoffel mit dem Blattrollvirus (THUNG 1928, WHITEHEAD 1934) bzw. dem Strichelvirus (BOSER 1957) nachgewiesene beträchtliche Erhöhung der Atmungsintensität Beachtung. Größere Bedeutung scheint aber den verstärkten anaeroben Oxydoreduktionen (PFANKUCH 1935) zuzukommen. Offensichtlich ist der anaerobe Abbau der

Hexosen in noch stärkerem Maße als der aerobe Abbau gesteigert, so daß es trotz erhöhter Anforderungen an die Intermediärprodukte der Atmung im Zellsaft virusinfizierter Knollen zu einer Anreicherung organischer Säuren bzw. — nach deren Aminierung — von Aminosäuren kommen kann. Hierfür spricht besonders die erhöhte Aziditätspufferung von Preßsäften virusbefallener Knollen (WARTENBERG 1937, WARTENBERG und RUMMENI 1952, 1953) sowie virusbefallener Tabakpflanzen (WARTENBERG 1937, KAUSCHE 1937, MARCKS FRANKE 1937), denn „die Pufferung der Lösung des Zellinhaltes der Pflanzen ist bekanntlich durch organische Säuren, Aminosäuren und Alkalisalze (evtl. aminogenes Ammoniak) dieser Säuren verursacht" (RUMMENI 1955). Ergebnisse der Untersuchungen von GRAFFI, SCHNEIDER und SYDOW (1956), nach denen das Hühner-Myeloblastosevirus die anaerobe Bildung der Milchsäure um maximal das 4fache und die Brenztraubensäurebildung sogar um maximal das 14fache steigert, deuten in gleiche Richtung und verdienen im Hinblick auf die zwischen Tier und Pflanze offensichtlich bestehende weitgehende Übereinstimmung in den Abbauwegen der Hexosen größte Beachtung. Auch die Beobachtungen von VAYONIS (1954) über das Anwachsen des an den Atmungsprozessen beteiligten organischen Phosphates in TMV-infizierten Tabakpflanzen sind in diesem Zusammenhang von Interesse. Bei virusinfizierten Kartoffelknollen konnte BOSER (1957) allerdings weder nach aerober noch nach anaerober Lagerung eine Anhäufung phosphorylierter Intermediärprodukte der Glykolyse beobachten. Es ist jedoch durchaus denkbar, daß verstärkte Phosphorylierung nur deshalb nicht in einer Anreicherung organischen Phosphates zum Ausdruck kommen kann, weil sich in der Kartoffel zur Zeit der Winterruhe ein Gleichgewicht im Auf- und Abbau phosphorylierter Intermediärprodukte der Glykolyse eingestellt hat. Dies ist um so wahrscheinlicher, als BOSER (1958) in weiteren Untersuchungen in Kartoffelknollen die Hexokinase-Aktivität etwas erhöht fand und geneigt ist, dies als einen Hinweis dafür zu werten, daß die geschädigte Zelle durch verstärkte Glykolyse ihre Energiebilanz zu bessern sucht.

Im Hinblick auf die von BOSER (1958) im Verlauf der gleichen Untersuchungen an blattrollvirusbefallenen Knollen vorgefundene Verringerung der Aktivität der Phosphoglucomutase und der Enolase, als deren Ursache eine „Konkurrenz um Bausteine" zwischen Virus und zelleigenem Fermenteiweiß in Erwägung gezogen wird, will es jedoch fraglich erscheinen, ob der Abbau der Hexosen allein auf dem als Glykolyse bekannten Abbauwege eingeleitet wird. Wenn auch die geringe Aktivität der genannten Fermente keineswegs der den Ablauf der Glykolyse begrenzende Faktor sein muß, so ist doch in Betracht zu ziehen, daß der virusinduzierte verstärkte Abbau der Hexosen wenigstens zum Teil im Wege einer trotz verringerter Fermentaktivität zu erhöhter Energieausbeute führenden direkte Oxydation (hexose monophosphate shunt = Pentosephosphat-Zyklus, vgl. z. B. AXELROD und BEEVERS 1956) erfolgt, wie dies bei erhöht atmenden mehltau- und rostbefallenen Pflanzen der Fall zu sein scheint (Zusammenfassung des Schrifttums bei FARKAS und KIRALY 1958). Da bei diesem Abbauweg intermediär anfallende Glycerinaldehyd-Phosphorsäure bei unvollständigem Ablauf des Kreisprozesses zu einer erhöhten Bildung von Brenztraubensäure und somit auch von Milchsäure sowie anderen organischen Säuren bzw. nach deren Aminierung von Aminosäuren beitragen kann, lassen sich alle vorstehend angeführten Beobachtungen mit der Annahme eines derartigen Abbauweges in recht gute Übereinstimmung bringen. Unbeschadet dessen, ob die virusinduzierte Anreicherung organischer Säuren durch die bekannten glykolytischen Umsetzungen oder durch verstärkte Förderung der Umsetzungen des Pentosephosphat-Zyklus erfolgt, dürfte diese nicht nur im Hinblick auf die Erhöhung des Pufferungsvermögens, sondern auch im Hinblick auf die Frage nach den Ursachen der bei Untersuchungen an Preßsäften virusinfizierter Knollen im Vergleich zu Preßsäften gesunder Knollen nachgewiesenen Potentialänderungen von Bedeutung sein.

So lassen Ergebnisse von Modellversuchen, bei denen das Redoxpotential von Eisen(III)-sulfatlösungen nach Zusatz von Citronensäure, Weinsäure und Oxalsäure oder deren Alkalisalzen eine beachtliche Verminderung erfuhr (RUMMENI 1955), darauf schließen, daß die durch Preßsäfte virusinfizierter Knollen im Vergleich zu Preßsäften gesunder Knollen bewirkte stärkere Verschiebung des Redoxpotentials einer vorgelegten Eisen(III)-sulfatlösung nach negativeren Werten (WARTENBERG 1938, 1947, WARTENBERG und RUMMENI 1952/53; vgl. auch S. 22 u. S. 29 ff.) durch eine erhöhte Konzentration von Oxysäuren oder anderen, in ähnlicher Weise Eisenkomplexe bildenden Substanzen hervorgerufen wird (RUMMENI 1955). Im Hinblick darauf, daß BOSER (1957) weder nach aerober noch nach anaerober Lagerung virusbefallener Knollen eine Anhäufung von Citronensäure, Äpfelsäure oder phosphorylierten Intermediärprodukten der Glykolyse feststellen konnte, sowie im Hinblick auf die von KOZŁOWSKA (1958) und SCHUPHAN (1950a und b) vorgefundene virusinduzierte Erhöhung des Gehaltes an verschiedenen Aminosäuren bei gleichzeitigem Absinken des während der Vegetationsperiode in virusbefallenen Knollen erhöhten Gehaltes an Ammoniak (HENKE 1956, 1957) liegt insbesondere nahe, daß die angeführten Potentialänderungen vor allem durch Eisen(III)-aminosäurekomplexe bedingt sind. Das ist um so wahrscheinlicher, als in eigenen Untersuchungen bei Zugabe von verschiedenen Aminosäuren zu Eisen(III)-sulfatlösungen erhebliche, nicht durch Veränderung des Säuregrades bedingte Potentialsenkungen, deren Ausmaß die durch Citronensäure und Weinsäure hervorgerufenen Veränderungen des Redoxpotentiales z. T. noch übertrafen, auf die Bildung von Komplexverbindungen schließen ließen. Es ist denkbar, daß die bei gesteigertem anaerobem Abbau der Hexosen verstärkt anfallende Brenztraubensäure teils zu Milchsäure hydriert (BOSER 1957), größtenteils aber entweder unmittelbar oder nach Einführung in den Citronensäurezyklus und Umwandlung zu α-Ketoglutarsäure aminiert wird.

Ob Eisenkomplexe von Aminosäuren und Oxysäuren als alleinige Ursache des Potentialabfalles in Betracht kommen, will allerdings fraglich erscheinen, denn aus Gemischen von Eisen(III)-chlorid mit Preßsäften virusinfizierter Knollen ausflockendes Eiweiß hatte in eigenen Untersuchungen regelmäßig mehr Eisen gebunden als das aus Gemischen mit gesunden Knollen ausflockende Eiweiß. Die Unterschiede betrugen bis zu 100%. Es ist daher durchaus denkbar, daß nicht nur von freien Aminosäuren, sondern auch von Eiweiß bestimmte Eisenmengen so gebunden werden, daß sie nicht mehr potentialbestimmend wirken können. Hierbei ist in Erwägung zu ziehen, daß die erhöhte Eisenbindung des Eiweißes virusinfizierter Knollen auf Veränderungen in der Zusammensetzung der Eiweißstoffe der Knollen beruht, wie sie beispielsweise die Ergebnisse ultrarotspektroskopischer Untersuchungen von HERBST (1955) erkennen lassen. Wahrscheinlicher ist allerdings im Hinblick auf den verstärkten Eiweißniederschlag in Gemischen von Eisen(III)-chlorid mit Preßsäften virusinfizierter Knollen, daß die erhöhte Eisenbindung durch eine Erhöhung des Eiweißgehaltes viruskranker Knollen (TOPECHA 1936, McANELLY, PAYNE und FULTS 1956, HENKE 1956) bedingt ist. Dabei ist trotz gründlichen, mehrfachen Auswaschens des Eiweißniederschlages nicht vollständig von der Hand zu weisen, daß wenigstens ein Teil des in der Eiweißfraktion vorgefundenen Eisens bei der Eiweißfällung nur mitgerissen wurde. Wegen des erhöhten Eiweißgehalts virusinfizierter Knollen liegt weiterhin nahe, daß dieser auch zur Erhöhung des Pufferungsvermögens der Preßsäfte entsprechender Knollen beiträgt.

Neben den Veränderungen des Potentials von Eisen(III)-chlorid-Preßsaftgemischen wird auch die Verschiebung des mit indifferenten Metallelektroden meßbaren Redoxpotentials von Gewebebreiaufschlämmungen virusinfizierter Knollen in Richtung negativer Werte (HEY 1932, WARTENBERG, HEY und URHAN 1935, WARTENBERG und HEY 1936a und b) in Zusammenhang mit der Erhöhung der Konzentration an puffernden, komplexbildenden organischen Substanzen gebracht. Nach WARTENBERG (1947), WARTENBERG und RUMMENI (1952/1953) sowie RUMMENI (1954, 1955) stellen die die Redoxpotentiale des Inhaltes pflanzlicher Gewebe steuernden Redoxsysteme anionische Komplexe organischer Säuren mit verschiedenen Schwermetallen als Zentralatom dar, die durch Bildung oder durch Abbau entsprechender Stoffe variiert werden können. „Hieraus ergibt sich die Tatsache, daß das physiologische Redoxpotential nicht mit der C_H schwankt, aber parallel zur Pufferung des Zellinhaltes veränderlich ist. Mit erhöhter Pufferung der Azidität sinkt das Redoxpotential nach negativeren Werten ab“ (RUMMENI 1954).

Durch die Verschiebung des Redoxpotentials virusinfizierter Knollen nach negativeren Werten dürften wiederum Diagnoseverfahren mit dem in erhöhtem Pufferungsvermögen und verringerter Hexosenkonzentration zum Ausdruck kommenden verstärkten Abbau der Hexosen zu organischen Säuren verknüpft sein, die, wie z. B. die Methylenblauentfärbung (WARTENBERG und LINDAU 1936) und die Jodprobe (WARTENBERG und KLINKOWSKI 1937), Virusbefall an grösserem Reduktionsvermögen erkennen lassen.

Schließlich liegt nahe, daß der verstärkte Abbau der Hexosen über die Verschiebung des Redoxpotentials in Richtung negativer Werte eine Verlagerung des Gleichgewichts von Dehydroascorbinsäure zu Ascorbinsäure zugunsten der Ascorbinsäure zur Folge hat (PFANKUCH 1935). Die Befunde von SMITH und PATERSON (1937) sowie SMITH und GILLIES (1940), nach denen virusinfizierte Kartoffelknollen einen erhöhten Gehalt an Ascorbinsäure aufweisen, deuten ebenfalls in diese Richtung.

Über Veränderungen im Verhältnis von Ascorbinsäure zu Dehydroascorbinsäure wiederum bestehen offensichtlich Beziehungen zwischen den bei Virusbefall auftretenden Verschiebungen des Redoxpotentials nach negativeren Werten und der Erhöhung der Melaninbildung (vgl. S. 20), die die Grundlage für die „Melanintests" nach KLUMP (1935) und JERMOLJEV (1948) darstellt, denn die Ergebnisse verschiedener Untersuchungen über die Aktivität der die Melaninbildung katalysierenden Fermente ließen erkennen, daß diese allem Anschein nach ebenfalls durch die Konzentration der Ascorbinsäure beeinflußt wird. Hierfür sprechen u. a. Untersuchungen von SHIROYA, SHIROYA und HATTORI (1955), nach denen gewisse in Tabakblättern beobachtete melanotische Verfärbungen, die auf einer durch eine Polyphenoloxydase katalysierten Oxydation von Chlorogen- und Kaffeesäure beruhen, in Abhängigkeit von dem Gehalt an Ascorbinsäure auftreten. In gleiche Richtung weist die Beobachtung, daß Zugabe von Ascorbinsäure zu Beginn der enzymatischen Oxydation des Tyrosins die Geschwindigkeit der Sauerstoffaufnahme steigert (KRUEGER 1950). Schließlich konnten auch SEALOCK und GOODLAND (1951) Beziehungen zwischen der Geschwindigkeit der Tyrosin-Oxydation und der Ascorbinsäure-Konzentration feststellen. Daneben sind allerdings auch gegenteilige Befunde zu verzeichnen (BARUAH und SWAIN 1953, HENKE 1957). Offenbar sind die Ergebnisse entsprechender Untersuchungen in erheblichem Ausmaß von den Versuchsbedingungen abhängig. Schließlich dürften auch Sorteneigentümlichkeiten sowie der physiologische Zustand der Knollen zur Zeit der Untersuchungen (Winterruhe oder Keimung) eine Rolle spielen. Daher ist es nicht verwunderlich, daß einerseits Untersuchungen über den Umfang der Melaninbildung gesunder und virusinfizierter Knollen (KLUMP 1935, JERMOLJEV 1948, HENKE 1957) zu unterschiedlichen Ergebnissen geführt haben und andererseits die Beziehungen zwischen der Höhe der Redoxpotentiale, der Ascorbinsäurekonzentration und der Melaninbildung nur lose sind, zumal letztere neben dem verbindenden Kettenglied durch eine mehr oder weniger große Anzahl weiterer Faktoren beeinflußt wird. Je mehr Faktoren Einfluß auf eine Reaktion nehmen, um so häufiger sind Abweichungen zu erwarten, ein Umstand, der im Hinblick auf Erwägungen über die Zweckmäßigkeit von Kombinationen verschiedener Verfahren (vgl. S. 192 ff.) sowie über die Möglichkeiten des Ersatzes methodisch schwieriger zu handhabender durch einfachere Verfahren Beachtung verdient.

Daß die vorstehend erörterten Vorstellungen über den Zusammenhang zwischen dem FEHLING-Test und verschiedenen bereits seit längerer Zeit bekannten Diagnoseverfahren ungeachtet des hypothetischen Charakters einiger Teilschritte der in Erwägung gezogenen Umsetzungen in der Tat weitgehend den natürlichen Verhältnissen entsprechen dürften, lassen u. a. die Ergebnisse von Untersuchungen erkennen, bei denen verschiedene Diagnoseverfahren nacheinander an den gleichen Knollen durchgeführt wurden (vgl. S. 205f f.). Hierbei wurden immer dann, wenn im FEHLING-Test Reaktionsunterschiede größeren Umfanges auftraten, auch bei den anderen in die vorstehenden Erörterungen einbezogenen Diagnoseverfahren gleichlaufende Reaktionsunterschiede beobachtet, und zwar unabhängig davon, ob die Unterschiede durch Virusinfektion oder anderweitige Einflüsse bedingt waren. So konnten beispielsweise bei verschiedenen Sorten, bei denen im FEHLING-Test infolge bestimmter Sorteneigentümlichkeiten nur geringe Reaktionsunterschiede zwischen Proben gesunder und viruskranker Knollen in Erscheinung traten, in der Regel auch bei Pufferungsbestimmungen und Potentialmessungen an Eisen(III)-sulfat-Preßsaftgemischen keine wesentlichen Reaktionsunterschiede zwischen gesunden und virusinfizierten Knollen ermittelt werden. Diese Befunde bestätigen einmal mehr, daß es mit der Ausarbeitung des FEHLING-Testes gelungen ist, ein Verfahren zu entwickeln, welches die Arbeitssicherheit der besten bisher aufgefundenen Diagnosemethoden mit einfacher Ausführung vereint, wie dies bei der Auswertung der Ergebnisse der vergleichenden Untersuchungen als wesentliches Ziel für weitere Arbeiten gefordert worden war (vgl. S. 58 ff.).

Indem Veränderungen im Verlauf von zahlreichen, dem Anschein nach außerordentlich unterschiedlichen Diagnoseverfahren offenbar in gleicher Weise in erheblichem Ausmaß durch einen virusinduzierten verstärkten Abbau der Hexosen zu organischen Säuren bedingt sind, dürfte diesem im Hinblick auf die physiologisch-chemische Virusdiagnostik eine Schlüsselposition zukommen. Es liegt nahe, diese besonders auf die zentrale Stellung zurückzuführen, die der Abbau der Hexosen bei der Virusvermehrung einnimmt. Durch den Abbau der Hexosen zu Brenztraubensäure und deren Einführung in den Citronensäurezyklus wird ja nicht nur direkt und indirekt (im Wege der Bereitstellung des Substrates für den oxydativen Endabbau der Kohlenhydrate) die für die Virusvermehrung erforderliche Energie gewonnen. Es werden vielmehr gleichzeitig auch die für die Bildung von Aminosäuren und somit von Eiweißstoffen erforderlichen Kohlenstoffgerüste — besonders Brenztraubensäure und α-Ketoglutarsäure — bereitgestellt, die die Einführung der Aminogruppe in das Kohlenstoffskelett und im Verein mit anschließenden Transaminierungen letztlich den Aufbau zahlreicher Aminosäuren ermöglichen. Durch geeignete Verknüpfung der Aminosäuren erfolgt schließlich unter gleichzeitigem Aufbau von Nucleinsäuren die Bildung neuer Virusteilchen, sei es in unmittelbarer Synthese, wie es auf Grund des raschen Einbaues in Tabakblätter infiltrierten $N^{15}H_4Cl$ in TMV-Virus (MENEGHINI und DELWICHE 1951) wahrscheinlich ist, oder sei es durch Umwandlung zunächst gebildeten Wirtseiweißes, wie das die Ergebnisse der Untersuchungen von WILDMAN, CHEO und BONNER (1949) sowie BASLER und COMMONER (1956) nahelegen.

Diese Vorstellungen über die Bedeutung, die dem verstärkten Abbau der Hexosen zu organischen Säuren im Hinblick auf die Virusvermehrung zukommt, werden durch die Ergebnisse einer Reihe von Untersuchungen erhärtet. So erfuhr die Bildung von Tabakmosaikvirus in Tabakblättern durch Zuführung organischer Säuren eine wesentliche Steigerung (RYSHKOW und MARCHENKO 1954 NOUR-ELDIN 1955, SCHLEGEL 1957). Umgekehrt hatte Vergiftung des Citronensäurezyklus durch verschiedene Atmungsinhibitoren eine Verminderung der TMV-Vermehrung zur Folge (RYSHKOW und MARCHENKO 1954, RYSHKOW 1957). Somit ist der in Zusammenhang mit der Frage nach den Grundlagen des FEHLING-Testes erörterte Abschnitt des Kohlenhydratstoffwechsels nicht nur wegen der Entwicklung geeigneter Verfahren zur Virusdiagnostik an Kartoffelknollen, sondern auch im Hinblick auf die pathologische Physiologie der Virosen sowie auf Fragen der Virusvermehrung von Interesse. Es dürfte sich daher empfehlen, diesem auch weiterhin besondere Aufmerksamkeit zu widmen.

VI. Untersuchungen über den Einfluß verschiedener Faktoren der Versuchsanordnung sowie verschiedener Umweltfaktoren auf den Verlauf des FEHLING-Testes mit dem Ziele der Verbesserung der Testsicherheit durch Aufdeckung von Fehlerquellen

A) VORBEMERKUNGEN

Die Ausarbeitung des FEHLING-Testes ermöglichte es, an einem eigenen Test zu prüfen, mit welchen Reaktionsabweichungen bei Diagnoseverfahren zu rechnen ist, die nicht das Virus selbst, sondern durch Virusinfektion hervorgerufene, aber auch von anderen Faktoren beeinflußbare Veränderungen des pflanzlichen Stoffwechsels nachweisen. Hierbei war von besonderer Bedeutung, daß die im Verlauf entsprechender Untersuchungen gewonnenen Ergebnisse infolge des engen Zusammenhanges zwischen den Grundlagen des FEHLING-Testes und den Grundlagen verschiedener anderer Diagnoseverfahren (vgl. S. 81 ff.) in ihrer Gültigkeit nicht streng auf den FEHLING-Test beschränkt bleiben, sondern in vielen Punkten auch für zahlreiche weitere Verfahren Bedeutung gewinnen.
Nachfolgend werden zunächst die Ergebnisse von Untersuchungen angeführt, die sich mit dem Einfluß befaßt haben, den verschiedene von der Untersuchungsstelle kontrollierbare Umwelt- und Reaktionsbedingungen auf den Verlauf des FEHLING-Testes auszuüben vermögen, um auf diese Weise geeignete Unterlagen zur weiteren Präzisierung des FEHLING-Testes zu schaffen.
Weitere Abschnitte befassen sich mit den Ergebnissen von Untersuchungen über den Einfluß von Umweltfaktoren, die von der Untersuchungsstelle im allgemeinen nicht ohne weiteres kontrolliert werden können. Auf diese Weise werden wesentliche Anhaltspunkte zur Beurteilung der Arbeitssicherheit des Diagnoseverfahrens vermittelt. Gleichzeitig wird von der Möglichkeit Gebrauch gemacht, an einem eigenen Test zu demonstrieren, welche Untersuchungen zur Aufdeckung von Fehlerquellen nach den im Verlauf einer nahezu zehnjährigen Beschäftigung mit Problemen der physiologisch-chemischen Virusdiagnostik gewonnenen Erfahrungen durchgeführt sein sollten, bevor ein neu ausgearbeiteter Test der Praxis zur Beurteilung vorgelegt bzw. zur Anwendung empfohlen wird.
Wo nicht besonders vermerkt, wurden für die entsprechenden Untersuchungen im wesentlichen Knollen der Sorte Ackersegen herangezogen, deren Gesundheitszustand durch mehrmalige Feldbeurteilung bekannt war und in der Regel im Stecklingstest oder durch Nachbau der untersuchten Knollen im Feldbestand kon-

trolliert wurde. Weitere Untersuchungen zeigten, daß die erhaltenen Ergebnisse jedoch für nahezu alle Sorten der Sortengruppen A und B (vgl. S. 99 ff. und Tab. 14) gelten.

B) UNTERSUCHUNGEN ÜBER DEN EINFLUSS VERSCHIEDENER VOM LANDWIRTSCHAFTLICHEN UNTERSUCHUNGSWESEN BEEINFLUSSBARER BZW. KONTROLLIERBARER FAKTOREN AUF DEN VERLAUF DES FEHLING-TESTES UND DER ANDEREN REDUKTIONSPROBEN

1. Untersuchungen zur Stanzstückentnahme

Der bei physiologischen Untersuchungen an der Kartoffelknolle vielfach beobachteten polaren Differenzierung (ARLAND 1932, RAMSHORN nach RUHLAND und MICHAEL 1936 u.a.) Rechnung tragend, waren die für den FEHLING-Test bzw. für die anderen, ebenfalls auf virusinduzierten Veränderungen der Hexosenkonzentration beruhenden Reduktionsproben (Kaliumpermanganat-Test, Wismutnitrat-Test) erforderlichen Stanzstücke bisher in Richtung vom Kronen- zum Nabelende entnommen und einheitlich mit dem Kronenende voran in die Reagenzgläser überführt worden (vgl. S. 69). Nunmehr sollten Untersuchungen darüber Aufschluß geben, ob mit der getroffenen Versuchsanordnung ein Höchstmaß an Arbeitssicherheit erreicht wird oder ob noch bessere Ergebnisse erzielt werden können, wenn die Stanzstückentnahme in anderer Weise erfolgt.

Um Hinweise auf das Ausmaß zu erhalten, in dem Reaktionsunterschiede zwischen verschiedenen Teilen der Kartoffelknolle bei der Stanzstückentnahme in Rechnung zu stellen sind, wurde zunächst gesunden und in unterschiedlicher Stärke mit verschiedenen Viren infizierten Knollen sowohl am Kronen- als auch am Nabelende rechtwinklig zur Längsachse der Knollen je ein Stanzstück entnommen und mit Reagenslösung versetzt. Hierbei erwiesen sich die Reduktionskräfte der Stanzstücke vom Kronenende im Vergleich zu denjenigen vom Nabelende im Durchschnitt als etwas verringert. Dies kommt deutlich in der Durchschnittswertzahl (vgl. S. 73 ff.) zum Ausdruck, die sich für die Proben vom Kronenende auf 4,13 und für diejenigen vom Nabelende auf 3,16 Wertzahleinheiten beläuft. Die Reduktionsunterschiede traten jedoch nicht bei jeder Knolle in gleicher Weise auf.

TABELLE 13
Die Reduktionsunterschiede zwischen Kronen- und Nabelende

Differenz Wertzahl Kronenende—Wertzahl Nabelende	—4	—3	—2	—1	0	+1	+2	+3	+4
Prozentsatz der auf die einzelnen Differenzen entfallenden Proben. Gesamtz. unters. Proben = 100	0	0,3	1,9	3,4	51,1	14,4	6,7	10,5	11,7

Wie aus Tab. 13 hervorgeht, bestand vielmehr bei 51,1% der untersuchten Knollen Übereinstimmung im Reaktionsverhalten der Proben vom Kronen- und vom Nabelende. Hierbei handelte es sich im wesentlichen um gesunde bzw. mit schweren Viren infizierte Knollen, die im FEHLING-Test bei Verwendung von in Richtung vom Kronen- zum Nabelende entnommenen Stanzstücken rein gelbe oder rein violette Farbtöne ergeben. Bei etwa 5% der Proben übertrafen die Reduktionskräfte des Kronenendes diejenigen des Nabelendes geringfügig. Der Anteil der Proben, bei denen die Reduktionskräfte am Nabelende größer waren als diejenigen am Kronenende, belief sich dagegen auf über 40%. Hierbei ist bemerkenswert, daß die Reduktionsunterschiede vielfach beträchtliche Ausmaße aufwiesen. Im allgemeinen waren sie um so deutlicher ausgeprägt, je länger bzw. größer die untersuchten Knollen waren. Offenbar wirkt sich ein bestehendes polares Reaktionsgefälle um so stärker aus, je weiter Kronen- und Nabelende voneinander entfernt sind. Ferner läßt schwache Virusinfektion die polaren Reaktionsunterschiede besonders deutlich hervortreten. Sie umfassen dann nicht selten die gesamte Farbskala; die Proben mit Stanzstücken vom Kronenende sind violett (Wz 5), diejenigen vom Nabelende der gleichen Knolle rein gelb (Wz 1) gefärbt. Stanzstücke, die Knollen mit derartigen polaren Reaktionsunterschieden parallel zur Längsachse in Richtung vom Kronen- zum Nabelende entnommen worden sind, weisen in der Regel Mischfarben (Wz 3) auf.

Wie weitere Untersuchungen ergaben, sind Anzahl und Umfang der polaren Reaktionsunterschiede im Verlauf des Winterlagers der Kartoffel beträchtlichen Veränderungen unterworfen. Einer größeren Anzahl (200) langgestreckter Knollen gesunder und von verschiedenen Viren in unterschiedlicher Stärke befallener Pflanzen war im Abstand von 4 Wochen je ein Stanzstück am Kronen- und Nabelende entnommen worden. Hierbei hatten sich bei Beginn der Untersuchungsfähigkeit (vgl. S. 95) noch keine Reaktionsunterschiede ergeben. Erst Anfang Dezember erwiesen sich bei vielen Knollen die Reduktionskräfte am Kronenende im Vergleich zum Nabelende als mehr oder weniger stark verringert. Diese Unterschiede blieben dann hinsichtlich Häufigkeit und Ausmaß ihres Auftretens längere Zeit konstant, bis sie mit Beginn der Keimung dadurch eine beträchtliche Zunahme erfuhren, daß sich die Reduktionskräfte des Gewebes am Kronenende erneut verringerten, während die Reduktionskräfte am Nabelende gleichzeitig erheblich verstärkt wurden. Einige Zeit nach Keimungsbeginn traten nicht selten sogar bei Knollen stark virusinfizierter Pflanzen in Stanzstücken vom Nabelende gelbe Farbtöne auf. Gleichzeitig erwiesen sich bei Knollen gesunder Pflanzen die Reduktionskräfte am Kronenende als beträchtlich verringert. Diese polaren Reaktionsunterschiede wurden mit dem Fortgang der Keimung zunächst immer größer, bis schließlich sowohl die Stanzstücke vom Kronen- als auch vom Nabelende unabhängig vom Gesundheitszustand in den meisten Fällen zur Ausbildung violetter Farbtöne führten. Daß die beschriebenen Veränderungen nicht eine Folge der wiederholten Stanzstückentnahme darstellen, ergab sich aus Kontrolluntersuchungen, die an jedem Untersuchungstermin mit unverletzten, unter gleichen Bedingungen aufbewahrten Knollen gleichen Gesundheitszustandes zur Durchführung kamen.

In einer weiteren Versuchsreihe wurden gesunden und virusbefallenen Knollen zwischen Kronen- und Nabelende rechtwinklig zur Längsachse in geringen Abständen zahlreiche Stanzstücke entnommen, um eine Vorstellung vom Umfang der am Nabel- bzw. Kronenende auftretenden Zonen stärker bzw. schwächer reduzierenden Gewebes zu gewinnen. Hierbei zeigte sich, daß vor Beginn der Keimung bei den meisten Knollen mit polaren Reduktionsunterschieden sowohl das schwächer reduzierende Gewebe am Kronenende als auch das stärker reduzierende Gewebe am Nabelende auf eine verhältnismäßig schmale Zone beschränkt bleiben. Erst während der Keimung erfahren die Zonen mit abweichendem Reduktionsverhalten eine beträchtliche Vergrößerung. Gleichzeitig treten an bisher einheitlich reagierenden Knollen an den Enden erste Reduktionsunterschiede auf. Je mehr die stärker bzw. schwächer reduzierenden Gewebezonen an Umfang zunehmen, desto häufiger büßt das Knollengewebe vom Nabelende seine Turgeszenz ein. Verlust der Turgeszenz am Nabelende kann geradezu als Indikator für das Auftreten von polaren Reduktionsunterschieden dienen. Die Grenzen zwischen turgeszentem und nicht turgeszentem Knollengewebe stimmen jedoch nicht mit den Grenzen der Zonen unterschiedlich reduzierenden Gewebes überein. Es ist auch nicht bekannt, in welcher Weise das Gewebe in der Mitte der Knolle reagiert, denn bei einem Teil der Knollen greift die stärker reduzierende Zone des Nabelendes und bei einem anderen Teil der Knollen die schwächer reduzierende Zone des Kronenendes rascher um sich. Daher sind dort sowohl die ursprünglichen Reduktionskräfte als auch stärker bzw. schwächer reduzierende Gewebezonen anzutreffen.
Im Hinblick auf die Durchführung des FEHLING-Testes besagen diese Befunde, daß auch dann nicht mit Sicherheit Übereinstimmung zwischen dem Testergebnis und dem Gesundheitszustand erwartet werden kann, wenn die erforderlichen Stanzstücke rechtwinklig zur Längsachse im Mittelteil der Knolle entnommen werden. Es ist vielmehr erforderlich, die Stanzstücke parallel zur Längsachse in Richtung vom Kronen- zum Nabelende zu entnehmen, wie dies die anfänglich getroffene Versuchsanordnung bereits vorsieht (vgl. S. 69). Ebenso ist es zweckmäßig, die Stanzstücke wie bisher mit dem Kronenende voran ins Reagenzglas zu überführen, da die hierbei erhaltene Wertzahl etwa das arithmetische Mittel aus den Wertzahlen der Proben mit dem vom Kronen- bzw. Nabelende der gleichen Knollen entnommenen Stanzstück darstellt, während die Wertzahl vielfach in ihrer Höhe das arithmetische Mittel übertrifft, wenn das Nabelende der Stanzstücke auf dem Boden des Reagenzglases ruht. Schließlich besagen die Ergebnisse, daß nach Beginn der Keimung die Beziehungen zwischen Reaktionsverlauf und Gesundheitszustand durch die verstärkt auftretenden, zunächst sowohl bei gesunden als auch virusinfizierten Knollen zur Ausbildung von Mischfarben führenden polaren Reduktionsunterschiede in Frage gestellt sind. Die Testung muß daher abgeschlossen sein, bevor es zur Bildung von Keimen kommt.
Im Gegensatz zu Stanzstücken vom Kronen- und Nabelende ergaben sich in weiteren Untersuchungen zwischen Stanzstücken aus dem Gewebe einander gegenüberliegender Knollenseiten kaum Reaktionsunterschiede. Ebenso waren keine wesentlichen Unterschiede im Reaktionsverhalten von Mark- und Rindenparen-

chym zu verzeichnen.[1] Es zieht daher keine Veränderungen der Testergebnisse nach sich, wenn die Stanzstücke in Richtung vom Kronen- zum Nabelende einmal unmittelbar aus der Längsachse der Knollen und ein anderes Mal mehr seitlich entnommen werden. Auch gegen eine Kürzung der Stanzstückenden zwecks Entfernung der Schale dürften keine Bedenken bestehen.

2. Die Beeinflussung der Testergebnisse durch Melaninbildung und mangelhafte Reinigung des Korkbohrers

Entsprechende Untersuchungen ließen erkennen, daß Melaninbildung, wie sie häufig in Stanzstücken erfolgt, die nicht unmittelbar nach ihrer Gewinnung mit Reagenslösung versetzt werden, den Reaktionsverlauf nicht in nennenswerter Weise zu beeinflussen vermag. Ebenso zieht es keine Veränderungen der Testergebnisse nach sich, wenn gesunden Knollen das erforderliche Stanzstück mit einem Korkbohrer entnommen wird, der vorher zur Entnahme von Stanzstücken aus virusinfizierten Knollen Verwendung gefunden hat, ohne daß zwischen beiden Stanzstückentnahmen eine Reinigung erfolgt war. Auch wenn der Korkbohrer erst durch gesunde und anschließend durch virusinfizierte Knollen geführt worden war, hatte dies keine Veränderungen im Reaktionsverlauf zur Folge. Dennoch wurde in allen Versuchen daran festgehalten, den Korkbohrer nach Gewinnung eines Stanzstückes in Wasser zu spülen, insofern nicht der beabsichtigte Kontrollnachbau der untersuchten Knollen die Desinfektion des Korkbohrers erforderlich machte. Diese erfolgte durch Eintauchen in ein jeweils frisch angesetztes Gemisch aus n/10 NaOH und Wasserstoffsuperoxyd. Anschließend wurde der Korkbohrer gründlich in Wasser gespült.

3. Der Einfluß der Reaktionstemperatur auf den Verlauf und das Ergebnis des FEHLING-Testes

Um zu ermitteln, ob und inwieweit der Verlauf und das Ergebnis des FEHLING-Testes von der Reaktionstemperatur abhängig sind, wurden gesunden und virusinfizierten Knollen dicht nebeneinander in Richtung vom Kronen- zum Nabelende

---

[1]) Entsprechende Untersuchungen kamen in Abänderung der Versuchsanordnung von S. 69 unter Verwendung von Stanzstücken von 5mm ⌀ in Reagenzgläsern von 9,5mm ⌀ zur Ausführung.
Derartige Veränderungen von Stanzstück- bzw. Reagenzglasdurchmesser sind möglich, insofern zwischen dem Stanzstückvolumen und der Anzahl der das Stanzstück umgebenden Kupferionen ein bestimmtes, konstantes Verhältnis weitgehend beibehalten wird. Dieses wird den Ergebnissen der Untersuchungen zur Aufklärung der Grundlagen des FEHLING-Testes zufolge (vgl. S. 77 ff.) durch die Menge der aus Gewebestücken gesunder Knollen austretenden Hexosen bestimmt, und zwar müssen diese gerade alle zugesetzten Kupferionen reduzieren. Der bei Veränderung des Stanzstück- bzw. Reagenzglasdurchmessers oder bei Veränderungen in der Konzentration der Reagenslösung erforderliche Ausgleich ergibt sich demnach aus der Formel

$$\frac{r_1^2 \cdot \pi \cdot h}{(r_2^2 - r_1^2) \cdot \pi \cdot h \cdot n} = \frac{r_1^2}{(r_2^2 - r_1^2) \cdot n} = \text{const},$$

wobei r_1 den Radius des Stanzstückes, r_2 den Radius des Reagenzglases, h die Stanzstücklänge und n die Kupfersulfatkonzentration der Reagenslösung bedeuten.

jeweils mehrere Stanzstücke entnommen, der Arbeitsvorschrift entsprechend mit Reagenslösung versetzt und bei Temperaturen von 4, 10, 20, 30, 40, 50, 60, 70, 80 bzw. 90 °C aufbewahrt. Hierbei ergab sich, daß die Geschwindigkeit der oxydoreduktiven Umsetzungen sehr temperaturabhängig ist. Sie nimmt um so rascher zu, je mehr die Reaktionstemperatur die Zimmertemperatur übersteigt. Bei Temperaturen von 80 bis 90 °C sind die Umsetzungen bereits nach wenigen Minuten beendet. Gleichzeitig sind verschiedene Abweichungen vom normalen Reaktionsverlauf zu verzeichnen. So unterbleibt in Proben mit Stanzstücken virusinfizierter Knollen die Violettfärbung. In Proben von Knollen schwach viruskranker Pflanzen fällt mehr Kupfer(I)-oxyd aus als dem Gesundheitszustand entspricht, und in Proben gesunder Knollen aggregiert das ausfallende Kupfer(I)-oxyd zu größeren, roten Partikeln, die sich rasch absetzen und unter überstehender, klarer Flüssigkeit einen dichten Belag bilden.

Bei Temperaturen, die wesentlich unter der Zimmertemperatur liegen, erfährt der Reaktionsverlauf eine beträchtliche Verzögerung. Bei 4 °C treten noch eine Woche nach dem Ansetzen der Proben kaum gelbe Farbtöne auf. Es ist daher möglich, die Umsetzungen des FEHLING-Testes vorübergehend zu unterbrechen oder die Proben als Beleg längere Zeit im Kühlschrank bei +1 bis +4 °C aufzubewahren, ohne daß störende Sekundärumsetzungen in Erscheinung treten.

Wird das Diagnoseergebnis bereits kurze Zeit nach dem Ansetzen der Proben benötigt, so empfiehlt es sich, den FEHLING-Test bei Temperaturen von 50 °C durchzuführen. In diesem Falle sind die Umsetzungen bereits nach etwa 2 Stunden beendet, ohne daß, abgesehen von einer geringfügigen Vermehrung der Gelbtöne, wesentliche Reaktionsabweichungen zu befürchten sind. Vor allem tritt bei diesen Temperaturen die violette Kontrastfarbe der Proben virusinfizierter Knollen noch in vollem Umfang in Erscheinung.

4. Die Beziehungen zwischen der Lagerungszeit und den Ergebnissen des FEHLING-Testes

(= Zur zeitlichen Begrenzung der Anwendung des FEHLING-Testes)

Um der Frage nachzugehen, von welchem Zeitpunkt an mit dem FEHLING-Test dem Gesundheitszustand entsprechende Ergebnisse erzielt werden können und bis zu welchem Zeitpunkt die Untersuchungen abgeschlossen sein müssen, wurden pflanzenweise getrennt geerntete und aufbewahrte Knollen gesunder bzw. leicht und stark virusinfizierter Pflanzen bei Temperaturen von 5 bis 6 °C (vgl. S. 95 f.) gelagert. Unmittelbar nach der Ernte, Mitte Oktober und von dieser Zeit an in etwa vierwöchigem Abstand wurde der größten Knolle jeder Pflanze zur Durchführung des FEHLING-Testes je ein Stanzstück entnommen. Gleichzeitig wurde trotz bisweilen auftretender Abweichungen zwischen den Reduktionskräften verschiedener Knollen der gleichen Pflanze (vgl. S. 102 ff.) von jedem Klon eine weitere unverletzte Knolle untersucht, um eine gewisse Kontrolle dafür zu haben, daß etwa auftretende Veränderungen der Reduktionskräfte nicht durch wiederholte Stanzstückentnahmen bedingt sind.

Die Untersuchungen ergaben, daß der FEHLING-Test und die auf der gleichen Grundlage beruhenden Reduktionsproben unmittelbar nach der Ernte noch keine Hinweise auf den Gesundheitszustand der untersuchten Knollen vermitteln. Im allgemeinen kommt es weder in Proben mit Stanzstücken gesunder noch in Proben mit Stanzstücken virusinfizierter Knollen zur Ausbildung gelber Farbtöne. Erst Anfang bis Mitte November ist der physiologische Zustand erreicht, in dem sich gesunde Knollen durch erhöhtes Reduktionsvermögen von viruskranken unterscheiden. Vielleicht entspricht dieser Zustand der „Winterruhe“, während der sich in Gewebebreiaufschlämmungen ein konstantes Redoxpotential einstellt (WARTENBERG, HEY und Mitarbeiter, vgl. S. 21 f.). Vom Beginn der Untersuchungsfähigkeit bis zum Beginn der Keimung sind keine wesentlichen Veränderungen mehr zu verzeichnen. Während der Keimung erfahren dann die Reduktionskräfte der meisten Knollen zunächst eine gewisse Erhöhung. Bereits vier Wochen nach Beginn der Keimung sind diese jedoch in der Regel wieder unter die während der Winterruhe festgestellten Werte abgesunken. Diese Tendenz zur Verminderung der Reduktionskräfte hält weiter an, bis schließlich im Juni und besonders im Juli auch bei gesunden Knollen nur noch in seltenen Fällen die diesen entsprechende Hexosenkonzentration vorgefunden wird.
Es liegt auf der Hand, daß die angeführten Veränderungen in engem Zusammenhang mit den Veränderungen der Reduktionsverhältnisse des Gewebes am Kronen- und Nabelende stehen (vgl. S. 90 ff.). An der Erhöhung der Reduktionskräfte bei Beginn der Keimung dürfte die in diesem Stadium am Nabelende auftretende Zone stark reduzierenden Gewebes wesentlichen Anteil haben. Die im Anschluß hieran beobachtete Verminderung der Reduktionskräfte steht in Übereinstimmung mit der stärkeren Ausdehnung der Zone schwächer reduzierenden Gewebes am Kronenende.
Im Hinblick auf die praktische Anwendung der Reduktionsproben folgt aus den angeführten Ergebnissen, daß die Untersuchungen im allgemeinen nicht vor Mitte November aufgenommen werden dürfen und bis zur Keimung abgeschlossen sein sollen. Durch Lagerung des Knollenmaterials bei Zimmertemperatur kann allerdings der Eintritt der „Untersuchungsreife“ wesentlich vorverlegt werden. Wenn die Warmlagerung zu lange ausgedehnt wird, besteht jedoch die Gefahr, daß die Reduktionskräfte eine gewisse Verringerung erfahren (s. u.). Die besten und sichersten Parallelen zwischen Gesundheitszustand und Reaktionsverlauf ergeben sich auf alle Fälle im Dezember, Januar und Februar.

5. *Der Einfluß der Lagerungstemperatur auf das Testergebnis*

Im Hinblick auf die Temperaturabhängigkeit der Aktivität der Fermente des Stärkeabbaues und der Atmung wurde entsprechenden Untersuchungen große Aufmerksamkeit gewidmet. Knollen einer größeren Anzahl gesunder bzw. virusinfizierter Pflanzen, die getrennt geerntet und aufbewahrt worden waren, wurden bei unterschiedlichen Temperaturen gelagert und frühestens nach 4, spätestens nach 12 Wochen im FEHLING-Test untersucht.

Hierbei ergab sich bei Knollen, die bei Temperaturen von 1 bis 2 °C gelagert worden waren, erwartungsgemäß eine beträchtliche Erhöhung der Hexosenkonzentration. Proben mit Stanzstücken virusinfizierter Knollen zeigten statt des bekannten Violett rein gelbe Farbtöne. Bei einer Lagerungstemperatur um 3 °C war ebenfalls noch eine so beträchtliche Erhöhung des Reduktionsvermögens zu verzeichnen, daß ein großer Teil der Proben viruskranker Knollen nicht mehr von Proben gesunder Knollen unterschieden werden konnte.
Erst bei einer Lagerungstemperatur von 4 °C ergaben sich relativ gute Beziehungen zwischen Gesundheitszustand und Reduktionsvermögen. Die besten Diagnoseergebnisse konnten bei Temperaturen zwischen 5 und 6 °C erzielt werden.
Je weiter die Lagerungstemperatur über die angeführten Werte hinaus erhöht war bzw. je länger höhere Temperaturen auf das lagernde Knollenmaterial einwirken konnten, in desto stärkerem Maße verringerte sich die Konzentration der reduzierenden Stoffe, bis bei hohen Lagerungstemperaturen Stanzstücke gesunder Knollen an Stelle gelber Farbtöne das Violett der Proben virusinfizierter Knollen ergaben. Es empfiehlt sich daher, die für die Untersuchungen bestimmten Knollen zur Vermeidung von Fehldiagnosen bei Temperaturen von 5 bis 6 °C zu lagern. Sinkt die Lagerungstemperatur jedoch vorübergehend auf tiefere Temperaturen ab, so stellt sich die dem Gesundheitszustand entsprechende Hexosenkonzentration wieder ein, wenn die Knollen vor der Untersuchung 2 bis 3 Wochen bei Temperaturen zwischen 10 und 15 °C aufbewahrt werden.
Wie sich bei Fortsetzung der Untersuchungen ergab, ist auch mit einer Virusinfektionen verdeckenden Erhöhung der Reduktionskräfte zu rechnen, wenn die Knollen vor der Ernte mehrere Tage im Boden niedrigen Temperaturen ausgesetzt waren. Ein Gleiches gilt für niedrige Temperaturen während des Transportes. Da jedoch in diesen Fällen mehrmonatige Kellerlagerung bei 5 bis 6 °C wieder zur Ausbildung dem Gesundheitszustand entsprechender Reaktionsverhältnisse führt, können die auf den genannten Ursachen beruhenden Fehlbeurteilungen in der Regel dadurch erkannt und vermieden werden, daß von jeder Herkunft eine kleinere Kontrollprobe zurückbehalten und erst gegen Ende der Untersuchungszeit geprüft wird.
Ungünstiger liegen die Verhältnisse bei kälteinduzierten Verschiebungen des Reaktionsverlaufes, wie sie bisweilen bei der Untersuchung von Knollen auftreten, die im Frühjahr den Mieten entnommen werden. Wegen der einsetzenden Keimstimmung ist hier kaum mehr mit einem Ausgleich der erhöhten Reduktionskräfte zu rechnen. Entsprechende Fehldiagnosen lassen sich nur dadurch vermeiden, daß das Testergebnis bei Mietenmaterial wenigstens an einigen Knollen durch ein zweites Diagnoseverfahren kontrolliert wird, dessen Umsetzungen bei Kaltlagerung des Knollenmaterials keine Veränderungen erfahren.

6. Untersuchungen über den Einfluß von Hellagerung

Von 50 getrennt geernteten gesunden und virusinfizierten Pflanzen wurde je eine Knolle fünf Wochen lang bei Temperaturen von 5 bis 6 °C sowie bei Zimmertemperatur dem vollen Tageslicht ausgesetzt. Zwei weitere Knollen wurden jeweils bei den gleichen Temperaturen dunkel aufbewahrt. Bei der anschließenden Durchführung des FEHLING-Testes erwies sich das Reduktionsvermögen der hell gelagerten, vergrünten Knollen im Vergleich zu den bei der gleichen Temperatur im Dunkeln gelagerten Knollen als geringfügig vermindert. Die Differenz zwischen den einander entsprechenden Durchschnittswertzahlen betrug bei beiden Lagerungstemperaturen etwa 0,5 Wertzahleinheiten. Wenn auch kaum zu befürchten ist, daß diese geringfügigen Reaktionsunterschiede Anlaß zu Fehlbeurteilungen größeren Umfanges geben, dürfte es sich doch empfehlen, das Versuchsmaterial dunkel zu lagern und vergrünte Knollen von den Untersuchungen auszuschließen.

7. *Untersuchungen über den Einfluß von verschiedenen auf lagernde Knollen einwirkenden Chemikalien, besonders von keimhemmenden und keimstimulierenden Präparaten*

Um zu ermitteln, in welcher Weise eine Vorbehandlung der Kartoffelknollen mit Insektiziden, Keimhemmungsmitteln und Keimstimulantia das Ergebnis des FEHLING-Testes zu beeinflussen vermag, wurde von einer größeren Anzahl gesunder und viruskranker Pflanzen jeweils eine Knolle mit dem Phosphorsäureester-Präparat Wofatox (2 g Wofatoxstaub je kg Kartoffeln) behandelt. Zwei weitere Knollen wurden mit den Keimhemmungsmitteln Karsan und Agermin (4 g je kg) versetzt. Die vierte Knolle blieb zur Kontrolle unbehandelt. Nach sechswöchiger Einwirkung der Chemikalien wurden die Knollen im FEHLING-Test untersucht. Hierbei ergaben sich keine wesentlichen Unterschiede zwischen den mit Chemikalien vorbehandelten Knollen und den Kontrollen. Nur in einzelnen Fällen war eine geringfügige, statistisch nicht gesicherte Verminderung des Reduktionsvermögens zu verzeichnen. Eine Wiederholung des Versuches führte zu den gleichen Ergebnissen. Die erhaltenen Befunde stehen in Übereinstimmung mit den Ergebnissen der Untersuchungen von WEBER-DAHLMANN (1957), die nach Behandlung mit Agermin und Belvitan K ebenfalls keine Veränderungen im Zuckergehalt erkennen ließen. Es dürfte somit möglich sein, den für die Untersuchungen zur Verfügung stehenden Zeitraum (vgl. S. 94 f.) zu verlängern, indem die zur Prüfung vorgesehenen Proben mit Keimhemmungsmitteln behandelt werden.

Eine weitere Versuchsreihe ergab, daß auch längere Zeit auf das Knollenmaterial einwirkende Dämpfe reduzierender Verbindungen, wie Formalin und schweflige Säure, den Verlauf der Reduktionsproben — abgesehen von einer geringfügigen Erhöhung der Reduktionskräfte — nicht entscheidend zu beeinträchtigen vermögen.

In nachfolgenden Untersuchungen wurde der Einfluß ermittelt, den Narkotika auf den Reaktionsverlauf ausüben. Die einzelnen Proben wurden 4 Wochen in Exsikkatoren aufbewahrt, in die pro Liter Rauminhalt 5 ml Chloroform bzw. Äther eingebracht worden waren. Die Reduktionsvorgänge erwiesen sich nicht als wesentlich gestört. In Proben mit Stanzstücken virusinfizierter Knollen trat jedoch vielfach an Stelle der zu erwartenden violetten Farbtöne ein helles Braun, das häufig von braunen bis braungelben, voluminösen Ausfällungen begleitet war und kaum mehr einen Farbkontrast zum Gelb gesunder Proben bot. Auch bei Knollen, die zur Unterbrechung der Keimruhe mit Rindite begast wurden (SCHULZE, W. 1951), ergaben sich mitunter derartige Störungen. Wesentlich bedeutungsvoller sind jedoch die Reaktionsänderungen, die durch die sich an die Rindite-Begasung anschließende Warmlagerung und durch den Keimungsbeginn hervorgerufen werden. Sie entsprechen im wesentlichen den bereits an anderer Stelle beschriebenen Abweichungen (vgl. S. 94 ff.). Es ist daher nicht möglich, *nach* erfolgter Keimstimulation den Gesundheitszustand des entsprechenden Knollenmaterials parallel zum Stecklingstest im FEHLING-Test zu überprüfen.

8. Untersuchungen über die Beeinflussung der Testergebnisse durch Erntetermin und Ernteverfahren

Da die Vor- bzw. Rückverlegung der Pflanz- und Erntetermine in vielen Fällen eine beachtliche Verbesserung des Gesundheitszustandes von Pflanzgut zur Folge hatte (WARTENBERG, KLINKOWSKI und HEY 1935, HEY 1938, v. BERNUTH 1949, KÖRNER 1950, SCHLEUSENER und GOERLITZ 1952, FAWOROW 1953, JEURINK 1953, SCHICK 1953, MÜNSTER 1954, WARTENBERG 1954, WENZL 1954, GOERLITZ 1955, CORNELIUS 1958 u. a.), wurde auch geprüft, in welcher Weise sich derartige Maßnahmen, insbesondere die Verkürzung der Vegetationszeit, auf den Verlauf des FEHLING-Testes auswirken.

Es wurden sowohl in der Abbaulage Großpösna bei Leipzig als auch in der Gesundheitslage Walthersdorf/Erzgeb. ortsüblich bestellten Schlägen ab Mitte Juli in vierzehntägigem Abstand bis zur allgemeinen Ernte Knollen gesunder und virusinfizierter Pflanzen der Sorte Ackersegen entnommen und pflanzenweise getrennt aufbewahrt. Ferner wurden Mitte Oktober Knollen einer Julipflanzung geerntet und in die Untersuchungen einbezogen.

Ab Mitte November wurde der größten Knolle jeder Pflanze in vierwöchigem Abstand je ein Stanzstück zur Durchführung des FEHLING-Testes entnommen. Darüber hinaus kam vom zweiten Untersuchungstermin an zur Kontrolle von jeder Pflanze eine unbeschädigte Knolle zur Untersuchung. Mitte November zeigten nur Proben im Oktober geernteter Knollen einen dem Gesundheitszustand entsprechenden Reaktionsverlauf. Die im September oder früher geernteten Knollen der gleichen Schläge hatten offensichtlich noch nicht die „Untersuchungsreife" erreicht und ergaben in der Regel unabhängig vom Gesundheitszustand blaue bis blauviolette Farbtöne. Bei den nachfolgenden Untersuchungen wurden an diesen Knollen um so später dem Gesundheitszustand entsprechende Farbwerte erhalten, je zeitiger die Ernte erfolgt war. Die bereits im Juli geernteten Knollen erlangten überhaupt nicht die „Untersuchungsreife". Ebenso vermochten auch die Knollen der Julipflanzung nicht eine ihrem Gesundheitszustand entsprechende Reaktion hervorzurufen. Es dürfte daher kaum möglich sein, mit dem FEHLING-Test den Gesundheitszustand von Herkünften zu kennzeichnen, deren Vegetationszeit durch extreme Verschiebung der Pflanz- oder Erntetermine erheblich einge-

schränkt ist. Bei den praxisüblichen Pflanz- und Ernteterminen erreichen die Knollen jedoch spätestens bis Anfang Dezember den für die Untersuchungen erforderlichen physiologischen Zustand.
Weitere Untersuchungen dienten der Klärung der Frage, inwieweit die Testergebnisse durch Krautziehen oder Totspritzen des Kartoffelkrautes beeinflußt werden, wenn die Knollen zur Nachreife bis zum ortsüblichen Erntetermin im Boden verbleiben. Hierbei ergaben Proben von Pflanzen, bei denen das Kraut 14 Tage nach der Blüte gezogen bzw. 10 cm über dem Boden abgeschnitten worden war, dem im Stecklingstest bzw. beim Nachbau im Feldbestand ermittelten besseren Gesundheitszustand entsprechend im Vergleich zu normal geernteten Kontrollen eine wesentlich niedrigere Durchschnittswertzahl. Bei den Proben, bei denen das Kraut durch ein dinitrokresolhaltiges Herbizid (Hedolit, 1%ig, 800 l/ha) abgetötet worden war, entsprach die bei Durchführung des FEHLING-Testes erhaltene Durchschnittswertzahl im ersten Versuchsjahr derjenigen der unbehandelten Kontrollen, obwohl der Virusbesatz ebenfalls beträchtlich — doch nicht im gleichen Maße wie beim Krautziehen — verringert war. Im zweiten Versuchsjahr erwiesen sich die entsprechenden Durchschnittswertzahlen im Vergleich zur unbehandelten Kontrolle als beträchtlich verringert. Es besteht Grund zu der Annahme, daß Herbizide die Knollen zu verstärkter Atmung oder sonstigen, zu einer Senkung der Hexosenkonzentration führenden Umsetzungen anregen, wenn sie bei feuchter Witterung verhältnismäßig rasch nach dem Ausbringen in den Boden gelangen.

9. Die Eignung des FEHLING-Testes für die Bestimmung des Virusbesatzes verschiedener Kartoffelsorten (= Zur sortentypischen Beeinflussung des Reaktionsverlaufes)

Die grundlegenden Untersuchungen, die zur Entwicklung des FEHLING-Testes und der anderen Reduktionsproben geführt hatten, waren ebenso wie die meisten methodischen Untersuchungen zunächst im wesentlichen an der Sorte Ackersegen vorgenommen worden. Insbesondere im Hinblick auf die Belange der Praxis des Untersuchungswesens war daher die Frage von Bedeutung, inwieweit der FEHLING-Test auch zu Untersuchungen an anderen Sorten herangezogen werden kann bzw. wie sich Sorteneinflüsse auf das Testergebnis auswirken.
Entsprechende Untersuchungen erfolgten in der Regel zunächst an je 100 gesunden und virusinfizierten Knollen der verschiedenen Sorten. Die gesunden Knollen waren von den Zuchtstätten aus Superelitevermehrung zur Verfügung gestellt worden. Die viruskranken Knollen entstammten Pflanzen, die in der vorhergegangenen Vegetationsperiode gekennzeichnet und getrennt geerntet worden waren. Nach Möglichkeit wurden je 40 mit dem Blattrollvirus bzw. mit dem Strichelvirus infizierte Knollen sowie 20 Knollen mit Mischinfektion in die Untersuchungen einbezogen (Kontrolle des Gesundheitszustandes vgl. S. 117 f.). Der Grundversuch kam bei den verschiedenen Sorten jeweils in der Untersuchungsperiode zur Durchführung, in der erstmalig geeignetes viruskrankes Knollenmaterial zur Verfügung stand. Insofern auch in den nachfolgenden Jahren virusinfizierte Knollen beschafft werden konnten, wurden die Untersuchungen wiederholt.

Die Ergebnisse der Untersuchungen sind in Tab. 14 dargestellt. Ihnen ist zu entnehmen, daß bei den Sorten Immertreu, Voran, Gemma, Bona, Frühmölle, Vera, Cornelia, Frühnudel und Merkur (Reihenfolge etwa nach abnehmender Testsicherheit) die zwischen gesunden und virusinfizierten Knollen auftretenden Reaktionsunterschiede etwa denjenigen der Sorte Ackersegen entsprechen. Bei anderen Sorten (Gruppe B) treten entweder auch in Proben viruskranker Knollen in erhöhtem Umfange gelbe Farbtöne (Gruppe B_1) oder in Proben gesunder Knollen violette Farbtöne (Gruppe B_2) auf. Noch größere Abweichungen sind bei den Sorten der Gruppe C zu verzeichnen, wobei die Reduktionskräfte bei den Sorten der Untergruppe C_1 wesentlich erhöht, bei denjenigen der Untergruppe C_2 wesentlich verringert sind.

TABELLE 14

Die Ergebnisse der Untersuchungen zur Ermittlung der Eignung des FEHLING-Testes für die Bestimmung des Virusbesatzes verschiedener Kartoffelsorten (in Durchschnittswertzahlen)

Sorte	Grundversuch		1. Wiederholung		2. Wiederholung	
Gruppe A	G	V	G	V	G	V
Ackersegen	1,2	4,8	1,1	4,1	1,4	4,2
Immertreu	1,0	3,5	1,0	3,6	—	—
Voran	1,8	3,0	1,0	4,7	1,5	4,8
Gemma	2,5	4,2	1,1	3,3	—	—
Bona	1,5	3,3	1,5	4,1	—	—
Frühmölle	1,5	4,3	2,0	2,7	2,2	4,3
Vera	2,0	4,7	1,6	2,4	—	—
Cornelia	1,5	3,1	3,2	3,0	2,4	3,5
Frühnudel	1,5	2,2	1,5	4,1	1,3	4,4
Merkur	2,1	3,5	1,0	4,8	1,3	4,2
Gruppe B_1						
Toni	1,3	3,0	1,4	2,2	2,8	4,4
Gruppe B_2						
Flava	2,5	5,0	—	—	—	—
Johanna	3,1	4,2	1,9	3,4	2,6	3,9
Mittelfrühe	2,4	4,7	3,5	4,9	2,5	4,1
Capella	3,2	5,0	2,0	5,0	2,4	3,5
Sanita	2,4	3,8	—	—	—	—
Hilla	2,4	3,6	—	—	—	—
Gruppe C_1						
Sieglinde	1,0	2,1	1,7	2,3	2,4	3,1
Flämingskost	1,2	2,0	—	—	—	—
Leona	1,9	2,1	—	—	—	—
Gruppe C_2						
Aquila	3,6	5,0	4,5	3,7	3,7	3,0
Erstling	4,2	4,9	4,9	5,0	—	—
Frühbote	4,8	4,9	3,7	5,0	—	—
Gruppe D						
Nova	2,4	1,3	—	—	—	—
Mira	3,9	2,4	—	—	—	—

Gruppe D schließlich umfaßt zwei Sorten, bei denen die virusinfizierten Knollen höhere Reduktionskräfte als die gesunden Knollen gezeigt hatten. Ob bei diesen Sorten grundsätzlich andere Verhältnisse als bei den vorgenannten Sorten vorliegen, oder ob die Umkehr der Reduktionsverhältnisse durch eine zufällige Kombination verschiedener Umweltfaktoren bedingt ist, müssen weitere Untersuchungen entscheiden. Ebenso ist es im Hinblick auf herkunfts- und witterungsbedingte Reaktionsabweichungen nicht ausgeschlossen, daß auf Grund der Ergebnisse umfassenderer Untersuchungen auch bei verschiedenen anderen Sorten eine Umstufung in die nächst höhere oder niedrigere Sortengruppe vorgenommen werden muß.

Nicht in die verschiedenen Gruppen eingeordnet wurden die neu in die Sortenliste der DDR aufgenommenen „Vogelsorten“, da für entsprechende Untersuchungen bisher zu wenig virusinfizierte Knollen zur Verfügung standen. Den vorläufigen Ergebnissen zufolge dürften die Sorten Amsel, Fink, Schwalbe und Star in Gruppe A, die Sorten Drossel und Meise in Gruppe B einzuordnen sein. Die ebenfalls neu in die Sortenliste aufgenommene Sorte Argo dürfte ihren Platz in Gruppe A finden.

Die abweichenden Reduktionsverhältnisse der verschiedenen Sortengruppen können z. T. ausgeglichen werden, indem die Beurteilungsmaßstäbe in geeigneter Weise modifiziert werden. So ist es beispielsweise zweckmäßig, die Anerkennungsgrenzwerte (vgl. S. 126 ff.) bei der Untersuchung von Sorten der Gruppe B_1 um etwa 0,4 Einheiten und bei der Untersuchung von Sorten der Gruppe C_1 um 0,8 Einheiten herabzusetzen, während bei den Sorten der Gruppen B_2 und C_2 eine entsprechende Heraufsetzung der Grenzwerte geboten sein dürfte. Ein vollständiger Ausgleich der Fehldiagnosen wird allerdings auf diesem Wege kaum möglich sein, denn sowohl allgemeine Erhöhung als auch allgemeine Erniedrigung der Reduktionskräfte haben eine dem Umfang der Veränderungen proportionale Verringerung der zwischen gesunden und virusinfizierten Knollen auftretenden Reaktionsunterschiede und somit der Trennschärfe des Testes zur Folge.

Ergebnisse noch nicht abgeschlossener Untersuchungen deuten darauf hin, daß es möglich sein dürfte, bei den Sorten der Gruppe B und bei einigen Sorten der Gruppe C die Testergebnisse auch durch Veränderungen in der Zusammensetzung der Reagenslösung und in der Versuchsanordnung beträchtlich zu verbessern. Für derartige Korrekturen sind vielfach die Reagenslösungen des Kaliumpermanganat- und des Wismutnitrat-Testes besser geeignet als die Reagenslösung des FEHLING-Testes.

Infolge des engen Zusammenhanges zwischen dem FEHLING-Test bzw. den anderen Reduktionsproben und dem Pufferungs-Test, den Redoxpotentialmessungen nach WARTENBERG und HEY sowie den Redoxpotentialmessungen an Eisen(III) chlorid Preßsaftgemischen werden bei Sorten, bei denen sich im FEHLING-Test zwischen gesunden und virusinfizierten Knollen keine großen bzw. sicheren Reaktionsunterschiede ergeben, in der Regel auch mit den letztgenannten Verfahren keine eindeutigen Reaktionsunterschiede erhalten (vgl. S. 214). Um derartige Sorten der physiologisch-chemischen Virusdiagnostik zugänglich zu machen, müssen Diagnoseverfahren herangezogen werden, die, wie z. B. der Kallosetest oder der EIDMANN-Test, mit den Reduktionsproben nicht in so engem Zusammenhang stehen.

Angesichts der sortentypischen Reaktionsunterschiede ist es unerläßlich, vor den Untersuchungen genaue Informationen über die Sortenzugehörigkeit des Knollenmaterials einzuholen. Falsche Sortenangaben und Sortenvermischungen ziehen u. U. beträchtliche Fehlschlüsse nach sich.

C) UNTERSUCHUNGEN ÜBER DEN EINFLUSS VERSCHIEDENER VON DER UNTERSUCHUNGSSTELLE SCHWER KONTROLLIERBARER BZW. UNKONTROLLIERBARER FAKTOREN AUF DEN VERLAUF DES FEHLING-TESTES UND DER ANDEREN REDUKTIONSPROBEN

1. Das Reaktionsverhalten der verschiedenen Knollen einer Pflanze

Nicht nur im Hinblick auf methodische Untersuchungen über den Einfluß verschiedener Umweltbedingungen auf den Verlauf der Reduktionsproben, sondern vor allem auch im Hinblick auf die Ermittlung der Brauchbarkeit des FEHLING-Testes für Einzelknollenuntersuchungen war von Interesse, ob und in welchem Umfange die verschiedenen Knollen einer Pflanze in ihrem Reaktionsverhalten übereinstimmen.

Um dieser Frage nachzugehen, wurden von einer sehr großen Anzahl gesunder sowie mehr oder weniger stark mit verschiedenen Viren befallener Pflanzen alle Knollen pflanzenweise getrennt geerntet und zu geeigneter Zeit im FEHLING-Test geprüft. Im Frühjahr wurden die untersuchten Knollen zur Kontrolle ihres Gesundheitszustandes z. T. in einer Abbaulage (Großpösna bei Leipzig) und z. T. in einer Gesundheitslage (Walthersdorf/Erzgeb.) numeriert nachgebaut. In einer Versuchsreihe wurden die Knollen halbiert, um die eine Hälfte in der Abbaulage, die andere in der Gesundheitslage nachbauen zu können.

Die Ergebnisse der Untersuchungen sind in Abb. 11 dargestellt, indem die Durchschnittswertzahlen, die auf Grund der an den einzelnen Knollen einer Pflanze ermittelten Einzelwerte gebildet wurden (Abszisse), in Beziehung zu der mittleren Abweichung der Einzelwerte von der jeweiligen Durchschnittswertzahl (Ordinate) und zum Gesundheitszustand des Nachbaues der Knollen der untersuchten Pflanze (Zeichen im Schnittpunkt von DWz- und σ-Werten) gesetzt wurden. Sie besagen, daß zwischen den einzelnen Knollen gesunder Pflanzen aus Gesundheitslagen sowie zwischen den Knollen stark virusbefallener Pflanzen im allgemeinen nur geringfügige Abweichungen auftreten. Dagegen sind zwischen den verschiedenen Knollen schwach virusinfizierter Pflanzen nicht selten beachtliche Reaktionsabweichungen zu verzeichnen. Ein Gleiches ist häufig zwischen Knollen gesunder Pflanzen aus Abbaulagen zu beobachten (Herkunft aus Abbildung nicht ersichtlich). Vielfach umfassen derartige Abweichungen die volle Farbskala. Eine Anzahl von Knollen ergibt rein gelbe Farbtöne, während andere zur Ausbildung von

Mischfarben oder rein violetten Farbtönen führen. Derartige Unterschiede im Reaktionsverhalten der Knollen einer Pflanze sind um so häufiger zu beobachten, je mehr sich die aus den Einzelergebnissen gebildete Durchschnittswertzahl dem Werte 3 nähert.

Der Nachbau der untersuchten Knollen ließ erkennen, daß das abweichende Reaktionsverhalten in einer Anzahl von Fällen durch Abweichungen im Gesundheitszustand bedingt war. Vor allem bei Pflanzen, die im Feldbestand Symptome des

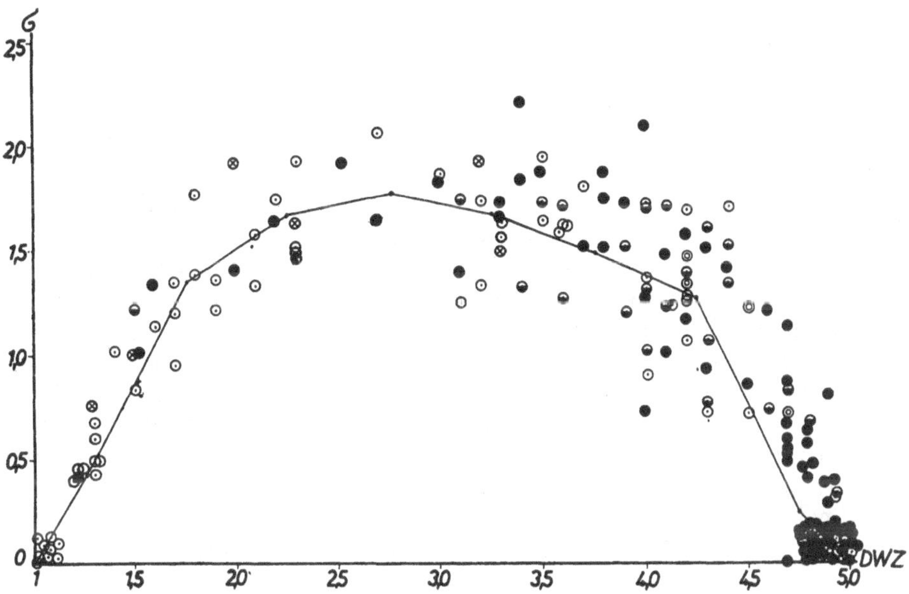

Abb. 11. Ergebnisse der Untersuchungen zum Reaktionsverhalten der Knollen einer Pflanze.

Abszisse: Die nach dem Reaktionsverhalten der einzelnen Knollen einer Pflanze gebildeten Durchschnittswertzahlen. Ordinate: Die mittlere Abweichung (σ) der Einzelwerte von der entsprechenden Durchschnittswertzahl.

Die den Gesundheitszustand des Nachbaues der Knollen der einzelnen Pflanzen kennzeichnenden Symbole:

- ⊙ alle Knollen der untersuchten Pflanze gesund;
- ◒ Primärinfektion mit leichten oder schweren Viren (Pflanzen in der vergangenen Vegetationsperiode befallsfrei; Symptome erstmalig beim Nachbau der untersuchten Knollen);
- ◎ Virusinfektion bei weniger als 40% der Knollen einer Pflanze;
- ⊗ mehr als 40% der Knollen einer Pflanze sekundär mit leichten Viren infiziert;
- ● mehr als 40% der Knollen sekundär mit schweren Viren infiziert.

Kartoffel Y Virus gezeigt hatten, erwies sich beim Nachbau eine Anzahl von Knollen als gesund. Bei anderen Pflanzen ergaben sich deutliche Parallelen zwischen dem Reaktionsverlauf und dem Umfang der im Aufwuchs aus den untersuchten Knollen aufgetretenen Wuchsdepressionen.

Daneben hatten aber offensichtlich auch noch andere innere und äußere Faktoren, die auf die verschiedenen Knollen einer Pflanze in unterschiedlicher Weise einwirken und zu mehr oder weniger starken Schwankungen um Durchschnittswerte führen, Anteil an den Abweichungen. Obwohl sehr häufig vorhanden, wirken sich derartige Schwankungen beim FEHLING-Test vor allem dann auf das Testergebnis aus, wenn schwacher Virusbefall oder bestimmte, offenbar bevorzugt in Abbaulagen auftretende Umweltfaktoren die durchschnittliche Hexosenkonzentration der Knollen in Bereiche verschoben haben, in denen verhältnismäßig geringfügige Konzentrationsunterschiede beträchtliche Farbabweichungen zur Folge haben. Im Hinblick auf die hierdurch hervorgerufenen Schwankungen zwischen den an verschiedenen Knollen der gleichen Pflanze gewonnenen Ergebnissen will es fraglich erscheinen, ob die Reduktionsproben die für die Stellung von Einzelknollendiagnosen und somit für die Anwendung des Testes bei der Prüfung wertvollen Zuchtmaterials gesteckten Genauigkeitsgrenzen erreichen.
Wesentlich geringer dürften die Bedenken sein, die gegen eine Verwendung des FEHLING-Testes bzw. der anderen, auf dem gleichen Prinzip beruhenden Reduktionsproben im Rahmen von Herkunftsprüfungen erhoben werden könnten, zumal sich die bei gesunden bzw. virusinfizierten Knollen unterlaufenden Fehldiagnosen zu einem großen Teil ausgleichen werden (vgl. S. 149 ff.). Allerdings ist im Hinblick auf die vorstehend angeführten Befunde damit zu rechnen, daß die Testgenauigkeit bei praktischen Untersuchungen wesentlich unter den bei der ersten Überprüfung (vgl. S. 73 ff.) ermittelten Werten liegen wird, da ja in der Praxis in Herkünften nicht nur gesunde und stark viruskranke Knollen, sondern in großem Umfange primär- bzw. schwächer infizierte Knollen vertreten sind.
Im Hinblick auf methodische Untersuchungen, bei denen der Einfluß studiert werden soll, den verschiedene Faktoren, wie unterschiedliche Lagerungstemperaturen, Vorbehandlung mit Chemikalien usw., auf den Verlauf der Reduktionsproben ausüben, ist von Bedeutung, daß die Verwendung von Knollen der gleichen Pflanze nicht ein einheitlich reagierendes Knollenmaterial garantiert. Es muß daher in derartige Untersuchungen eine so große Anzahl von Einzelpflanzen einbezogen werden, wie auf Grund statistischer Erwägungen zum Ausgleich der auftretenden Abweichungen bzw. zur statistischen Sicherung der Ergebnisse erforderlich ist. Diesen Befunden wurde in den entsprechenden, vorstehend z. T. bereits angeführten Untersuchungen Rechnung getragen.

2. *Untersuchungen über die Beziehungen zwischen dem Reaktionsverlauf und der Insertion der Knollen an der Pflanze*

Um zu prüfen, ob und in welchem Umfange die in den vorstehend angeführten Untersuchungen zwischen verschiedenen Knollen einer Pflanze bisweilen aufgetretenen Reaktionsunterschiede in Beziehung zur Insertion der Knollen an der Pflanze zu bringen sind, wurden auf dem Versuchsfeld zur Zeit der Vollblüte Pflanzen der Sorten Ackersegen, Merkur und Voran gekennzeichnet. Hierbei fanden vor allem Pflanzen Berücksichtigung, die auf Grund leichten Virusbefalles bei Durchführung des FEHLING-Testes die Ausbildung von Mischfarben und, hiermit verbunden, eine besonders deutliche Ausbildung entsprechender Reaktionsunterschiede versprachen. Bevor die Stolonen zerstört waren, wurden die Pflanzen im Herbst so vorsichtig aus dem Boden ausgehoben, daß die Verbindung zwischen Pflanze und Knollen bestehen blieb. Zugehörigkeit der Knollen zu den verschiedenen Laubsprossen der Pflanze, Stärke der Stengel, Reihenfolge des Ansatzes der Knollen an den Stengeln, Stolonenlänge und Knollengröße wurden vermerkt. Nach Durchführung des FEHLING-Testes wurden die erhaltenen Werte nach diesen Gesichtspunkten variiert.

Die Auswertung des Versuches mußte sich auf die an den Sorten Merkur und Voran erhaltenen Ergebnisse beschränken, da bei den Pflanzen der Sorte Ackersegen der Virusbefall bereits weiter fortgeschritten war, als auf Grund der während der Vegetationszeit vermerkten Symptome angenommen werden konnte, so daß nahezu alle untersuchten Knollen gleichmäßig die Reaktion stark befallener Knollen (Wertzahlen 4 und 5) ergaben.

Da die einzelnen Laubtriebe der Kartoffel nach dem Abfaulen der Mutterknolle in keinerlei Verbindung miteinander stehen, lag nahe, die zwischen den Knollen einer Pflanze festgestellten Unterschiede im Ergebnis des FEHLING-Testes in erster Linie auf ein unterschiedliches Reaktionsverhalten der Knollen der verschiedenen Laubsprosse zurückzuführen. Daher wurden zuerst die Reaktionsergebnisse der Knollen eines Stengels zusammengefaßt und mit den an den Knollen der anderen Stengel erhaltenen Ergebnissen verglichen. Hierbei zeigte sich, daß die zwischen den Knollen einer Pflanze auftretenden Reaktionsunterschiede vielfach durch Abweichungen im Gesundheitszustand bedingt sind, die mitunter zwischen den einzelnen Laubtrieben der gleichen Pflanze zu verzeichnen sind. Vor allem wenn die Feldbeurteilung unterschiedlichen Befall mit dem Kartoffel-Y-

TABELLE 15
Die Beziehungen zwischen Stengelstärke und Reaktionsverlauf

Stengelstärke	Durchschnittswertzahl	
	Sorte Voran	Sorte Merkur
A	2,6	2,6
B	3,2	2,6
C	3,5	3,3
D	3,5	2,1
E	3,6	4,5
F	2,8	4,3
G	5,0	3,3

A = Zusammenfassung der Wertzahlen der an den jeweils stärksten Trieben der verschiedenen Pflanzen inserierten Knollen.
G = Zusammenfassung der Wertzahlen der an den schwächsten Trieben inserierten Knollen. Stengelstärke von A nach G abnehmend.

Virus ergeben hatte, waren die Zusammenhänge deutlich ausgeprägt. Auch mechanische Beschädigung einzelner Triebe wirkte sich in ähnlicher Weise aus. Daneben ergaben sich Beziehungen zwischen der Stengelstärke der einzelnen Triebe und dem durchschnittlichen Reaktionsverhalten der an den entsprechenden Trieben inserierten Knollen. Je größer der Stengeldurchmesser, desto niedriger sind im allgemeinen die Wertzahlen der Knollen, während umgekehrt schwächeren Stengeln höhere Wertzahlen entsprechen. Wie aus Tab. 15 ersichtlich, kommt diese Korrelation auch dann noch zum Ausdruck, wenn die Wertzahlen aller am stärkstenTrieb der verschiedenen Pflanzen inserierten Knollen einer Sorte zu Durchschnittswertzahlen zusammengefaßt und denjenigen der zweitstärksten, drittstärksten usw. Triebe gegenübergestellt werden.
Zwischen den Ergebnissen des FEHLING-Testes und der Reihenfolge, in der die einzelnen Knollen am Stengel inseriert sind, sowie der Stolonenlänge und der Knollengröße ergaben sich dagegen keine Beziehungen.

3. *Der Einfluß der Düngung auf den Reaktionsverlauf*

Wie auf Grund der Ergebnisse zahlreicher älterer und neuerer Arbeiten (HILTNER und LANG 1921, HUXDORFF 1925, KOTTMEIER 1927, REMY, v. MEER und VÖLKER 1930, BÖNING 1935, ARENZ 1949, KLAPP 1951, KRÜGER 1951, VÖLK 1951, VÖLK, BODE und HAUSCHILD 1952) bekannt ist, üben die Düngungsverhältnisse vielfach einen nicht zu unterschätzenden Einfluß sowohl auf das Ausmaß des Virusbefalles als auch auf die chemische Zusammensetzung der Kartoffelknollen aus. Es ist daher denkbar, daß eine bestimmte Düngung auch den Verlauf des FEHLING-Testes und der anderen, mit diesem im Zusammenhang stehenden Diagnoseverfahren zu beeinflussen vermag.
Um der Frage nach dem Einfluß der Düngung auf den Verlauf des FEHLING-Testes nachzugehen, wurden Düngungsversuche durchgeführt. Diese wurden im Hinblick auf die Abhängigkeit der Düngerwirkung von Boden und Klima in mehrfacher Wiederholung in den Kreisen Leipzig, Döbeln, Großenhain und Annaberg auf schweren und leichten Böden in Gesundheits- und Abbaulagen angelegt und erstreckten sich über mehrere Jahre.
Besondere Beachtung wurde der Stickstoffdüngung geschenkt, da die Frage von nicht unerheblicher Bedeutung ist, ob die bei hohen Stickstoffgaben im Feldbestand vielfach beobachtete Maskierung des Virusbefalles auch von einer „chemischen Maskierung" gefolgt ist, d. h. ob bei hohen Stickstoffgaben auch der Verlauf des FEHLING-Testes und der anderen Reduktionsproben dergestalt verändert wird, daß Proben mit Stanzstücken virusinfizierter Knollen wie Proben gesunder Knollen reagieren. Daneben wurden auch die Phosphorsäure-(Superphosphat-), Kalk- und Kaligaben gestaffelt. Im Hinblick auf die Beeinträchtigung der Entwicklung der Kartoffelpflanzen durch chloridhaltige Düngemittel wurde Kali einmal als Chlorid und einmal als Sulfat verabreicht. Neben der Staffelung der Gaben einzelner Pflanzennährstoffe bei gleichbleibender Grunddüngung wurden in weiteren Parzellen die Gaben der Grundnährstoffe in gleichem Verhältnis erhöht. Die Mineraldüngung wurde in den Düngerstaffelungsversuchen in der Regel

14 Tage vor der Bestellung der Versuchsfläche ausgebracht, wobei als Normalgaben 60 kg/ha N (als schwefelsaures Ammoniak), 60 kg/ha P_2O_5 (als Superphosphat) und 120 kg/ha K_2O (als 40%iges Kalisalz bzw. schwefelsaures Kali) verabreicht wurden. Für die Ermittlung des Einflusses, den Nährstoffmangel auf den Verlauf der Reduktionsproben ausübt, standen in einem Versuchsjahr langjährige Mangelparzellen zur Verfügung.
Während der Blüte wurde in den verschiedenen Düngungsparzellen der Gesundheitszustand geeigneter Pflanzen gekennzeichnet. Im Herbst wurden die Knollen dieser Pflanzen getrennt geerntet und aufbewahrt, bis nach Eintritt der „Untersuchungsreife" der FEHLING-Test durchgeführt werden konnte. Nach der Untersuchung wurden die Knollen zur Kontrolle des Gesundheitszustandes im Feldbestand nachgebaut. Nur Knollen, bei denen der im Kontrollnachbau ermittelte Gesundheitszustand mit dem im Vorjahr vermerkten Gesundheitszustand übereinstimmte, wurden zur Auswertung herangezogen.
Wenn auch zwischen den Ergebnissen der verschiedenen Versuchsreihen in Abhängigkeit von Boden, Klima und Witterung gewisse Schwankungen und Abweichungen in Erscheinung traten, so darf doch die Feststellung getroffen werden, daß Virusbefall bei Knollenmaterial aus Abbaulagen im allgemeinen weder durch hohe Staffelung (doppelte und dreifache Normalgabe) einzelner Nährstoffe oder aller Grundnährstoffe noch durch Nährstoffmangel physiologisch maskiert wird. Lediglich starke Kaliumsulfat-Überdüngung hatte häufig eine Verminderung der Durchschnittswertzahl um etwa 0,5 Einheiten und somit eine gewisse Verschiebung der Testergebnisse in Richtung „gesund" zur Folge. An Knollen des im Kreis Döbeln durchgeführten Versuches machte sich auch starke Stickstoff- und Phosphorsäureüberdüngung in gleicher Richtung geltend. Es ist nicht unwahrscheinlich, daß bei der genannten Herkunft — vielleicht infolge günstiger Anbaubedingungen, die sich beispielsweise in sehr starker Krautentwicklung äußerten — ganz allgemein die Hexosenkonzentration etwas erhöht war, so daß die verhältnismäßig geringfügige, durch die angeführten Düngergaben bewirkte Erhöhung der Hexosenkonzentration nunmehr zur Überschreitung der Reaktionsschranke des Testes und somit zu einer gewissen Erniedrigung der Wertzahlen führen konnte. In besonders starkem Maße trifft dies offensichtlich für die Knollen des Düngungsversuches aus dem Kreis Annaberg (Walthersdorf/Erzgeb.) zu. Hier ergaben sich in Proben der Knollen von Pflanzen, die Symptome starken Virusbefalles gezeigt hatten, in einer Anzahl von Fällen Wertzahlen zwischen 2 und 4, wobei die Durchschnittswertzahlen etwa bei 3, also mitten im Umschlagsbereich des Testes, lagen. Es nimmt daher nicht wunder, daß in Abhängigkeit von der Düngung auftretende Schwankungen besonders deutlich zur Geltung kamen. So hatte einseitige Stickstoffüberdüngung eine beträchtliche Verschiebung des Reaktionsverlaufes bis ins Wertzahlgebiet gesunder Knollen zur Folge. Stickstoff-Kopfdüngung und hohe Kaliumsulfatgaben wirkten sich in gleicher Weise aus. Wurde Kali dagegen als Chlorid verabreicht, so waren die Durchschnittswertzahlen erhöht. Ebenso führten hohe Stallmistgaben ohne zusätzliche Mineraldüngung zu einer Erhöhung der Durchschnittswertzahlen.

Als sehr unterschiedlich erwiesen sich die Auswirkungen von Kalkgaben auf den Testverlauf. Offensichtlich waren diese vom p_H-Wert des Bodens sowie von Bodenart, Bodenstruktur und Witterung abhängig. Im Mangelversuch traten in Proben von Kalkmangelparzellen mehr gelbe, in Kalkparzellen mehr violette Farbtöne auf.

Die Veränderungen, die erhöhte oder verringerte Nährstoffgaben bei gesunden Knollen hervorrufen, decken sich im allgemeinen mit denjenigen, die bei virusinfizierten Knollen zu verzeichnen sind. Hohe Gaben von Kaliumchlorid sowie von Stallmist ohne zusätzliche Mineraldüngung führten auch bei gesunden Knollen zu einer Erhöhung der Durchschnittswertzahlen. Sie erstreckte sich mitunter bis in den Wertzahlbereich virusinfizierter Knollen. Die bei derartigen Knollen beobachtete Verringerung der Wertzahlen durch hohe Stickstoff- und Kaliumsulfatgaben konnte sich dagegen bei gesunden Knollen im allgemeinen nicht auswirken, denn die Durchschnittswertzahlen lagen hier ohnehin dicht bei 1. Lediglich bei Knollen aus Abbaulagen machten sich die genannten Düngungsmaßnahmen in einer Erniedrigung der Durchschnittswertzahlen geltend, da letztere bei dem genannten Material — wohl umweltbedingt — im Durchschnitt aller Düngungsstufen etwas erhöht waren.

Im Hinblick darauf, daß die angeführten, verhältnismäßig geringfügigen Veränderungen in der Regel erst bei extremer Überdüngung mit einzelnen Nährstoffen oder bei starkem Nährstoffmangel beobachtet werden konnten, liegt nahe, daß praxisübliche Schwankungen der Düngergaben nur in seltenen Fällen größere Abweichungen der Testergebnisse zur Folge haben werden.

4. Zur Frage nach der bodenbedingten Beeinflussung des Reaktionsverlaufes

Da der Nährstoffgehalt der Böden beachtlichen Schwankungen unterworfen ist, bereitet es im Hinblick auf gewisse düngungsabhängige Veränderungen der Diagnoseergebnisse (s. o.) Schwierigkeiten, die Beziehungen zwischen Boden und Testergebnis zu erfassen. Gewisse witterungsbedingte Veränderungen (vgl. S. 109 ff.) der Testergebnisse kommen noch erschwerend hinzu. Entsprechende Erhebungen müssen sich daher auf die Frage beschränken, ob bei der Auswertung der Testergebnisse wesentliche Einflüsse der einzelnen Bodentypen in Rechnung zu stellen sind.

Um einen groben Überblick hierüber zu gewinnen, wurden die in die Untersuchungen zur Ermittlung der Arbeitssicherheit des FEHLING-Testes (vgl. S. 117 ff.) einbezogenen Herkünfte, bei denen der Herkunftsort bekannt war, nach den dem Agraratlas der Deutschen Demokratischen Republik (MATZ 1956) entnommenen Ackerzahlen in 3 Gruppen (Ackerzahlen $\leqq 35 \approx$ S-Sl; 36—59 $\approx$ sL-L; $\geqq 60 \approx$ LT-T) eingeteilt. Innerhalb jeder Gruppe wurde aus den Differenzen zwischen den Testergebnissen (dargestellt in Durchschnittswertzahlen; vgl. S. 73 ff.) und dem durch Nachbau der untersuchten Knollen der entsprechenden Herkünfte festgestellten durchschnittlichen Gesundheitszustand (dargestellt in Durchschnittskennziffern; vgl. S. 119 ff.) das arithmetische Mittel gebildet. Dieses gibt zwar keine Hinweise auf

den durchschnittlichen Umfang der auftretenden Abweichungen, läßt aber besonders deutlich erkennen, ob die Testergebnisse in Abhängigkeit vom Boden in Richtung höherer oder niedrigerer Wertzahlen verschoben worden sind.
Die für die 3 nach Ackerzahlen gebildeten Gruppen an Herkünften der Sorten Ackersegen, Merkur und Voran erhaltenen Abweichungen sind nachfolgend wiedergegeben, wobei in Klammern die Anzahl der erfaßten Herkünfte vermerkt ist.

Sorte	Ackerzahlen		
	$\leqq 35 \approx$ S — Sl	36—59 $\approx$ sL — L	$\geqq 60 \approx$ LT — T
Ackersegen	+0,004 (46)	+0,11 (74)	—0,1 (41)
Merkur	+0,63 (23)	+0,47 (32)	+0,70 (13)
Voran	+0,49 (16)	+0,70 (44)	+0,91 (10)

Wie diese Aufstellung erkennen läßt, sind die geringen Abweichungen zwischen Testergebnis und Gesundheitszustand, die sich innerhalb der 3 Gruppen ergeben, bei jeder Sorte von etwa gleicher Größenordnung. Selbst die größte Differenz (Sorte Voran) zwischen den bei den verschiedenen Ackerzahlengruppen aufgetretenen Abweichungen beträgt lediglich 0,42 Einheiten. Es dürfte daher kaum mit größeren bodenbedingten Reaktionsanomalien zu rechnen sein.

5. Zur Frage nach der Beeinflussung der Testergebnisse durch die Witterung während der Vegetationsperiode

Um der Frage nachzugehen, ob und in welcher Weise die Witterungsbedingungen, unter denen sich das Knollenmaterial auf dem Felde entwickelt, die Testergebnisse zu beeinflussen vermögen, wurden zunächst die in siebenjährigen Untersuchungen zur Arbeitssicherheit des FEHLING-Testes (vgl. S. 117 ff.) erhaltenen Ergebnisse in Tab. 16 jahrweise zusammengefaßt. Hierbei wurde die in den verschiedenen Versuchsjahren erreichte Testsicherheit durch Beurteilungszahlen (vgl. S. 50) gekenn-

TABELLE 16

Die Arbeitssicherheit des FEHLING-Testes in den verschiedenen Versuchsjahren

Untersuchungsperiode	1950/51	1951/52	1952/53	1953/54	1954/55	1955/56	1956/57
Beurteilungszahl	0,89	0,75	1,01	1,87	1,10	0,33	0,50
Gesunde Knollen mit Wertzahl 1 und 2 in % der Gesamtzahl der untersuchten gesunden Knollen	84,94	75,33	82,27	78,05	93,14	63,68	66,87
Virusbefallene Knollen (Y-, Blattroll-, Mischinfektion) mit Wertzahl 3, 4 und 5 in % der Gesamtzahl der untersuchten virusinfizierten Knollen	50,50	55,18	62,67	81,14	37,80	47,52	53,31

zeichnet. Ferner ist angeführt, welcher Anteil den Proben gesunder Knollen mit den Wertzahlen 1 und 2 an der Gesamtzahl der untersuchten gesunden Knollen zukommt bzw. wie hoch der Anteil der Proben von Knollen mit Blattroll-, Strichel- und Mischinfektionen (mit Ausnahme von YAl), der die Wertzahlen 3, 4 und 5 ergeben hat, an der Gesamtzahl der mit den genannten Viren befallenen Knollen ist. Wie ein Überblick über diese Werte[1]) erkennen läßt, bestehen zwischen den in den verschiedenen Jahren erhaltenen Ergebnissen beträchtliche Schwankungen hinsichtlich der Arbeitssicherheit des Testes. Jahren mit hoher Beurteilungszahl und dementsprechend großer Arbeitssicherheit stehen Jahre mit sehr niedriger Beurteilungszahl und dementsprechend geringer Arbeitssicherheit gegenüber. Gleichzeitig ist der Prozentsatz richtiger Diagnosen bei gesunden Knollen (Wertzahl 1 und 2) ebenso wie der Prozentsatz richtiger Diagnosen bei virusinfizierten

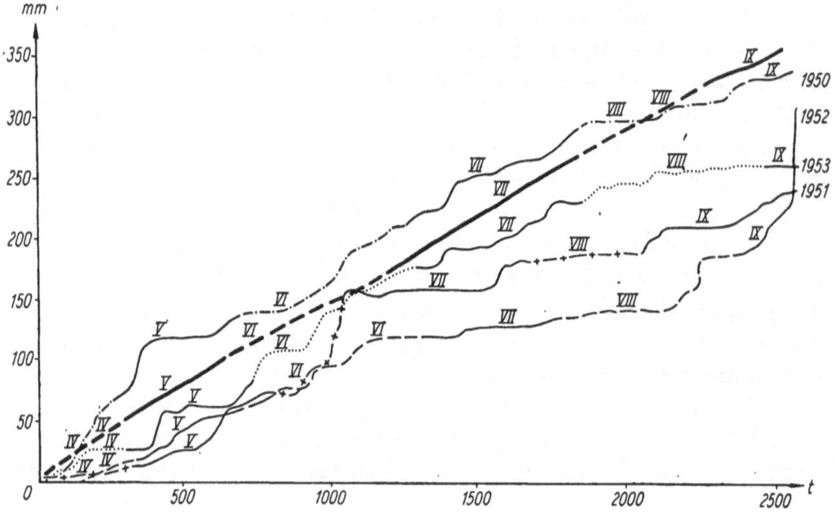

Abb. 12. Temperatursummen-Niederschlagssummen-Kurven von Leipzig (nach LOSSNITZER, 1948).

1950: —·—·—·——— 1952: ————————
1951: —+—+——— 1953: ········——

Stark ausgezogene Kurve: Langjähriges Mittel (= NÄGLERsches Mittel).

Die Kurven wurden Wetterkarten der Mitteldeutschen Wetterdienststelle Leipzig entnommen. Für die Genehmigung zur Wiedergabe der angeführten Werte sei auch an dieser Stelle nochmals verbindlichst gedankt.

[1]) Daß die Höhe der Beurteilungszahlen beträchtlich hinter den bei der ersten Überprüfung erhaltenen Werten (vgl. Tab. 12) zurückbleibt, ist dadurch bedingt, daß den Ergebnissen nicht ein einheitliches, entweder gesundes oder stark virusinfiziertes Knollenmaterial, sondern ein heterogenes, unter unterschiedlichen Anzuchtbedingungen gewonnenes Knollenmaterial zugrunde liegt, dessen Gesundheitszustand erst im Nachbau ermittelt wurde. Hierbei führten Spätinfektionen vielfach bereits zur Ausbildung starker Befallssymptome, während der Stoffwechsel der Kartoffelknollen vor allem bei geringer Virusabwanderung nur geringfügige Veränderungen erfahren haben dürfte (vgl. S. 117).

Knollen (Wertzahl 3, 4 und 5) erheblichen Schwankungen unterworfen. In der Regel geht mit dem Anwachsen des Prozentsatzes richtiger Diagnosen bei gesunden Knollen ein Absinken des Prozentsatzes richtiger Diagnosen bei virusinfizierten Knollen einher und umgekehrt. Es tragen somit offensichtlich die Witterungsverhältnisse während der Vegetationsperiode zu einer gewissen Erhöhung oder Verminderung der durchschnittlichen Hexosenkonzentration bei, so daß sich in einigen Jahren ein größerer Teil des Variationsbereiches gesunder und in anderen Jahren ein größerer Teil des Variationsbereiches virusinfizierter Knollen jenseits der Grenzwerte befindet, die den Erfahrungen entsprechend für die Zuordnung

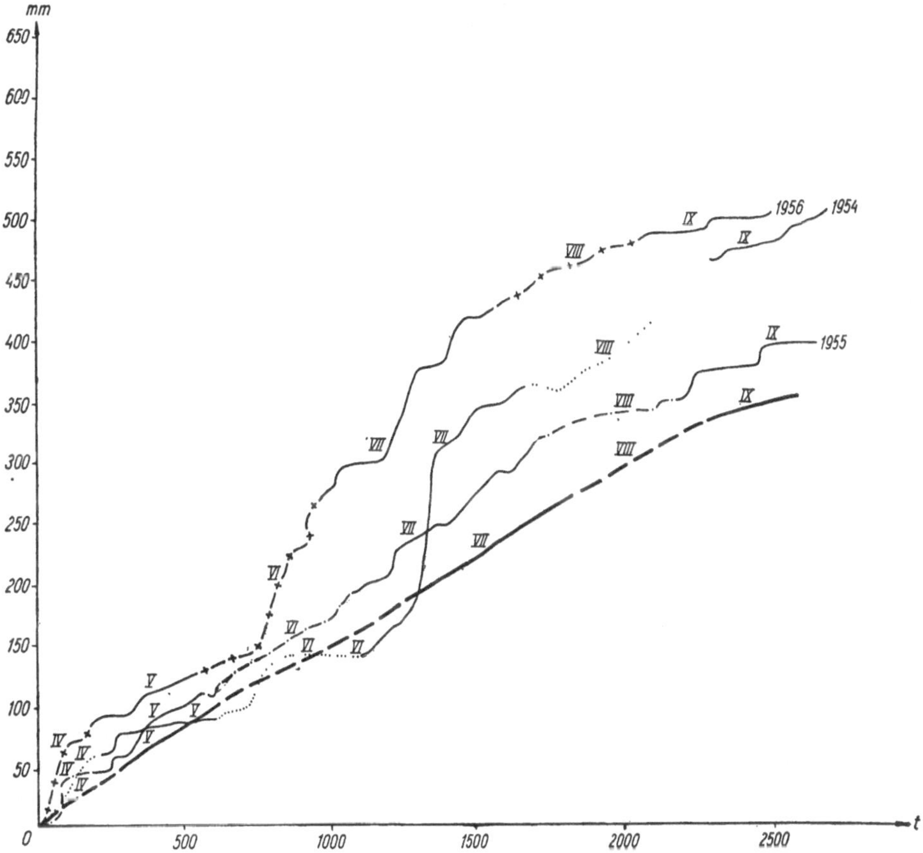

Abb. 13. Temperatursummen-Niederschlagssummen-Kurven von Leipzig (nach LOSSNITZER, 1948).

1954: - - - - - - - ——— 1956: — + — + ——

1955: — · — · — · ———

Stark ausgezogene Kurve: Langjähriges Mittel (= NÄGLERsches Mittel)

Die Kurven wurden Wetterkarten der Mitteldeutschen Wetterdienststelle Leipzig entnommen. Für die Genehmigung zur Wiedergabe der angeführten Werte sei auch an dieser Stelle nochmals verbindlichst gedankt.

von Reaktionsverlauf und Gesundheitszustand festgelegt wurden (vgl. S. 146 ff.). „Testjahre“, in denen im FEHLING-Test befriedigende Ergebnisse erzielt werden, scheinen von Jahren abgelöst zu werden, in denen die Fehldiagnosen beträchtlich ansteigen.

Um Aufschlüsse über die Ursachen dieser offensichtlich in Abhängigkeit von der Jahreswitterung erfolgenden Schwankungen der Testsicherheit zu gewinnen, wurden den Testergebnissen in Abb. 12 und 13 die entsprechenden Temperatursummen-Niederschlagssummen-Kurven von Leipzig gegenübergestellt. Wenn auch zweifelsohne die Witterung der verschiedenen Gebiete der DDR, aus denen die in die Untersuchungen einbezogenen Kartoffelherkünfte stammten, und erst recht das bereits auf sehr eng umgrenztem Raum in Abhängigkeit von der Exposition des Feldes, Windschutz und anderen Faktoren beträchtlichem Wechsel unterworfene Standortklima ebenso wie das in Abhängigkeit von Standweite, Krautentwicklung usw. veränderliche Bestandsklima mehr oder weniger stark von den bei der Mitteldeutschen Wetterdienststelle Leipzig gemessenen Werten abweichen werden, so dürften die wiedergegebenen Werte doch im allgemeinen für die Beantwortung der aufgeworfenen Fragen ausreichende Rückschlüsse auf den Witterungscharakter der verschiedenen Vegetationsperioden zulassen.

Von den angeführten Werten verdient der Witterungsverlauf in der Vegetationsperiode des Jahres 1953 besonderes Interesse, da mit den Knollen der Untersuchungsperiode 1953/54 im FEHLING-Test die höchste Beurteilungszahl und somit die besten Diagnoseergebnisse erreicht werden konnten. Wie aus Abb. 12 ersichtlich, folgt die Temperatursummen-Niederschlagssummen-Kurve im Jahre 1953 insbesondere in den Monaten Juni und Juli etwa dem langjährigen Mittel, während sich der August durch trockene und warme Witterung auszeichnet. Es liegt somit nahe, daß bei normaler Frühsommerwitterung unter dem Einfluß warmen, trockenen Augustwetters die Reduktionsunterschiede zwischen gesunden und virusinfizierten Knollen besonders deutlich hervortreten.

Je mehr Niederschläge im Sommer und im Frühherbst fallen, desto geringer wird offensichtlich der Prozentsatz virusinfizierter Knollen, der im FEHLING-Test richtig gekennzeichnet wird. Gleichzeitig steigt in der Regel der Prozentsatz der richtig angezeigten gesunden Knollen etwas an. In dem durch besonders starke Sommerniederschläge ausgezeichneten Jahre 1954 wurde dementsprechend bei gesunden Knollen der höchste Prozentsatz an richtigen Diagnosen erreicht, während der Prozentsatz richtiger Diagnosen bei virusinfizierten Knollen ein Minimum aufweist. Der in regnerischen Sommer- und Herbstmonaten an Pflanzen vielfach beobachteten Maskierung der Befallssymptome entspricht somit offensichtlich eine Maskierung bzw. Abschwächung gewisser physiologischer Merkmale der Virusinfektion.

Besonders große Abweichungen zwischen Testergebnis und Gesundheitszustand waren in den Untersuchungsperioden 1955/56 und 1956/57 zu verzeichnen. Die schlechten Diagnoseergebnisse bei virusinfizierten Knollen dürften wiederum auf die niederschlagsreiche Sommer- und Frühherbstwitterung zurückzuführen sein. Außerdem sind aber auch die an gesunden Knollen gewonnenen Ergebnisse ungewöhnlich verschlechtert. Es dürfte nicht abwegig sein, dies mit der kühlen Augustwitterung beider Jahre in Zusammenhang zu bringen. Vielleicht sind die angeführten Veränderungen aber auch darauf zurückzuführen, daß in beiden Jahren in den Gesundheitslagen Mecklenburgs, aus denen die meisten gesunden Herkünfte bezogen worden waren, im Gegensatz zum mitteldeutschen Raum verhältnismäßig trockenes Wetter herrschte, das wesentlich zu einer Verminderung der Reduktionskräfte der Knollen beigetragen haben kann (s. o.).

Wenn somit gegenwärtig noch eine Reihe von Fragen über die Beziehungen zwischen Witterungsverlauf und Testergebnis offen bleiben müssen, so ist doch zu hoffen, daß mit Vergrößerung der vorliegenden Untersuchungsbefunde und dem Anwachsen der Anzahl der Untersuchungsjahre weitere Aufschlüsse erhalten werden, die es ermöglichen, Korrekturfaktoren aufzustellen, die, mit dem Prozentsatz der im FEHLING-Test ermittelten gesunden bzw. virusinfizierten Knollen multipliziert, witterungsbedingte Abweichungen wenigstens zum Teil ausgleichen können. Auf Grund des gegenwärtigen Standes der Kenntnisse ist anzuraten, in Jahren mit dem langjährigen Mittel entsprechenden Augusttemperaturen an die Untersuchungsbefunde um so strengere Maßstäbe anzulegen, je mehr Niederschläge im Juli, August und September gefallen sind. Es erscheint vorteilhaft, in diesem Falle bei Herkunftsprüfungen die Grenzwerte für die An- bzw. Aberkennung von Herkünften (vgl. S. 129 ff.) um 0,2 bis 0,7 Wertzahlen herabzusetzen. Im Hinblick auf gelegentlich zwischen verschiedenen Anbaugebieten auftretende größere Witterungsabweichungen (1955, 1956) erscheint es zweckmäßig, die Korrekturfaktoren für die einzelnen Anbaugebiete getrennt festzulegen.

6. Der Einfluß parasitärer und nichtparasitärer Krankheiten auf den Verlauf des FEHLING-Testes

In entsprechenden Untersuchungen traten bei Durchführung des FEHLING-Testes vielfach sowohl in Proben virusfreier als auch virusinfizierter Knollen atypische braune Farbtöne auf, wenn die verwendeten Stanzstücke durch Befall mit *Phytophthora infestans* de Bary braun verfärbtes Gewebe enthielten. Ähnliche Abweichungen ergaben sich in Proben mit Stanzstücken eisenfleckiger, pfropfenkranker oder schwarzherziger Knollen, wenn diese geschädigte Gewebestellen umfaßten. Wurden die Stanzstücke aus Knollenteilen entnommen, die keine Gewebeverfärbungen aufwiesen, so unterblieben wohl die Farbabweichungen, doch entsprach das Testergebnis vielfach nicht dem Gesundheitszustand der Knollen. Die Reduktionskräfte waren teils höher, teils geringer als auf Grund des in Protokollen vermerkten und z. T. im Nachbau der untersuchten Knollen kontrollierten Gesundheitszustandes erwartet werden konnte, ohne daß Rückschlüsse darauf möglich waren, wann mit einer Erhöhung bzw. Verminderung der Reduktionskräfte zu rechnen ist. Auch bei Knollen mit *Alternaria*-Schäden und *Rhizoctonia*-Pocken wurden öfter beträchtliche Abweichungen zwischen Testergebnis und Gesundheitszustand beobachtet, wenn die Stanzstücke selbst keine nekrotischen Gewebeteile bzw. Sklerotien enthielten. Lediglich Befall durch *Streptomyces scabies* (Thaxt.) Waksman et Henrici scheint sich auf den Testverlauf weniger störend auszuwirken. Im Hinblick auf die vorstehend angeführten Ergebnisse ist daher anzuraten, mit Ausnahme schorfbefallener Knollen alle Knollen, bei denen Symptome von Pilzbefall oder von nichtparasitären Krankheiten auftreten, grundsätzlich von den Untersuchungen im FEHLING-Test auszuschließen.

Insbesondere bei Besatz mit *Rhizoctonia*-Pocken lag nahe, daß die vorgefundenen Abweichungen nicht allein mit der Bildung der Sklerotien von *Rhizoctonia solani* Kühn [= *Corticium* (*Hypochnus*) *solani* P. et D.] in Zusammenhang stehen, sondern z. T. auch durch vorausgegangenen Befall der die Knollen ernährenden Stengel und Stolonen bewirkt werden. Ähnliche Erwägungen drängten sich auch im Hinblick auf andere Krankheiten auf.

Um zu überprüfen, ob und in welchem Ausmaß sich eine Infektion von Laubtrieben und Stolonen auf das Testergebnis auswirkt, wenn sie nicht bzw. nur mit geringfügigen Befallssymptomen auf die Knollen übergreift, wurden daher sowohl in Abbau- als auch in Gesundheitslagen in verschiedenen Jahren virusfreie und virusinfizierte Pflanzen, die außerdem mit verschiedenen Krankheiten befallen waren, zu geeigneter Zeit gekennzeichnet. Wenn die Knollen derartiger Pflanzen bei der Ernte keine Befallssymptome aufwiesen, wurden diese pflanzenweise getrennt geerntet und während der Wintermonate im FEHLING-Test untersucht. Hierbei ergaben Knollen von Pflanzen, die zur Zeit der Blüte oder kurz nach der Blüte von *Erwinia atroseptica* (van Hall) Jennison, *Rhizoctonia solani* Kühn [= *Corticium* (*Hypochnus*) *solani* P. et D.] oder *Phytophthora infestans* de Bary befallen waren, in der Regel unabhängig von der An- bzw. Abwesenheit von Viren einen Reaktionsverlauf, der im wesentlichen dem von virusinfizierten Knollen entsprach. Es ist zu vermuten, daß dieses Reaktionsverhalten vor allem auf die vorzeitige Unterbindung der Zufuhr von Kohlenhydraten sowie auf mangelnde Reife der Knollen zurückzuführen ist. In diesem Zusammenhang ist von Interesse, daß bei Befall mit der Wurzeltöterkrankheit der Anteil gelber Farbtöne in Proben von Knollen virusfreier Pflanzen immer größer wurde, je später bzw. je schwächer der Befall aufgetreten war. Bemerkenswert ist weiterhin, daß Knollen von *rhizoctonia*-geschädigten Trieben bzw. Stolonen in wesentlich stärkerem Maße violette Farbtöne zeigten als Knollen, die gesunden Trieben und Stolonen der gleichen Pflanze entstammten. Die zuletzt angeführten Beobachtungen konnten allerdings nur an einer sehr geringen Anzahl von Objekten getroffen werden.

Verhältnismäßig lange nach der Blüte einsetzender, starker Befall durch *Phytophthora infestans* de Bary, der das Kartoffelkraut rasch zum Absterben brachte, sowie mitunter auch sehr spät einsetzender Befall durch *Erwinia atroseptica* (van Hall) Jennison wirkten sich bemerkenswerterweise häufig nicht in einer Verminderung, sondern in einer Erhöhung der Reduktionskräfte der Kartoffelknolle aus. Diese konnte so weit gehen, daß Proben von Knollen virusinfizierter Pflanzen ein Testergebnis aufwiesen, das Proben von virusfreien Knollen entsprach. Es liegt nahe, derartige Veränderungen auf einen „Krautzieheffekt" (vgl. S. 98 f.) zurückzuführen. Durch das rasche Absterben des Kartoffelkrautes war offensichtlich ähnlich wie beim Krautziehen bzw. Totspritzen des Krautes die Virusabwanderung in die Knolle beeinträchtigt worden, so daß infolge verringerter Viruskonzentration die diagnostisch bedeutsamen Stoffwechseländerungen verzögert und abgeschwächt erfolgten und dementsprechend weniger stark in Erscheinung treten konnten. Dieses im Gefolge verhältnismäßig späten, aber sehr starken Befalles durch die genannten Erreger beobachtete Ausbleiben der virusinduzierten Verminderung der Reduktionskräfte des Knollengewebes stellt eine beachtenswerte Fehlerquelle dar, die nicht ohne weiteres ausgeschaltet werden kann. Weniger schwerwiegend dürften dagegen die wesentlich häufiger in Erscheinung tretenden Abweichungen sein, die im Gefolge von pilzlichen oder bakteriellen Infektionen durch Verminderung der Reduktionskräfte virusfreier Knollen (s. o.) bewirkt werden, da einer derartigen Verminderung ja ebenso wie einer virusinduzierten Verminderung zumindest in vielen Fällen eine Verschlechterung des Pflanzgutwertes der Knollen entspricht.

D) FOLGERUNGEN AUS DEN ERGEBNISSEN DER FEHLERKRITISCHEN UNTERSUCHUNGEN

Die Ergebnisse der Untersuchungen über den Einfluß, den verschiedene Faktoren der Versuchsanordnung sowie verschiedene Umweltfaktoren auf den Verlauf des FEHLING-Testes ausüben, lassen klar erkennen, daß es sich bei den Veränderungen in der Hexosenkonzentration, die im FEHLING-Test und den anderen auf dem gleichen Prinzip beruhenden Reduktionsproben diagnostischen Zwecken nutzbar gemacht worden sind, nicht um spezifische, nur bei Virusinfektion in Erscheinung tretende Abweichungen handelt. Die Hexosenkonzentration kann vielmehr auch durch verschiedene von der Untersuchungsstelle kontrollierbare sowie verschiedene nicht oder nicht ohne weiteres kontrollierbare Faktoren beeinflußt werden.

Indem die kontrollierbaren Faktoren konstant gehalten werden oder indem entsprechenden Veränderungen durch geeignete Maßnahmen Rechnung getragen wird, ist eine beachtliche Steigerung der Arbeitssicherheit des Testes möglich. Den Ergebnissen diesbezüglicher Untersuchungen ist daher erhebliche praktische Bedeutung zuzumessen.

Der Steigerung der Arbeitssicherheit durch geeignete Maßnahmen zur Präzisierung des FEHLING-Testes sind jedoch dadurch gewisse Grenzen gesteckt, daß die Testergebnisse auch durch einige nicht ohne weiteres kontrollierbare Faktoren beeinflußt werden können. In diesem Zusammenhang sind besonders die Abweichungen hervorzuheben, die durch die zwischen verschiedenen Knollen der gleichen Pflanze auftretenden Schwankungen in der Hexosenkonzentration bedingt sind und sich vor allem bei der Stellung von Einzelknollendiagnosen störend bemerkbar machen. Wird der durchschnittliche Virusbesatz einer Herkunft bestimmt, indem die an einer größeren, auf Grund statistischer Erwägungen festgesetzten Anzahl von Knollen gewonnenen Ergebnisse zu einer Durchschnittswertzahl zusammengefaßt werden, so gleichen sich indessen derartige Abweichungen zwischen Testergebnis und Gesundheitszustand weitgehend aus, denn den Knollen mit überdurchschnittlichem Reduktionsvermögen steht jeweils etwa die gleiche Anzahl von Knollen entsprechenden Gesundheitszustandes mit unterdurchschnittlichen Reduktionskräften gegenüber. Im Hinblick darauf, daß sich die durch verschiedene andere, von der Untersuchungsstelle schwer kontrollierbare Umweltfaktoren, wie etwa die Boden- und Düngungsverhältnisse, hervorgerufenen Abweichungen unter praxisüblichen Verhältnissen in relativ engen Grenzen halten, insofern nicht die zufällige Kombination mehrerer, die Reduktionskräfte in gleiche Richtung verschiebender Faktoren größere Differenzen bedingt, ist daher zu erwarten, daß die erreichbare Arbeitssicherheit zumindest für die Kontrolle des Gesundheitszustandes von Herkünften niedriger Anerkennungsstufen sowie von Handelsware ausreichend ist. Dies ist um so wahrscheinlicher, als die durch anderweitige Kartoffelkrankheiten, Erschwerung der Assimilatenableitung in die Knollen sowie ungünstige Witterung und weitere schwer kontrollierbare Faktoren hervorgerufene Verminderung der Reduktionskräfte häufig mit Abweichungen vom optimalen Verlauf der Lebensvorgänge einherging, die sich beim Nachbau entsprechender Knollen in verringerten Ertragsleistungen und demzufolge ganz allgemein in einer Verminderung des Pflanzgutwertes auswirkten. Angesichts dieser engen Verknüpfung, die somit auch bei virusfreien Knollen zwischen der Verringerung der Hexosenkonzentration und der Verminderung des Pflanzgutwertes gegeben ist, liegt nahe, im FEHLING-Test weniger ein Verfahren zum speziellen Nachweis von Viruskrankheiten zu sehen als vielmehr ein Verfahren, das — etwa der Blutsenkungsprobe der Humanmedizin vergleichbar — allgemeine Hinweise auf gewisse, der Vitalität abträgliche Veränderungen und damit auf eine Verminderung des Pflanzgutwertes vermittelt. Im Hinblick auf Zusammenhänge zwischen den physiologischen Grundlagen des FEHLING-Testes und denjenigen des Pufferungstestes, der Redoxpotentialmessungen, des Eisen(III)-chlorid-Potentialtestes, der Biuretreaktion usw. dürfte dies in gleicher Weise für die letztgenannten Verfahren zutreffen. Auch bei einer Anzahl weiterer, mit dem FEHLING-Test zumindest in keinem ersichtlichen Zusammenhang stehender Diagnoseverfahren, wie z. B. bei der Selenprobe nach EIDMANN (vgl. S. 195 ff.), ist wahrscheinlich, daß es sich mehr um Verfahren zur Pflanzgutwertbestimmung als um reine Virustests handelt.

VII. Zur Arbeitssicherheit des FEHLING-Testes

A) VERSUCHSANORDNUNG

Um Vorschläge für die Anwendung des FEHLING-Testes im landwirtschaftlichen Untersuchungswesen machen zu können, die seinen Möglichkeiten und Grenzen entsprechen, war es erforderlich, in umfangreichen, sich vor allem im Hinblick auf Witterungseinflüsse (vgl. S. 109 ff.) über einige Jahre erstreckenden Untersuchungen zu ermitteln, in welcher Größenordnung sich die Reaktionsabweichungen bewegen, mit denen auf Grund der im vorhergehenden Abschnitt angeführten Ergebnisse zu rechnen ist.

Zunächst kam der Test an Knollen von Pflanzen der Sorte Ackersegen zur Durchführung, deren Gesundheitszustand während der vergangenen Vegetationsperiode in mehreren Feldbeurteilungen ermittelt und vermerkt worden war und nach der Untersuchung nochmals im Stecklingstest kontrolliert wurde. Über die hierbei erhaltenen Ergebnisse wurde bereits an anderer Stelle berichtet (SCHUSTER 1952 und 1954, MÜHLE 1956), so daß es sich erübrigt, auf diese im einzelnen einzugehen. Es sei lediglich nochmals hervorgehoben, daß der Umfang, in dem gelbe durch violette Farbtöne ersetzt werden, nicht davon abhängig ist, welches Virus an der Infektion beteiligt ist. Maßgeblich ist vielmehr der Umfang des erlittenen Vitalitätsverlustes. Bei Virusinfektionen, die noch nicht in der den Untersuchungen vorangegangenen Vegetationsperiode, sondern erstmalig bei der Stecklingskontrolle an der Ausbildung von Symptomen kenntlich sind, treten dementsprechend violette Farbtöne nicht so ausgeprägt in Erscheinung wie bei Virusinfektionen, die bereits im Feldbestand zur Ausbildung von Symptomen geführt haben. Die Testergebnisse sind mit einem größeren Fehler behaftet.

Wenn die Virusinfektionen weder in der den Untersuchungen vorangegangenen Vegetationsperiode noch im Stecklingstest, sondern erst bei Testpflanzenkontrollen an der Ausbildung von Symptomen kenntlich sind, werden nach den Ergebnissen von noch nicht in die angeführten Arbeiten aufgenommenen Untersuchungen keine gesicherten Abweichungen zwischen der Reaktionsweise gesunder und mit dem Kartoffel-X- bzw. -Y-Virus infizierter Knollen erhalten (Prüfung entspr. S. 41 f.; $u = 0{,}27$, $t = 3{,}21$).

Im weiteren Verlauf der Untersuchungen zur Ermittlung der Arbeitssicherheit des FEHLING-Testes konnte auf die Verwendung von Knollen bekannten Gesundheitszustandes und auf Stecklingstests verzichtet werden. Die im FEHLING-Test untersuchten Knollen erwiesen sich als lagerfähig. Es war daher möglich, die Testergebnisse mit dem Gesundheitszustand zu vergleichen, den der Aufwuchs aus den untersuchten Knollen bei kontrolliertem, numeriertem Nachbau im Feldbestand zeigte, und somit die Grenzen zu überwinden, die dem Umfang der Stecklingskontrollen durch den zur Verfügung stehenden Gewächshausraum gesetzt waren. Darüber hinaus ergab sich eine günstigere Verteilung der anfallenden Arbeiten auf die Winter- und Sommermonate. Abgesehen hiervon gestattete der Nachbau der untersuchten Knollen im Feldbestand, den Gesundheitszustand aller Augen und somit aller Knollenteile zu erfassen, während im Stecklingstest nur der Gesundheitszustand eines verhältnismäßig kleinen Knollensektors geprüft wird. Hierdurch wurden Fehlschlüsse vermieden, die bei Stecklingskontrollen infolge ungleichmäßiger Virusverteilung innerhalb der Knolle unterlaufen können (KÖHLER 1940, STAPP und BARTELS 1950, MARCUS 1953 u. a.). Dabei dürfte die Anzahl der maskierten Virusinfektionen beim Nachbau im Feldbestand kaum größer sein als beim Stecklingstest.[1]) Fehlbeurteilungen, die u. U. durch außerordentlich rasch auf Neuinfektionen folgende Symptomausbildung hervorgerufen werden, wurden dadurch eingeschränkt, daß ein möglichst großer Teil der untersuchten Knollen in einer Gesundheitslage zum Nachbau kam. Daß die Ergebnisse in der angeführten Verfahrensweise einige Monate später erhalten werden als bei der Stecklingskontrolle, war für die vorliegenden Untersuchungen um so weniger von Bedeutung, als die Prüfung der Tests unter Bedingungen erfolgte, die den Verhältnissen der Praxis weitgehend gleichen.

Im Verlauf von 7 Jahren wurden während der Wintermonate im Rahmen der Untersuchungen zur Arbeitssicherheit des FEHLING-Testes insgesamt etwa 40000 numerierte Knollen verschiedener Sorten mit dem FEHLING-Test bzw. den anderen Reduktionsproben untersucht und nach besonderem Plan im Feld-

[1]) Eine zusätzliche serologische Kontrolle der Stecklinge bzw. Nachbauten der im FEHLING-Test geprüften Knollen zwecks Aufdeckung maskierter und latenter Infektionen erfolgte nicht. Hierfür war neben zeitweiligen Schwierigkeiten in der Beschaffung der erforderlichen Antiseren besonders der Umstand maßgeblich, daß Infektionen mit dem Kartoffel-X- bzw. -Y-Virus, die beim Aufwuchs aus den untersuchten Knollen nicht zur Ausbildung von Symptomen führen, auch kaum Veränderung der im FEHLING-Test erfaßten Umsetzungen der Kartoffelknolle zur Folge haben. Es liegt somit nahe, daß Infektionen mit dem Stamm YAl des Kartoffel-Y-Virus, die beim Nachbau der untersuchten Knollen keine Befallssymptome hervorzurufen vermögen, ebenfalls keinen Einfluß auf den Verlauf des FEHLING-Testes ausüben, zumal Knollen, deren Aufwuchs entsprechende Symptome zeigte, nur eine geringfügige Veränderung der Testergebnisse erkennen ließen (vgl. S. 145). Ebenso ist wenig wahrscheinlich, daß Infektionen mit dem Kartoffel-S-Virus den Verlauf des FEHLING-Testes beeinflussen. Entsprechende Untersuchungen stehen noch aus. Sollte hierbei entgegen der Erwartung eine gewisse Beeinflussung der Testergebnisse nachgewiesen werden, so würden die bei den Untersuchungen zur Arbeitssicherheit des FEHLING-Testes an „gesunden Knollen“ (= Knollen mit symptomlosem Aufwuchs) erhaltenen Ergebnisse eine gewisse Verschiebung in Richtung „gesund“ erfahren, wenn die an S-virusinfizierten bzw. in der angeführten Weise mit dem Stamm YAl infizierten Knollen erhaltenen Werte ausgesondert worden wären. Die virusinduzierten Reaktionsunterschiede träten dementsprechend deutlicher hervor. Die zur Kennzeichnung der Arbeitssicherheit angeführten Ergebnisse stellen somit Mindestwerte dar.

bestand in Walthersdorf/Erzgeb. oder auf dem Versuchsfeld des Instituts für Phytopathologie der Karl-Marx-Universität in Großpösna bei Leipzig so nachgebaut, daß es an Hand der Protokolle jederzeit möglich war, den Gesundheitszustand des Aufwuchses aus jeder einzelnen Knolle mit dem bei Durchführung des FEHLING-Testes erhaltenen Ergebnis zu vergleichen.

Um die Prüfungsbedingungen streng zu gestalten, wurden in die Untersuchungen Knollen aus Herkünften von schweren und leichten Böden aus Gesundheits- und Abbaulagen einbezogen, die alle Anerkennungsstufen von Superelite bis zum anerkannten Nachbau der Klasse B sowie Handels- und Konsumware umfaßten. Hierbei wurde darauf geachtet, daß gesunde, schwach und stark virusinfizierte Herkünfte in etwa gleicher Anzahl vertreten waren.

Die Auswertung der Untersuchungen erfolgte nach verschiedenen Gesichtspunkten. Im Hinblick darauf, daß auf die Ausarbeitung von Verfahren zur raschen Kennzeichnung der Virusinfektion von Herkünften niederer Anerkennungsstufen besonderer Wert gelegt wurde, sowie mit Rücksicht auf die zwischen den Knollen einer Pflanze bisweilen auftretenden Reaktionsunterschiede (vgl. S. 102 ff.) wurden zunächst die an den verschiedenen Herkünften erhaltenen Testergebnisse dem Virusbesatz der entsprechenden Herkünfte gegenübergestellt.

Darüber hinaus wurden die an den einzelnen Knollen erhaltenen Ergebnisse unabhängig von der Herkunft der untersuchten Knollen mit dem Gesundheitszustand ihres Aufwuchses verglichen, wie dies zur Beurteilung der Eignung des Testes für die Stellung von Einzelknollendiagnosen erforderlich ist.

B) DIE BEZIEHUNGEN ZWISCHEN DEM TESTERGEBNIS UND DEM VIRUSBESATZ DER UNTERSUCHTEN HERKÜNFTE

1. Gegenüberstellung von Durchschnittswertzahlen und Durchschnittskennziffern

Die ersten Untersuchungen über die Arbeitssicherheit des FEHLING-Testes (vgl. S. 73 ff.) hatten erkennen lassen, daß dieser offenbar summarisch alle Viren der Kartoffel anzeigt, wobei sich die virusbedingten Veränderungen des Testergebnisses um so stärker auswirken, je mehr die Virusinfektion die Vitalität der Knollen bzw. des Aufwuchses aus den Knollen beeinträchtigt. Starker Befall mit dem Blattroll- oder dem Strichelvirus ruft dementsprechend wesentlich größere Abweichungen als schwacher Befall hervor. Letzterer wiederum hat umfangreichere Veränderungen zur Folge als Befall mit Mosaikviren. Eine Gegenüberstellung von Testergebnis und prozentualem Virusbesatz kann daher kein so klares Bild von der Leistungsfähigkeit des FEHLING-Testes vermitteln, wie dies bei einem Test der Fall ist, der, wie z. B. der Kallosetest (vgl. S. 23 u. S. 175 ff.), nur ein einziges Virus anzuzeigen vermag. Um die Leistungsfähigkeit von Diagnoseverfahren, die auf Virusinfektion der Vitalitätsschwächung gemäß ansprechen, richtig zu kennzeichnen, ist es vielmehr erforderlich, bei der Gegenüberstellung von Testergebnis und Gesundheitszustand den Anteil jeder Krankheit, aufgeschlüsselt nach schwerem und leichtem Befall, zu berücksichtigen, ohne daß hierdurch Übersichtlichkeit und Vergleichsmöglichkeit wesentlich beeinträchtigt werden. Diesen Anforderungen wurde Rechnung getragen, indem die verschiedenen Viren durch Kennziffern zum Ausdruck gebracht wurden, deren Höhe etwa den Ertragsdepressionen entsprach, die auf Grund von Angaben des Schrifttums (VENGRIS 1939, ARENZ 1949, HEY 1949, SIP 1949, KLINKOWSKI 1951, MÜLLER, G. 1954, RAMSON 1956 u. a.) sowie eigener Untersuchungen beim Nachbau der befallenen Knollen zu verzeichnen sind.

Zunächst erfolgte die Kennzeichnung des Gesundheitszustandes durch vier Kennziffern, wobei Kennziffer (=Kz) 1 gesunde Pflanzen und Kz 4 starken Befall mit schweren Viren anzeigte, während die Kennziffern 2 und 3 leichterer Virusinfektion vorbehalten blieben (vgl. SCHUSTER 1954, MÜHLE 1956). Im Verlauf der Untersuchungen wurde jedoch einem dem fünfstufigen Wertzahlensystem besser

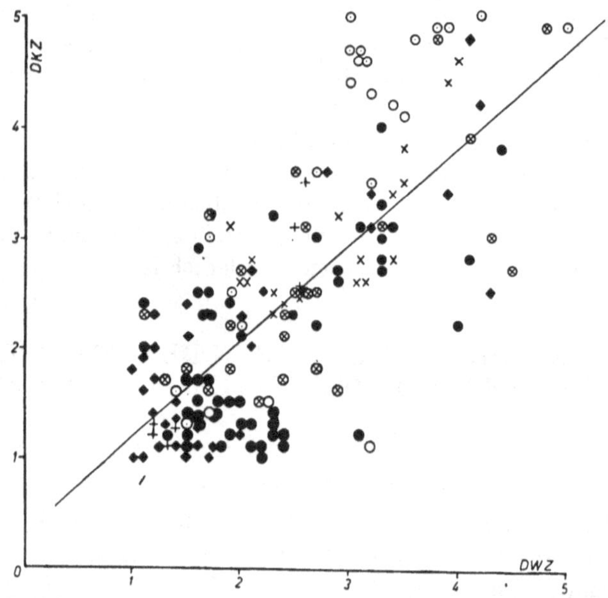

Abb. 14. Die Beziehungen zwischen den Ergebnissen des FEHLING-Testes und der Virusinfektion der untersuchten Herkünfte der Sorte Ackersegen (Gegenüberstellung von Durchschnittswertzahlen und Durchschnittskennziffern). Untersuchungsperiode 1950/51: ♦; 1951/52: ⊗; 1952/53: ⊙; 1954/55: +; 1955/56: ×; 1956/57: ●. $r = 0{,}74$; ZHW $= 0{,}23$; $R = 0{,}88$.

angepaßten fünfstufigen Kennziffernsystem der Vorzug gegeben. In diesem erhielten gesunde (= symptomlose; vgl. Fußnote auf S. 118) Pflanzen wiederum Kz 1. Pflanzen mit Mosaiksymptomen wurden durch Kz 3 und Pflanzen mit leichten Symptomen der Blattroll- und Strichelkrankheit — einschließlich der Symptome eines Befalls mit dem Stamm YAl — durch Kz 4 gekennzeichnet. Das Auftreten starker Symptome der Blattroll- und Strichelkrankheit wurde durch Kz 5 zum Ausdruck gebracht.

Indem die den Gesundheitszustand der einzelnen untersuchten Knollen einer Herkunft widerspiegelnden Kennziffern durch Bildung des arithmetischen Mittels zu einer Durchschnittskennziffer zusammengefaßt werden, ist es möglich, den durchschnittlichen Gesundheitszustand einer Herkunft in einem einzigen Zahlenwert zum Ausdruck zu bringen. Dieser vermittelt Untersuchungen über den Zusam-

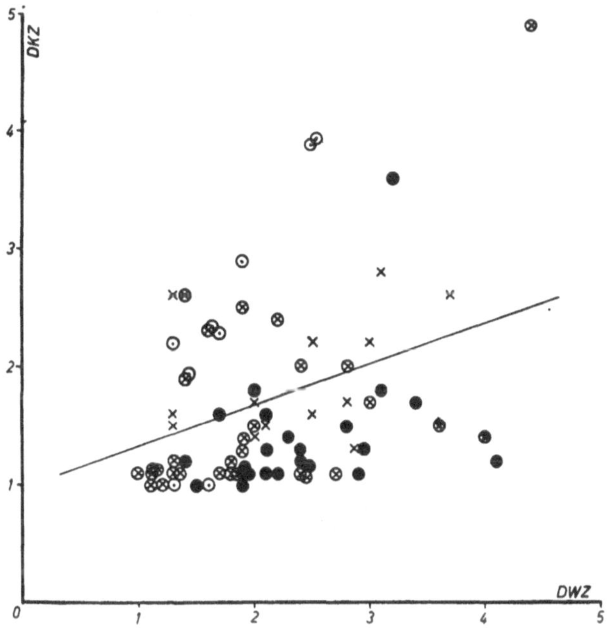

Abb. 15a. Die Beziehungen zwischen den Ergebnissen des FEHLING-Testes und der Virusinfektion der untersuchten Herkünfte der Sorte Merkur (Gegenüberstellung von Durchschnittswertzahlen, und Durchschnittskennziffern); Untersuchungsperiode 1951/52: ⊗; 1952/53: ⊙; 1955/56: ×; 1956/57: ●.
$r = 0,35$; ZHW $= 0,34$; $R = 0,35$.

menhang zwischen den Durchschnittskennziffern und dem Ernteertrag zufolge gleichzeitig recht genaue Vorstellungen von den durch Virusinfektion hervorgerufenen Wuchs- und Ertragsdepressionen. Unter Einbeziehung einer größeren Anzahl unterschiedlich stark virusinfizierter Herkünfte verschiedener Sorten wurden Korrelationskoeffizienten (r)[1]) erhalten, die mit Werten von —0,91 (vierstufiges Kennziffernsystem) bzw. —0,93 (fünfstufiges Kennziffernsystem) bei der Sorte Ackersegen, —0,88 bzw. —0,88 bei der Sorte Merkur und —0,81 bzw. —0,80 bei der Sorte Voran dem theoretischen, einen geradlinigen Zusammenhang zwischen Durchschnittskennziffern und Ernteertrag kennzeichnenden Wert —1 recht nahe kamen. Die Gegenüberstellung des durchschnittlichen Testergebnisses, dar-

[1]) $$r = \frac{\sum_i (x_i - M_x)(y_i - M_y)}{\sqrt{\sum_i (x_i - M_x)^2 \cdot \sum_i (y_i - M_y)^2}}$$

gestellt in Durchschnittswertzahlen, und des durchschnittlichen Gesundheitszustandes, dargestellt in Durchschnittskennziffern, dürfte daher gute Vorstellungen von der Arbeitssicherheit des Testes bzw. der Einsatzfähigkeit des Testes bei Herkunftsuntersuchungen vermitteln.

Die im Verlauf mehrerer Versuchsjahre bei entsprechenden Untersuchungen an zahlreichen Herkünften der Sorten Ackersegen, Merkur und Voran gewonnenen Ergebnisse sind in Abb. 14 und 15a u. b, sortenweise aufgeschlüsselt, in Korrelations-

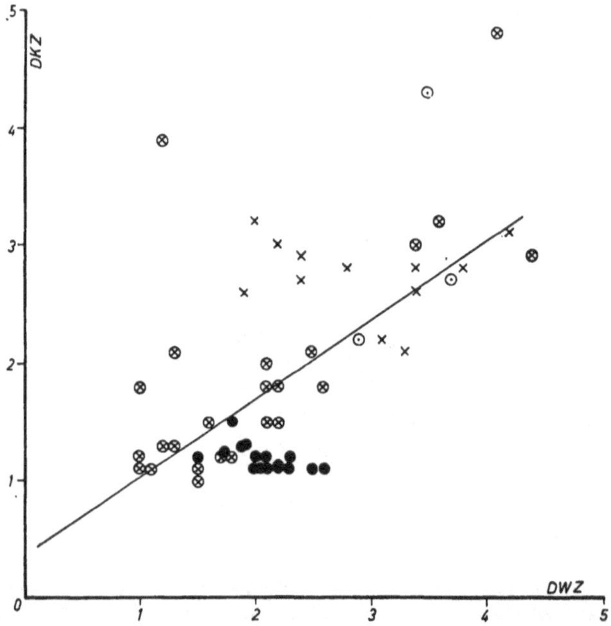

Abb. 15b. Die Beziehung zwischen den Ergebnissen des FEHLING-Testes und der Virusinfektion der untersuchten Herkünfte der Sorte Voran (Gegenüberstellung von Durchschnittswertzahlen und Durchschnittskennziffern); Untersuchungsperiode 1951/52: ⊗; 1952/53: ⊙; 1955/56: ×; 1956/57: ●. $r = 0,59$; ZHW $= 0,39$; $R = 0,67$.

tafeln zusammengefaßt, in denen die Durchschnittswertzahlen (DWz) der einzelnen Herkünfte auf der Abszisse und die entsprechenden Durchschnittskennziffern (DKz) auf der Ordinate abgetragen worden sind. Das den Zusammenhang zwischen Testergebnis und Gesundheitszustand kennzeichnende Durchschnittswertzahl-Durchschnittskennziffer-Paar ist durch ein Kreuz, einen Punkt oder ein anderes, dem entsprechenden Versuchsjahr zukommendes Zeichen im Koordinatenfeld dargestellt.[1])

[1]) Teilergebnisse, die unter Verwendung des zuerst angewandten vierstufigen Kennziffernsystems bereits an anderer Stelle (MÜHLE 1956, SCHUSTER 1954, 1956a) angeführt worden sind, wurden, entsprechend den für das fünfstufige Kennziffernsystem aufgestellten Richtlinien (vgl. S. 120) umgerechnet, in die zusammenfassenden Korrelationstafeln einbezogen.

Wie aus den Korrelationstafeln ersichtlich, stimmen Wertzahlen und Kennziffern im allgemeinen gut überein. Herkünfte, die im Test niedrige Durchschnittswertzahlen erhielten, zeichneten sich im Nachbau, abgesehen von wenigen Ausnahmen, die gewissermaßen einer physiologischen Maskierung der Virusinfektion gleichkommen, durch geringen Virusbesatz und dementsprechend niedrige Kennziffern aus. Herkünfte mit hohen Durchschnittswertzahlen wiesen dagegen zumeist beträchtlichen Virusbesatz und somit hohe Durchschnittskennziffern auf. Dementsprechend kommen den Korrelationskoeffizienten (r) recht beachtliche Werte zu. Diese übersteigen die als Zufallshöchstwert (ZHW) bezeichneten Werte, die die einzelnen Korrelationskoeffizienten infolge zufallsbedingter Gruppierung bei der Anzahl der erfaßten Herkünfte gerade noch annehmen können, wenn kein Zusammenhang zwischen Testergebnis und Gesundheitszustand vorliegt.[1]) Die Korrelationskoeffizienten sind demnach signifikant von 0 verschieden, und der Zusammenhang zwischen Testergebnis und Gesundheitszustand ist trotz des angewandten strengen Maßstabes ($p = 0{,}27\%$) statistisch gesichert.

Die Regressionsgerade, d. h. die den Wertepaaren der verschiedenen Herkünfte am besten angepaßte und somit die Reaktionsnorm kennzeichnende, durch den Regressionskoeffizienten (R)[2]) bestimmte Gerade ist bei allen 3 Sorten kleiner als 1. Dies besagt, daß der Test im allgemeinen um so mehr gesunde Knollen fälschlicherweise als virusinfiziert bzw. schwächer infizierte Knollen als stark virusinfiziert anzeigt, je höher der Virusbesatz der entsprechenden Herkünfte ist, ein Umstand, der jedoch kaum als Nachteil zu werten sein dürfte. Daß bisweilen auch einige virusinfizierte Knollen als gesund angezeigt werden, ist durch gewisse Reaktionsschwankungen zwischen den verschiedenen Knollen einer Pflanze sowie durch sehr schwache oder sehr späte Virusabwanderung in die Knollen zu erklären.

Die Abweichungen zwischen der Regressionsgeraden und den den Gesundheitszustand sowie das Testergebnis der verschiedenen Herkünfte kennzeichnenden Wertepaaren bewegen sich in der Mehrzahl der Fälle innerhalb verhältnismäßig enger Grenzen. Bei etwa 90% der untersuchten Herkünfte betragen sie weniger als eine Beurteilungseinheit. Sie verringern sich häufig beträchtlich, wenn nur die in einem einzigen Versuchsjahr erhaltenen Ergebnisse in die Betrachtungen einbezogen werden, ein Umstand, der in einer Erhöhung der in Tab. 17 wiedergegebenen, sich auf die Ergebnisse jeweils einer Untersuchungsperiode beziehenden Korrelationskoeffizienten zum Ausdruck kommt. Es liegt somit nahe, die in den zusammenfassenden Korrelationstabellen vorgefundene Streuung z. T. darauf zurückzuführen, daß die in den verschiedenen Versuchsjahren herrschenden unterschiedlichen Witterungsverhältnisse die Konzentration an reduzierenden Substanzen ganz allgemein in der einen oder anderen Richtung zu beeinflussen ver-

[1]) Ermittlung der Zufallshöchstwerte nach KOLLER (1953) unter Zugrundelegung einer Überschreitungswahrscheinlichkeit von 0,27%.

[2]) $$R = \frac{\sum\limits_i (x_i - M_x)\,(y_i - M_y)}{\sum\limits_i (x_i - M_x)^2}$$

mögen (vgl. auch S. 109 ff.). Von beträchtlichem Interesse ist ferner, daß die in Abhängigkeit von der Jahreswitterung auftretenden, in Tab. 16 aus den Beurteilungszahlen und dem Prozentsatz der bei gesunden bzw. virusinfizierten Knollen erzielten richtigen Diagnosen ersichtlichen Schwankungen in der Arbeitssicherheit etwa gleichlaufend auch in der Höhe der Korrelationskoeffizienten sowie der Regressionskoeffizienten zum Ausdruck kommen.

In derartige Vergleiche dürfen jedoch nur Versuchsreihen einbezogen werden, in denen — wie auf S. 119 angeführt — gesunde, mäßig stark und stark virusinfizierte Herkünfte in etwa gleichem Umfang vertreten sind. Sind die einzelnen Herkünfte

TABELLE 17

Die Beziehungen zwischen den Ergebnissen des FEHLING-Testes und dem Gesundheitszustand der untersuchten Herkünfte innerhalb der verschiedenen Untersuchungsperioden

Sorte	Untersuchungsperiode	Korrelationskoeffizient (r)	Zufallshöchstwert*	Zufallsbereich von r*	Regressionskoeffizient (R)
Ackersegen	1950/51	0,81	0,48	0,537—0,930	0,82
	1951/52	0,77	0,55	0,363—0,930	0,72
	1952/53	0,92	0,70	0,626—0,985	1,68
	1954/55	0,94	0,76	0,592—0,993	1,38
	1955/56	0,75	0,63	0,197—0,940	0,75
	1956/57	0,62	0,54	0,119—0,871	0,38
	1956/57 J*	—0,13	0,53	—0,623—0,438	—0,058
	1950/57	0,74	0,23	0,617—0,827	0,94
Voran	1951/52	0,67	0,56	0,159—0,897	0,67
	1955/56	—0,15	0,74	—0,818—0,691	—0,07
	1956/57 J*	—0,49	0,66	—0,879—0,282	—0,19
	1951/57	0,59	0,39	0,264—0,797	0,63
Merkur	1951/52	0,52	0,51	0,000—0,821	0,47
	1952/53	0,88	0,80	0,245—0,987	2,00
	1955/56	0,37	0,72	—0,508—0,872	0,25
	1956/57	0,28	0,57	—0,363—0,744	0,19
	1951/57	0,53	0,34	0,236—0,735	0,53

* Berechnung nach KOLLER 1953, Tafel 10, 11 und 12.

J* = Ergebnisse von Untersuchungen, die am Institut für landwirtschaftliches Versuchs- und Untersuchungswesen Jena der Deutschen Akademie der Landwirtschaftswissenschaften zu Berlin an einheitlich gesundem Knollenmaterial vorgenommen wurden.

einer Versuchsreihe hinsichtlich ihres Gesundheitszustandes sehr ausgeglichen, wie dies z. B. bei den im Jahre 1956 in Leipzig untersuchten Herkünften der Sorte Voran oder bei den im Jahre 1957 an der Landwirtschaftlichen Untersuchungsanstalt Jena untersuchten Herkünften der Sorten Ackersegen und Voran (1957 J in Tab. 17) der Fall ist, so nimmt der Korrelationskoeffizient allein deshalb sehr geringe Werte an, weil die zwischen den einzelnen Herkünften auftretenden Unterschiede im Gesundheitszustand und somit die virusinduzierten Veränderungen des Reaktionsverlaufes häufig geringer sind als die umweltbedingten Schwankungen der Testergebnisse. Werden die gesamten, an einer Sorte erzielten Ergebnisse zur Darstellung gebracht (Abb. 14 und 15), so fügen sich die in den angeführten Versuchsreihen erhaltenen Befunde jedoch gut in die Punkteschar ein.

Um der Gefahr von Trugschlüssen vorzubeugen, die stets besteht, wenn in einzelnen „Gesundheitsjahren" die in die Untersuchungen einbezogenen Herkünfte einen recht einheitlichen Gesundheitszustand aufweisen, erschien es zweckmäßig, die Beziehungen zwischen Wertzahlen und Kennziffern zusätzlich durch den Wert

$$\sqrt{\frac{\Sigma D^2}{N}}$$

(D = Differenz zwischen Kennziffer und Wertzahl einer Herkunft,
N = Anzahl der erfaßten Herkünfte)

zu kennzeichnen, der im folgenden als „durchschnittliche Abweichung" (A) bezeichnet werden soll.

Die durchschnittlichen Abweichungen zwischen Wertzahlen und Kennziffern sind, aufgeschlüsselt nach Sorten und Wertzahlbereichen, in Tab. 18 angeführt. Werden alle untersuchten Herkünfte erfaßt, so schwanken sie je nach Sorte zwischen 0,8 und 1,12 Einheiten. Werden nur Herkünfte mit niedrigen Wertzahlen berücksichtigt, so liegen sie jedoch wesentlich unter dem angeführten Durchschnitt. Im Wertzahlbereich zwischen 1 und 1,99 belaufen sie sich beispielsweise je nach Sorte auf 0,57 bis 0,73 Einheiten. Je höher die Wertzahlbereiche, um so größer wird die „durchschnittliche Abweichung".

TABELLE 18
Die „durchschnittliche Abweichung" zwischen den Ergebnissen des FEHLING-Testes (in DWz) und dem Gesundheitszustand (in DKz) der untersuchten Herkünfte

Wertzahl-bereich	Abweichungen im Wertzahl-bereich bei den Sorten		
	Ackersegen	Merkur	Voran
1—1,99	0,57	0,57	0,73
2—2,99	0,71	1,13	1,00
3—3,99	1,06	1,38	1,03
4—5	1,18	2,27	2,15
1—5	0,80	1,00	1,12

Bei Herkünften, die der FEHLING-Test mit niedrigen Durchschnittswertzahlen kennzeichnet, sind demnach geringere Abweichungen zwischen den Testergebnissen und dem im Nachbau ermittelten Gesundheitszustand zu erwarten als bei Herkünften mit hohen Wertzahlen, ein Umstand, der die Auswahl gesunden Pflanzgutes wesentlich begünstigen dürfte. Daß im Bereich hoher Wertzahlen größere Abweichungen zwischen Testergebnis und Gesundheitszustand auftreten, dürfte kaum als erheblicher Nachteil zu werten sein, denn in der Praxis ist es gleichgültig, ob eine als stark virusinfiziert angezeigte und infolgedessen dem Konsum zugeführte Herkunft beispielsweise infolge eines Virusbefalls von 40% oder von 80% ausgesondert wurde. Überdies dürften sich die im Bereich höherer Wertzahlen auftretenden Abweichungen, die sehr häufig dadurch bedingt sind, daß der Test um so mehr gesunde Knollen fälschlicherweise als virusinfiziert anzeigt, je mehr virusinfizierte Knollen in der Herkunft vertreten sind (vgl. S. 123), bei Untersuchungen im Rahmen praktischer Aufgaben durch geeignete Korrekturfaktoren, deren Höhe etwa den in Abb. 14 und 15 angeführten Regressionskoeffizienten entsprechen wird, erheblich verringern lassen. Lediglich in den Wertzahlbereichen, in denen die Grenzen zwischen Anerkennung und Aberkennung bzw. Nachbauwürdigkeit und Nichtnachbauwürdigkeit gezogen werden müssen, wirken sich die Abweichungen nachteilig aus. Sie bedingen, daß zwischen den Werten, die anzuerkennenden bzw. abzuerkennenden oder nachbauwürdigen bzw. nicht nachbauwürdigen Herkünften entsprechen, keine scharfe Grenze gezogen werden kann. Es muß vielmehr eine kritische Zone zwischengeschaltet werden, deren Werte keine verläßlichen Rückschlüsse auf den Gesundheitszustand der untersuchten Herkünfte gestatten. Über Ausdehnung und Grenzen dieser Zone sind jedoch auf Grund der Gegenüberstellung von Durchschnittswertzahlen und Durchschnittskennziffern noch keine sicheren Aussagen möglich. Es ist daher erforderlich, weitere Aufschlüsse über den den einzelnen Wertzahlen entsprechenden Virusbesatz zu erhalten.

2. Gegenüberstellung von Durchschnittswertzahlen und prozentualem Virusbesatz

Um die zur Festsetzung der Grenzen der sog. kritischen Zone erforderlichen Unterlagen zu gewinnen, wurden den bei Durchführung des FEHLING-Testes an den einzelnen Herkünften erhaltenen Durchschnittswertzahlen trotz gewisser Vorbehalte (vgl. S. 119) neben den Durchschnittskennziffern auch Angaben über den prozentualen Virusbesatz gegenübergestellt. Zur Verringerung der Gefahr von Fehlschlüssen, die bei Angaben über Befallsprozente daraus erwachsen können, daß die virusinduzierten Reaktionsabweichungen ebenso wie die Ertragsdepressionen in Abhängigkeit von der Art und Stärke der Virusinfektion beträchtlichen Schwankungen unterworfen sind, wurden hierbei einmal Pflanzen mit deutlich ausgeprägten Symptomen eines Befalls mit dem Blattrollvirus oder dem Strichelvirus (Tab. 19, 21, 23) und einmal alle beim Nachbau erkannten virusinfizierten Pflanzen (Tab. 20, 22, 24) in die Betrachtungen einbezogen. Im letzten Falle wurde die Anzahl der im Nachbau vorgefundenen leichten Virosen vor Berechnung des prozentualen Virusbesatzes mit 0,5 multipliziert, um dem geringeren Einfluß der leichten Virosen auf Ertragsdepressionen und Testergebnis Rechnung zu tragen. Dennoch vermitteln die prozentualen Angaben über den Virusbesatz nicht bei allen Herkünften ein dem Eindruck der Feldbeurteilung entsprechendes Bild. So zeigten Wüchsigkeit und Ertrag einer Anzahl von Herkünften, die über-

wiegend von leichten Viren befallen waren, weit geringere Depressionen als auf Grund des prozentualen Virusbesatzes erwartet werden konnte.
Dessen ungeachtet ergeben sich auch bei Gegenüberstellung von Durchschnittswertzahlen und prozentualem Virusbesatz ähnliche Beziehungen zwischen dem Testergebnis und dem Gesundheitszustand der untersuchten Herkünfte, wie sie bei der Gegenüberstellung von Durchschnittswertzahlen und Durchschnittskennziffern beobachtet wurden. Herkünfte, die der FEHLING-Test mit niedrigen Durchschnittswertzahlen gekennzeichnet hatte, zeigen in der Regel nur einen geringen prozentualen Virusbesatz. Mit steigender Durchschnittswertzahl nimmt der Virusbesatz mehr und mehr zu, und Herkünfte mit hohen Wertzahlen weisen im allgemeinen einen hohen Virusbesatz auf, der sich sehr oft auf weit über 50% beläuft. Trotz der angeführten Mängel bietet somit diese Form der Gegenüberstellung von Testergebnis und Gesundheitszustand der untersuchten Herkünfte recht gute Ansatzpunkte zur Beurteilung der Hilfsmöglichkeiten, die der Test dem landwirtschaftlichen Untersuchungswesen bei der Lösung praktischer Aufgaben zu bieten verspricht. Insbesondere vermittelt sie konkrete Vorstellungen über den Umfang, den die in Abb. 14 bis 15 in der Streuung der Wertzahl-Kennziffer-Wertepaare um die Regressionsgerade zum Ausdruck kommenden, bei allen indirekten Virustests unvermeidbaren Schwankungen der Testergebnisse um Durchschnittswerte annehmen, und somit auch über das Ausmaß, in dem diese Schwankungen die Genauigkeit der Aussagen beeinträchtigen.
Für entsprechende Erörterungen eignen sich besonders die an der Sorte Ackersegen gewonnenen Ergebnisse (Tab. 19 und 20), da sich diese auf eine große Anzahl von Herkünften beziehen. Wie ein Überblick über die angeführten Werte erkennen läßt, verbleiben die Variabilität und somit die Streuung um die dem Gesundheitszustand entsprechende Reaktionsnorm im Bereich niedriger und hoher Durchschnittswertzahlen (DWz) innerhalb verhältnismäßig enger Grenzen. Herkünfte mit niedrigen DWz sind vor allem in den unteren und Herkünfte mit hohen DWz in den oberen Befallsklassen vertreten. Lediglich Herkünfte mit einer DWz um den Wert 3 sind in allen 9 für Tab. 19 bis 24 gewählten Befallsprozentklassen anzutreffen. Dementsprechend werden die Diagnosen immer unsicherer, je weiter sich die Durchschnittswertzahlen von den Werten 1 und 5 entfernen und einem mittleren DWz-Bereich um den Wert 3 annähern. Hierbei muß schließlich ein unterer bzw. oberer Grenzwert erreicht werden, von dem an keine Aussagen über Ab- bzw. Anerkennung mehr möglich sind. Es empfiehlt sich daher, von den Endwerten bzw. Endklassen ausgehend zu prüfen, bis zu welchen Durchschnittswertzahlen Aussagen von einer für die Praxis genügenden Verläßlichkeit erhalten werden können.
Der Zielsetzung der Untersuchungen zur Entwicklung physiologisch-chemischer Schnelltests (vgl. S. 11 ff.) sowie einem wesentlichen Anwendungsgebiet derartiger Verfahren entsprechend, interessiert vor allem die Eignung des FEHLING-Testes für die Ausschaltung zu stark virusdurchseuchter und somit für die Pflanzguterzeugung bzw. den Konsumanbau ungeeigneter Herkünfte. Unter diesem Gesichtspunkt ist von Bedeutung, daß entspr. Tab. 20 über 78% der Herkünfte der

Sorte Ackersegen, deren DWz größer als 3,5 ist, eine Virusdurchseuchung von mehr als 50% aufweisen. Bei mehr als 55% dieser Herkünfte übersteigt allein der Besatz an schweren Virosen die 50%-Grenze (vgl. Tab. 19). Die 20%-Befallsgrenze wird von über 95% der Herkünfte überschritten. Angesichts dieser hohen Virusdurchseuchung der Herkünfte mit Durchschnittswertzahlen über 3,5 erscheint es gerechtfertigt, Herkünften, die im FEHLING-Test eine DWz über 3,5 ergeben, die Anerkennung zu versagen. Lediglich bei Hochzucht-Herkünften bzw. Herkünften noch höherer Anerkennungsstufen dürfte bei einer DWz über 3,5 eine Überprüfung der Testergebnisse durch Paralleluntersuchungen im Stecklingstest oder mit einem anderen physiologisch-chemischen Verfahren erforderlich

TABELLE 19

Die Beziehungen zwischen den Ergebnissen des FEHLING-Testes und dem Gesundheitszustand der untersuchten Herkünfte der Sorte Ackersegen. Gegenüberstellung von Durchschnittswertzahlen (DWz) und prozentualem Besatz an schweren Virosen (Blattroll-, Strichel- und Mischinfektion)

% Vir. / DWz	1—1,49	1,5—1,99	2—2,49	2,5—2,99	3—3,49	3,5—3,99	4—4,49	4,5—5
75—100	—	—	—	—	3	4	2	2
50—74,9	—	1	—	2	6	3	2	—
35—49,9	—	1	1	2	6	—	3	—
25—34,9	—	3	1	1	2	2	—	1
20—24,9	1	—	5	4	—	—	—	—
15—19,9	—	1	2	—	4	—	—	—
10—14,9	5	8	5	5	1	1	1	—
5— 9,9	6	13	8	3	3	—	1	—
0— 4,9	15	15	9	1	2	1	—	—

sein, da bei der Vermehrung von Herkünften hoher Anerkennungsstufen verbreitet nur sehr geringe Stickstoffgaben verabreicht werden, so daß es zu einer Verschiebung der Reaktionsnorm in Richtung hoher Wertzahlen kommen kann.

Ob es angängig sein wird, auch diejenigen Herkünfte niederer Anerkennungsstufen bzw. die nicht anerkannten, zum Konsumanbau bestimmten Herkünfte, die bei der Durchführung des FEHLING-Testes Durchschnittswertzahlen zwischen 3 und 3,49 ergeben haben, ohne weitere Nachprüfung mittels eines anderen physiologisch-chemischen Verfahrens oder des Stecklingstestes vom Nachbau auszuschließen, mag vorläufig dahingestellt bleiben. Wenn auch von den auf diesen Bereich entfallenden Herkünften der Sorte Ackersegen nur 7,4% einen Gesamtvirusbesatz von weniger als 20% aufweisen, so beläuft sich doch der Anteil der

TABELLE 20

Die Beziehungen zwischen den Ergebnissen des FEHLING-Testes und dem Gesundheitszustand der untersuchten Herkünfte der Sorte Ackersegen. Gegenüberstellung von Durchschnittswertzahlen (DWz) und prozentualem Virusbesatz unter Berücksichtigung aller aufgetretenen Virusinfektionen. Die Anzahl der leichten Virusinfektionen (Mosaik- und Kräuselmosaikinfektion sowie leichte Blattroll- und Strichelinfektion) wurde vor der Berechnung der Prozente mit 0,5 multipliziert.

% Vir. / DWz	1–1,49	1,5—1,99	2—2,49	2,5—2,99	3—3,49	3,5—3,99	4—4,49	4,5—5
75—100	—	—	—	—	9	5	2	2
50—74,9	—	1	3	3	10	3	6	—
40—49,9	—	3	2	5	3	1	1	1
30—39,9	4	9	7	8	3	—	—	—
20—29,9	2	3	4	—	—	1	—	—
15—19,9	5	6	1	2	—	—	—	—
10—14,9	4	8	3	—	—	—	—	—
5— 9,9	4	6	5	—	1	1	—	—
0— 4,9	8	6	6	—	1	—	—	—

Herkünfte, bei denen weniger als 20% schwere Virosen zu verzeichnen sind, immerhin bereits auf 37%. Die obere Grenze der sog. kritischen Zone soll daher vorläufig bei der Durchschnittswertzahl 3,5 festgelegt werden, um fälschliche Aberkennung zu vermeiden.

Die Ermittlung der unteren Grenze der kritischen Zone, bis zu welcher die laboratoriumsmäßige Anerkennung ausgesprochen werden darf, nimmt zweckmäßigerweise von Erörterungen über den Virusbesatz der Herkünfte mit Durchschnittswertzahlen zwischen 1 und 1,49 ihren Ausgang. Von den entsprechenden Herkünften der Sorte Ackersegen wiesen

55,5% einen Besatz an schweren Virosen von 0— 4,9%,
22 % einen Besatz an schweren Virosen von 5— 9,9%,
18,5% einen Besatz an schweren Virosen von 10—14,9%,
0 % einen Besatz an schweren Virosen von 15—19,9%,
4 % einen Besatz an schweren Virosen von über 20 % auf.

Werden auch die leichten Virosen in die Betrachtung einbezogen, so liegen die Befallsprozente entsprechend höher. In diesem Falle zeigen nur etwa 30% der Herkünfte des DWz-Bereiches 1 bis 1,49 einen Virusbesatz von 0 bis 5%, während etwa 22% einen Virusbefall von über 20% aufweisen. Wenn auch bei den Sorten Merkur und Voran (Tab. 21 bis 24) die Verhältnisse etwas günstiger liegen als bei der Sorte Ackersegen, so dürfte diese verhältnismäßig hohe Streuung im Virusbesatz der Herkünfte mit einer DWz von 1 bis 1,49 vorerst eine Anwendung des Testes bei der Prüfung von Herkünften hoher Anerkennungsstufen in Frage stellen. Diese erscheint zunächst nur bei niederen Nachbaustufen vertretbar, bei denen der hinsichtlich des Virusbesatzes zuzubilligende Toleranzbereich etwa dem Variationsbereich des Testes gleichkommt, der bei niedrigen Durchschnittswertzahlen zu verzeichnen ist. Das dürfte nach den vorliegenden Erfahrungen und den gegenwärtig für die Anerkennung geltenden Regeln für den DWz-Bereich von 1 bis 1,49 etwa ab anerkanntem Nachbau Klasse A, für den DWz-Bereich von 1,5 bis 1,99 etwa ab anerkanntem Nachbau Klasse B zutreffen. Herkünfte dieser Nachbaustufen, deren DWz in die eben genannten Wertzahlbereiche fällt, wären demnach bei Zubilligung eines für Virustests bei Kartoffelherkünften im allgemeinen als tragbar angesehenen Prozentsatzes an Fehldiagnosen ohne weitere Nachprüfung zum Nachbau zu empfehlen. Bei Handelsware bzw. im eigenen Betrieb erzeugtem Pflanzgut dürfte eine derartige Empfehlung unter Umständen noch bis zur DWz 2,49 vertretbar sein, liegt doch der Besatz an schweren Virosen, den die auf den Wertzahlbereich von 2 bis 2,49 entfallenden Herkünfte der Sorte Ackersegen zeigen, bei 71% der Herkünfte zwischen 0 und 14,9% und bei etwa 22,5% der Herkünfte zwischen 15 und 24,9%. Im Hinblick auf den Gesamtvirusbesatz sind allerdings die entsprechenden Werte höher. Es weisen 61,5% der Herkünfte einen Besatz zwischen 0 und 29,9% und 22,5% einen Gesamtvirusbesatz zwischen 30 und 39,9% auf. Bei 16% der Herkünfte übersteigt dieser die 40%-Grenze.

Von den auf den DWz-Bereich 2,5 bis 2,99 entfallenden Herkünften zeigt ein noch höherer Prozentsatz stärkeren Virusbefall. Der Nachbau der entsprechenden Herkünfte kann infolgedessen nicht mehr ohne weiteres empfohlen werden. Erst recht gilt dies für die Herkünfte des DWz-Bereiches 3 bis 3,49, bei denen sich die Verschiebungen in der Befallsstärke in der angegebenen Richtung fortsetzen. Andererseits ist zumindest für die Herkünfte des DWz-Bereiches 2,5 bis 2,99 wegen der immerhin noch beträchtlichen Anzahl nachbauwürdiger Herkünfte der Ausschluß vom Nachbau ebenfalls nicht ohne weiteres vertretbar. Es dürfte daher die untere Grenze der kritischen Zone für die Untersuchung im eigenen Betrieb erzeugten (nicht anerkannten) Pflanzgutes bei der DWz 2,5, für die Untersuchung von anerkanntem Nachbau Klasse B bei der DWz 2 und für anerkannten Nachbau Klasse A bei der DWz 1,5 liegen. Bei Untersuchungen an Pflanzgut höherer Anerkennungsstufen müssen noch strengere Maßstäbe angelegt werden. Die untere Grenze der kritischen Zone fällt daher etwa mit der Wertzahl 1 zusammen. Da somit die kritische Zone alle Werte von 1 bis 3,5 umfaßt, ist der FEHLING-Test in der gegenwärtigen Versuchsanordnung kaum für die Anerkennung von Superelite- oder Elitepflanzgut bzw. für die Einschränkung der Anzahl der im Stecklingstest zu prüfenden Herkünfte entsprechender Anerkennungsstufen geeignet. Durch erhöhten Zusatz reduzierbarer Stoffe zur

TABELLE 21

Die Beziehungen zwischen den Ergebnissen des FEHLING-Testes und dem Gesundheitszustand der untersuchten Herkünfte der Sorte Merkur. Gegenüberstellung von Durchschnittswertzahlen (DWz) und prozentualem Besatz an schweren Virosen (Blattroll-, Strichel- und Mischinfektion).

% Vir. / DWz	1–1,49	1,5—1,99	2—2,49	2,5—2,99	3—3,49	3,5—3,99	4—4,49	4,5—5
75—100	—	—	—	—	—	—	1	—
50—74,9	—	—	—	—	1	—	—	—
35—49,9	—	1	—	1	—	—	—	—
25—34,9	2	1	—	—	1	—	—	—
20—24,9	1	1	—	1	—	1	—	—
15—19,9	—	—	2	2	3	—	—	—
10—14,9	—	1	4	1	1	—	—	—
5— 9,9	5	—	1	2	—	—	2	—
0— 4,9	10	16	8	4	—	1	—	—

TABELLE 22

Die Beziehungen zwischen den Ergebnissen des FEHLING-Testes und dem Gesundheitszustand der untersuchten Herkünfte der Sorte Merkur. Gegenüberstellung von Durchschnittswertzahlen (DWz) und prozentualem Virusbesatz unter Berücksichtigung aller im Nachbau aufgetretenen Virusinfektionen. Die Anzahl der leichten Virusinfektionen (Mosaik- und Kräuselmosaikinfektion sowie leichte Blattroll- und Strichelinfektion) wurde vor der Berechnung der Prozente mit 0,5 multipliziert.

% Vir. / DWz	1–1,49	1,5—1,99	2—2,49	2,5—2,99	3—3,49	3,5—3,99	4—4,49	4,5—5
75—100	—	—	—	—	—	—	1	—
50—74,9	1	—	—	2	2	—	—	—
40—49,9	1	—	—	—	1	—	—	—
30—39,9	—	4	2	1	—	1	—	—
20—29,9	3	2	—	3	2	—	—	—
15—19,9	—	—	2	1	1	1	—	—
10—14,9	1	2	5	1	—	—	—	—
5— 9,9	2	2	1	1	—	—	2	—
0— 4,9	10	10	5	2	—	—	—	—

Reagenslösung kann jedoch den Ergebnissen noch nicht abgeschlossener Untersuchungen zufolge der mit der Wertzahl 1 zusammengefaßte Reaktionsbereich nochmals unterteilt werden. Hierdurch gelingt es, besonders stark reduzierende und daher mit großer Wahrscheinlichkeit gesunde Herkünfte gesondert zu erfassen. Es dürfte somit möglich sein, diese ohne weitere Nachprüfung anzuerkennen und damit die Anzahl der erforderlichen Stecklingsproben erheblich einzuschränken. Für derartige Korrekturen eignet sich vor allem der Kaliumpermanganat-Test, der im Gegensatz zum FEHLING-Test erhöhtes Reduktionsvermögen nicht an der Bildung, sondern an der Auflösung eines Niederschlages erkennen läßt (vgl. S. 65 f.) und somit auch bei starkem, im FEHLING-Test zu vollständiger Gelbfärbung der Reagenslösung führendem Reduktionsvermögen der Stanzstücke feinere Unterschiede zu erfassen gestattet. Untersuchungen über die Möglichkeiten, die der Kaliumpermanganat-Test bei Anwendung einer entsprechend abgeänderten Reagenslösung im Hinblick auf die laboratoriumsmäßige Erfassung von Herkünften höherer Anerkennungsstufen vermittelt, sind mit befriedigenden Ergebnissen angelaufen.

Den an der Sorte Ackersegen gewonnenen Ergebnissen entsprechen, wie aus Tab. 21 bis 24 ersichtlich, im großen und ganzen auch die an den anderen beiden, in größerem Umfang in die Untersuchungen einbezogenen Sorten Merkur und Voran gewonnenen Befunde, so daß die vorstehenden Erörterungen im wesentlichen auch für sie zutreffen. Es liegt daher nahe, daß der FEHLING-Test zumindest bei allen Sorten der Sortengruppe A (vgl. S. 100f.) zur laboratoriumsmäßigen An- und Aberkennung von Herkünften niederer Anerkennungsstufen sowie zur Entscheidung über die Nachbauwürdigkeit von Handelsware bzw. im eigenen Betrieb erzeugten Knollenmaterials herangezogen werden kann. Bei Herkünften höherer Anerkennungsstufen dürfte es unter Umständen mit Hilfe des Kaliumpermanganat-Testes bei Verwendung einer speziellen Reagenslösung möglich sein, die Anzahl der erforderlichen Stecklingsproben einzuschränken.

Für die Sorten der Gruppe B (vgl. S. 100 f.) gelten die vorstehenden Ausführungen sinngemäß, doch muß hier mit einer gewissen Erhöhung des Fehlerbereiches sowie mit einer Verbreiterung des Bereiches der kritischen Zone gerechnet werden. Bei diesen Sorten ist daher eine Neufestsetzung der Anerkennungsgrenzwerte Voraussetzung für die erfolgreiche Anwendung des Testes. Aber auch bei der einen oder anderen Sorte der Gruppe A dürften u. U. bei Vorliegen einer noch größeren Anzahl von Untersuchungen gewisse Korrekturen der Grenzwerte für die An- und Aberkennung erforderlich werden.

3. Vergleich zwischen dem Prozentsatz der vom Test als virusinfiziert gekennzeichneten Knollen und dem Prozentsatz der im Nachbau der untersuchten Herkünfte aufgetretenen Virosen

In der Praxis des landwirtschaftlichen Untersuchungswesens wird es vielfach als einfacher und anschaulicher empfunden, statt von Zahlenindices (z. B. Durchschnittswertzahlen) unmittelbar vom Prozentsatz der Proben mit bestimmter Reaktion auf den Gesundheitszustand der untersuchten Herkünfte zu schließen.

TABELLE 23

Die Beziehungen zwischen den Ergebnissen des FEHLING-Testes und dem Gesundheitszustand der untersuchten Herkünfte der Sorte Voran. Gegenüberstellung von Durchschnittswertzahlen (DWz) und prozentualem Besatz an schweren Virosen (Blattroll-, Strichel- und Mischinfektion).

% Vir. / DWz	1-1,49	1,5—1,99	2—2,49	2,5—2,99	3—3,49	3,5—3.99	4—4,49	4,5—5
75—100	—	—	—	—	—	1	1	—
50—74,9	—	—	—	—	—	—	—	—
35—49,9	—	—	—	—	1	2	1	—
25—34,9	—	—	—	1	—	—	3	—
20—24,9	—	—	—	—	1	1	1	—
15—19,9	—	—	1	—	—	1	—	—
10—14,9	—	3	6	1	—	—	1	—
5— 9,9	3	5	3	5	2	—	—	—
0— 4,9	7	6	11	4	1	—	1	—

TABELLE 24

Die Beziehungen zwischen den Ergebnissen des FEHLING-Testes und dem Gesundheitszustand der untersuchten Herkünfte der Sorte Voran. Gegenüberstellung von Durchschnittswertzahlen (DWz) und prozentualem Virusbesatz unter Berücksichtigung aller im Nachbau aufgetretenen Virusinfektionen. Die Anzahl der leichten Virusinfektionen (Mosaik- und Kräuselmosaikinfektion sowie leichte Blattroll- und Strichelinfektion) wurde vor der Berechnung der Prozente mit 0,5 multipliziert.

% Vir. / DWz	1-1,49	1,5—1,99	2—2,49	2,5—2,99	3—3,49	3,5—3,99	4—4,49	4,5—5
75—100	—	—	—	—	—	1	1	—
50—74,9	—	—	—	—	—	1	1	—
40—49,9	—	—	—	—	1	1	1	—
30—39,9	—	—	4	1	2	1	—	—
20—29,9	1	1	1	2	2	—	3	—
15—19,9	—	—	5	1	—	1	—	—
10—14,9	1	2	1	—	—	—	1	—
5— 9,9	4	5	2	3	—	—	—	—
0—4,9	4	6	8	4	—	—	1	—

TABELLE 25

Die Beziehungen zwischen dem Ergebnis des FEHLING-Testes und dem Gesundheitszustand der untersuchten Herkünfte der Sorte Ackersegen. Gegenüberstellung des Prozentsatzes der Proben mit der Wertzahl 4 und 5 und des Prozentsatzes der im Nachbau der untersuchten Knollen der verschiedenen Herkünfte aufgetretenen schweren Virosen.

Vir. % / Wz 4+5 in%	0—4,9	5—9,9	10—19,9	20—34,9	35—49,9	50—74,9	75—100
75—100	—	—	—	—	4	5	2
50—74,9	—	—	1	2	5	3	2
35—49,9	—	—	1	3	6	3	2
20—34,9	2	—	5	8	2	4	—
10—19,9	5	6	6	5	5	4	1
5— 9,9	14	4	6	7	4	1	—
0— 4,9	14	4	12	7	1	2	—

TABELLE 26

Die Beziehungen zwischen dem Ergebnis des FEHLING-Testes und dem Gesundheitszustand der untersuchten Herkünfte der Sorte Ackersegen. Gegenüberstellung des Prozentsatzes der Proben mit der Wertzahl 3, 4 und 5 und des Prozentsatzes der im Nachbau aufgetretenen virusbefallenen Pflanzen.

Vir.% / Wz 3+4+5in%	0—4,9	5—9,9	10—19,9	20—34,9	35—49,9	50—74,9	75—100
75—100	—	—	—	—	3	11	4
50—74,9	1	—	1	3	4	13	4
35—49,9	1	1	5	9	8	5	1
20—34,9	4	3	6	7	6	1	1
10—19,9	6	7	6	7	1	—	—
5— 9,9	—	7	5	4	—	2	—
0— 4,9	8	—	5	6	1	1	—

Obwohl es Ergebnisse methodischer Untersuchungen als sehr zweckmäßig erscheinen lassen, die bei Herkunftsprüfungen im FEHLING-Test gewonnenen Ergebnisse an Hand von Durchschnittswertzahlen zu kennzeichnen wurden die vorliegenden Untersuchungsbefunde auch in dieser Richtung ausgewertet, indem der prozentuale Anteil der Proben mit hohen Wertzahlen dem prozentualen Virusbesatz der untersuchten Herkünfte gegenübergestellt wurde. In Tab. 25 ist der in den untersuchten Herkünften der Sorte Ackersegen vertretene Prozentsatz der Proben mit der Wertzahl 4 und 5 dem Prozentsatz der im Aufwuchs aus den untersuchten Knollen der einzelnen Herkünfte aufgetretenen schweren Virosen und in Tab. 26 der Prozentsatz der Proben mit der Wertzahl 3, 4 und 5 dem Gesamtvirusbesatz gegenübergestellt worden. Hierbei wurde die Anzahl der festgestellten leichten Virosen ebenso wie die Anzahl der Proben mit der Wertzahl 3 vor der Berechnung der Prozentsätze mit 0,5 multipliziert.

In Übereinstimmung mit den an der gleichen Sorte erhaltenen Ergebnissen der Untersuchungen über die Beziehungen zwischen Durchschnittswertzahl und prozentualem Virusbesatz (Tab. 19 und 20) variieren auch bei dieser Gegenüberstellung die auftretenden Abweichungen in starkem Maße in Abhängigkeit von der Anzahl der im FEHLING-Test vorgefundenen Proben mit hohen Wertzahlen. Je geringer innerhalb der einzelnen Herkünfte der Anteil der Proben mit hohen Wertzahlen ist, desto geringer sind die Abweichungen zwischen Testergebnis und Virusbesatz, während bei einem hohen Anteil der Proben mit den Wertzahlen 4 und 5 bzw. 3, 4 und 5 die Abweichungen zwischen Testergebnis und Virusbefall z. T. beträchtlich über dem Gesamtmittel liegen.

Die eingangs gestellte Frage nach der Möglichkeit, die Testergebnisse auch durch Angabe des Prozentsatzes der Proben mit hohen Wertzahlen zur Darstellung zu bringen, kann im Hinblick auf die angeführten Befunde durchaus bejaht werden, doch dürfte die Darstellung der Testergebnisse in Form von Durchschnittswertzahlen insbesondere im Hinblick auf die Schwierigkeiten bei der Zuordnung von „gesund“ und „krank“, die sich infolge gleitender Übergänge zwischen der Reaktionsweise gesunder und kranker Knollen ergeben (vgl. S. 146 ff.), vorzuziehen sein.

4. Die Beziehungen zwischen den Ergebnissen des FEHLING-Testes und dem Ernteertrag der untersuchten Herkünfte

Zur Ergänzung der Ergebnisse der vorstehend angeführten Untersuchungen wurde in verschiedenen Versuchsreihen von den im FEHLING-Test geprüften Herkünften der Ernteertrag des Nachbaues von je 100 untersuchten Knollen ermittelt und mit dem Testergebnis verglichen. Hierbei ergaben sich enge Beziehungen zwischen Testergebnis und Ernteertrag, insofern nicht feuchte und kühle Spätsommer- und Herbstwitterung oder anderweitige, die Virusdurchseuchung und Virusschäden hintanhaltende Faktoren eine wesentliche Verminderung der virusbedingten Ertragsdepressionen zur Folge hatten. Als Beispiel für die erhaltenen Befunde sind in Abb. 16 bis 19 die bei Untersuchungen an den Sorten Ackersegen, Merkur, Voran und Gemma gewonnenen Werte dargestellt. Wie die Korrelationstabellen erkennen lassen, sind die Erträge um so höher und sicherer, je niedriger die den entsprechenden Herkünften zukommenden Wertzahlen sind, während umgekehrt mit ansteigenden Wertzahlen die Erträge immer geringer werden. Trotz einer gewissen, z. T. zufallsbedingten Streuung der einzelnen Wertepaare um die Regressionsgerade übersteigen die Korrelationskoeffizienten bei allen angeführten Sorten mit Ausnahme der Sorte Voran den entsprechenden

Zufallshöchstwert, obwohl dieser infolge der verhältnismäßig geringen Anzahl von erfaßten Herkünften recht hoch ist. Die Abnahme der Ernteerträge bei Herkünften mit niedrigen Durchschnittswertzahlen kann demnach kaum auf Zufallsabweichungen beruhen, und die Korrelation zwischen Testergebnis und Ernteertrag darf als statistisch gesichert angesehen werden.

Werden die an den verschiedenen Sorten erhaltenen Ergebnisse miteinander verglichen, so fällt auf, daß sich die Regressionsgeraden hinsichtlich ihrer Steigung wesentlich unterscheiden. Dies besagt, daß die Ertragsdepressionen, die der Er-

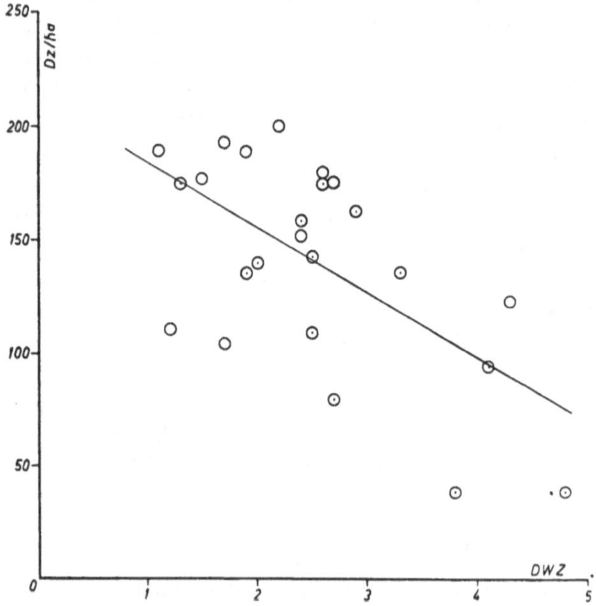

Abb. 16. Die Beziehungen zwischen den Ergebnissen des FEHLING-Testes (in DWz) und dem Ertrag des Nachbaus der untersuchten Herkünfte der Sorte Ackersegen (in Dz/ha).
$r = -0{,}61$; ZHW $= -0{,}59$; $R = -28{,}3$.

höhung der Durchschnittswertzahlen um eine Einheit entsprechen, sortentypischen Schwankungen unterworfen sind, ein Umstand, der angesichts der bekannten sortentypischen Schwankungen der virusbedingten Ertragsdepressionen nicht überrascht. Bei der Sorte Ackersegen nahm der Ernteertrag unter den Kulturbedingungen des Versuchsfeldes des Institutes für Phytopathologie der Karl-Marx-Universität in Großpösna bei Erhöhung der Durchschnittswertzahl um eine Einheit durchschnittlich um 28,3 dz/ha ab. Bei den Sorten Merkur, Gemma und Voran beliefen sich die entsprechenden Werte auf 35,7, 60,3 bzw. 22,5 dz/ha. Abgesehen von der Sorte Voran, deren Ergebnisse — z. T. als Folge ungünstiger Zusammensetzung des Untersuchungsmaterials (vgl. S. 124 f.) — nicht statistisch gesichert sind und daher nicht in die Erörterungen einbezogen werden sollen, nehmen somit die Ernteerträge durchschnittlich fast um die Hälfte der bei Herkünften mit der DWz 1 erzielten Durchschnittsernten ab, wenn die DWz von 1 auf 3,5 ansteigt, ein Umstand, der es rechtfertigt, alle Herkünfte mit Durchschnittswertzahlen über 3,5 vom Nachbau auszuschließen, wie dies im Verlauf der Untersuchungen über die Beziehungen zwischen Testergebnis und Virusbesatz als zweck-

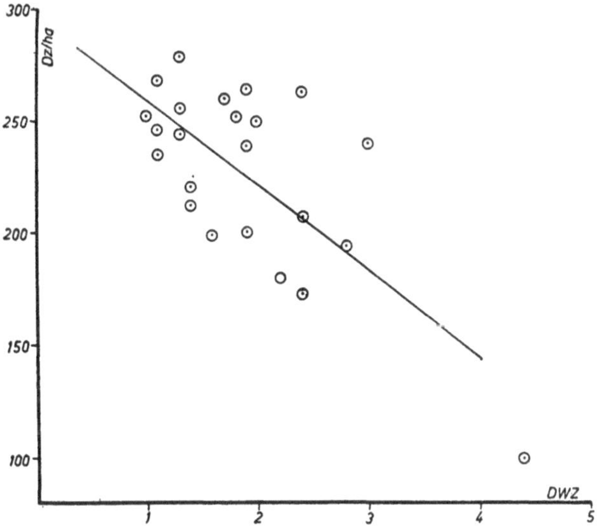

Abb. 17

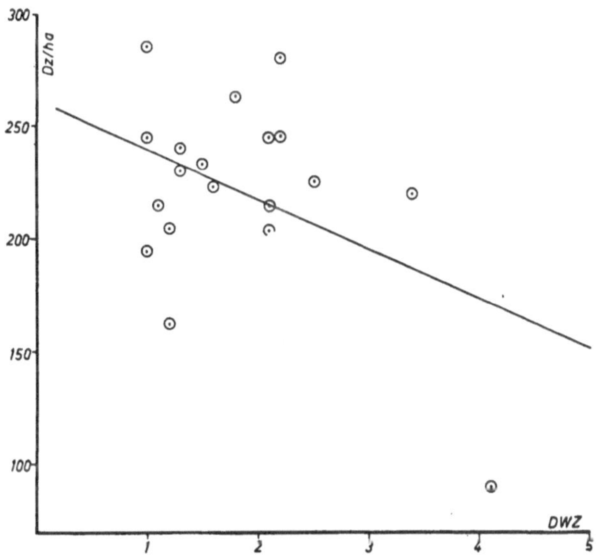

Abb. 18

Die Beziehungen zwischen den Ergebnissen des FEHLING-Testes (in DWz) und dem Ertrag des Nachbaus der untersuchten Herkünfte (in Dz/ha).

Abb. 17: Sorte Merkur; $r = -0{,}69$; ZHW $= -0{,}60$; $R = -35{,}7$.
Abb. 18: Sorte Voran; $r = -0{,}44$; ZHW $= -0{,}65$; $R = -22{,}5$.

mäßig hervorgehoben worden war (vgl. S. 128). Bis zur Wertzahl 2,5 halten sich die auftretenden Ertragsdepressionen dagegen — abgesehen von den wenigen Fällen einer „physiologischen Maskierung" des Virusbefalles — in Grenzen, die den Nachbau von Herkünften mit Wertzahlen unter 2,5 durchaus als gerechtfertigt erscheinen lassen.

Die Ergebnisse der Untersuchungen über die Beziehungen zwischen den Testergebnissen und dem Ertrag des Nachbaues der untersuchten Herkünfte bestä-

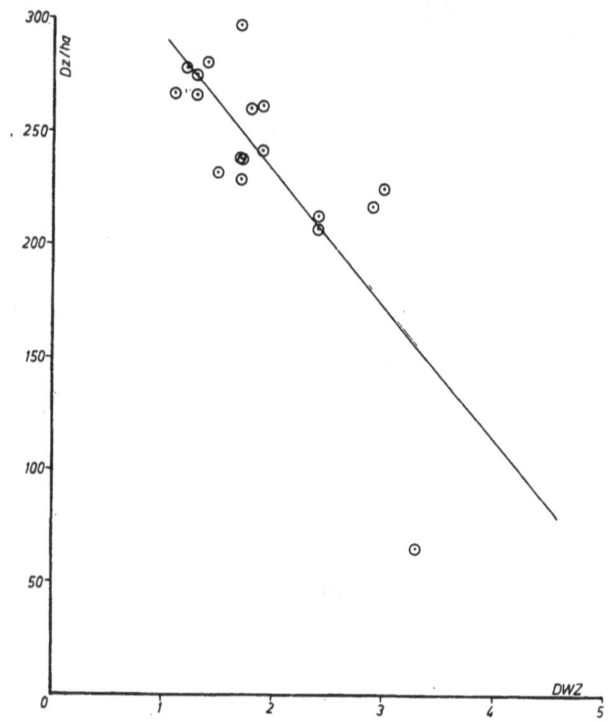

Abb. 19. Die Beziehungen zwischen den Ergebnissen des FEHLING-Testes (in DWz) und dem Ertrag des Nachbaus der untersuchten Herkünfte der Sorte Gemma (in Dz/ha).

$r = -0{,}77$; ZHW $= -0{,}66$; $R = -60{,}3$.

tigen demnach erneut die Gültigkeit der im Verlauf der Untersuchungen zur Arbeitssicherheit des FEHLING-Testes gewonnenen Befunde und besonders die Brauchbarkeit der festgelegten Anerkennungsgrenzwerte. Es dürfen daher die Ergebnisse der Untersuchungen über die Beziehungen zwischen dem Testergebnis und dem Virusbesatz der untersuchten Herkünfte mit den Ausführungen von MÜHLE (1956) zusammengefaßt werden: „Somit verspricht der FEHLING-Test nach den vorliegenden Befunden zumindest, die eingangs aufgestellte Forderung nach einem Indikator zur raschen Kennzeichnung der Nachbauwürdigkeit einer Herkunft zu erfüllen". Darüber hinaus berechtigen die neueren Befunde zu Hoffnungen auf eine erweiterte Anwendung des FEHLING-Testes bzw. des auf der gleichen Grundlage beruhenden Kaliumpermanganat-Testes.

C) DIE BEZIEHUNGEN ZWISCHEN DEM TESTERGEBNIS UND DEM GESUNDHEITSZUSTAND DER EINZELNEN KNOLLEN

1. Zur statistischen Sicherung der Unterschiede im Gesundheitszustand der durch die Ergebnisse des FEHLING-Testes gesonderten Kollektive

Um die an den einzelnen Knollen erhaltenen Testergebnisse unabhängig von der Herkunft der untersuchten Knollen mit dem Gesundheitszustand ihres Aufwuchses vergleichen und auf diese Weise die Eignung des Testes für die Stellung von Einzelknollendiagnosen ermitteln zu können, wurden die gesamten im Verlauf der Untersuchungen zur Arbeitssicherheit des FEHLING-Testes an den Sorten Ackersegen, Merkur und Voran erhaltenen Ergebnisse in Tab. 27 bis 29, sortenweise aufgeschlüsselt, dem bei numeriertem Nachbau im Feldbestand ermittelten Gesundheitszustand der untersuchten Knollen gegenübergestellt.
An diesem Zahlenmaterial war zunächst der Nachweis zu erbringen, daß die den Farbunterschieden des FEHLING-Testes zugrunde liegenden Stoffwechseländerungen im wesentlichen durch Virusinfektion und nicht durch Kulturbedingungen oder anderweitige zufällige Kombinationen von verschiedenen den Stoffwechsel der Kartoffelknolle beeinflussenden Faktoren hervorgerufen werden. Hierbei wurden zwei Wege beschritten. Einmal wurde untersucht, ob sich die fünf Kollektive, in die das Knollenmaterial entsprechend dem durch fünf Wertzahlen gekennzeichneten Verlauf des FEHLING-Testes aufgeteilt werden kann, hinsichtlich ihres Gesundheitszustandes wesentlich und statistisch gesichert unterscheiden. Zum anderen wurde geprüft, ob zwischen den Kollektiven, die entsprechend dem Gesundheitszustand des Aufwuchses aus den untersuchten Knollen gebildet werden, hinsichtlich des Verlaufes des FEHLING-Testes auch bei Anlegung strenger Maßstäbe statistisch gesicherte Unterschiede bestehen.

Um nachzuweisen, daß zwischen den fünf durch den Verlauf des FEHLING-Testes gebildeten Kollektiven im Hinblick auf ihren Gesundheitszustand statistisch gesicherte Unterschiede auftreten, wurde in der letzten Spalte der Tabellen 27 bis 29 der durchschnittliche Gesundheitszustand der einzelnen Kollektive in Form von Durchschnittskennziffern (vgl. S. 121) wiedergegeben. Diese steigen besonders bei der Sorte Ackersegen von geringen Virusbesatz anzeigenden Werten bei Wertzahl 1 zu teils recht hohem Virusbesatz entsprechenden Werten bei Wertzahl 5 an. Mathematisch kommen sie den Mittelwerten verschiedener Messungsreihen gleich, deren mittlere Abweichung (Streuung) sich nach der Formel

$$\sigma = \pm \sqrt{\frac{\sum\limits_{i=1}^{n} z_i \, (x_i - M)^2}{N - 1}}$$

TABELLE 27

Einzelknollenauswertung der bei den Untersuchungen zur Kennzeichnung der Arbeitssicherheit des FEHLING-Testes bei Knollen der Sorte Ackersegen erhaltenen Ergebnisse.
Kursiv: Der Anteil der einzelnen Wertzahlen an der Gesamtzahl der Knollen des entsprechenden Gesundheitszustandes.

Wertz. \ Gesundheitszustd.	gesund	Mosaik u. Kräuselmosaik	leichte Strichelvirusinf.	leichte Blattrollvirusinf.	Strichelvirusinf.	Blattrollvirusinf.	Mischinf.	Gesamtz. d. Knollen	Durchschnittskennziffer
1	2829 *50,9%*	235 *33,2%*	81 *23,6%*	434 *28,1%*	172 *21,8%*	445 *29,9%*	83 *17,9%*	4279	2,12
2	1269 *22,8%*	118 *16,7%*	88 *25,7%*	329 *21,3%*	182 *23,1%*	269 *18,1%*	77 *16,6%*	2332	2,53
3	484 *8,7%*	81 *11,5%*	41 *11,9%*	163 *10,5%*	70 *8,9%*	136 *9,2%*	46 *9,9%*	1021	2,75
4	372 *6,7%*	79 *11,2%*	37 *10,8%*	173 *11,2%*	101 *12,8%*	138 *9,3%*	41 *8,9%*	941	3,03
5	609 *10,9%*	194 *27,4%*	96 *28,0%*	447 *28,9%*	264 *33,4%*	498 *33,5%*	216 *46,7%*	2324	3,55
Gesamtzahl d. Knollen	5563 *100%*	707 *100%*	343 *100%*	1546 *100%*	789 *100%*	1486 *100%*	463 *100%*	10897	
Durchschnittswertzahl	2,04	2,83	2,94	2,92	3,13	2,98	3,50		

TABELLE 28

Einzelknollenauswertung der bei den Untersuchungen zur Kennzeichnung der Arbeitssicherheit des FEHLING-Testes bei Knollen der Sorte Merkur erhaltenen Ergebnisse.

Kursiv: Der Anteil der einzelnen Wertzahlen an der Gesamtzahl der Knollen des entsprechenden Gesundheitszustandes.

Gesundheitszustd. / Wertz.	gesund	Mosaik u. Kräuselmosaik	leichte Strichelvirusinf.	leichte Blattrollvirusinf.	Strichelvirusinf.	Blattrollvirusinf.	Mischinf.	Gesamtz. d. Knollen	Durchschnittskennziffer
1	2345 *51,3%*	86 *42,6%*	19 *51,4%*	224 *50,9%*	53 *38,1%*	201 *36,9%*	14 *45,1%*	3442	1,57
2	1177 *21,2%*	35 *17,3%*	14 *37,8%*	69 *15,7%*	21 *15,1%*	99 *18,2%*	6 *19,4%*	1421	1,58
3	495 *8,9%*	16 *7,9%*	2 *5,4%*	45 *10,2%*	15 *10,8%*	61 *11,2%*	4 *12,9%*	638	1,77
4	525 *9,5%*	23 *11,4%*	1 *2,7%*	51 *11,6%*	19 *13,7%*	54 *9,9%*	1 *3,2%*	674	1,74
5	502 *9,1%*	42 *20,8%*	1 *2,7%*	51 *11,6%*	31 *22,3%*	129 23,8%	6 *19,4%*	762	2,19
Gesamtzahl d. Knollen	5344 *100%*	202 *100%*	37 *100%*	440 *100%*	139 *100%*	544 *100%*	31 *100%*	6937	
Durchschnittswertzahl	2,04	2,51	1,68	2,17	2,67	2,66	2,32		

TABELLE 29

Einzelknollenauswertung der bei den Untersuchungen zur Kennzeichnung der Arbeitssicherheit des FEHLING-Testes bei Knollen der Sorte Voran erhaltenen Ergebnisse.

Kursiv: Der Anteil der einzelnen Wertzahlen an der Gesamtzahl der Knollen des entsprechenden Gesundheitszustandes.

Gesundheitszustd. / Wertz.	gesund	Mosaik u. Kräuselmosaik	leichte Strichelvirusinf.	leichte Blattrollvirusinf.	Strichelvirusinf.	Blattrollvirusinf.	Mischinf.	Gesamtz. d. Knollen	Durchschnittskennziffer
1	1933 *48,4%*	16 *45,7%*		184 *27,9%*	20 *22,0%*	266 *36,7%*	2 *50,0%*	2421	1,72
2	740 *18,5%*	7 *20,0%*		157 *23,7%*	16 *17,5%*	104 *14,3%*		1024	1,95
3	268 *6,7%*	4 *11,4%*		52 *7,9%*	10 *11,0%*	56 *7,7%*	1 *25,0%*	391	2,11
4	333 *8,3%*	3 *8,6%*		69 *10,5%*	11 *12,1%*	56 *7,7%*	1 *25,0%*	473	2,02
5	722 *18,1%*	5 *14,3%*	2 *100%*	198 *30,0%*	34 *37,4%*	244 *33,6%*		1205	2,42
Gesamtz. d. Knollen	3996 *100%*	35 *100%*	2 *100%*	660 *100%*	91 *100%*	726 *100%*	4 *100%*	5514	
Durchschnittswertzahl	2,29	2,26	5,0	2,91	3,25	2,87	2,25		

aus der Abweichung zwischen den Einzelkennziffern und der Durchschnittskennziffer ergibt. Es bietet sich somit im Hinblick auf die große Anzahl der den Durchschnittskennziffern zugrunde liegenden Einzeluntersuchungen die Möglichkeit, im u-Test zu prüfen, ob die Unterschiede zwischen den fünf Durchschnittskennziffern und somit die Unterschiede im Gesundheitszustand der diesen entsprechenden Kollektive statistisch gesichert sind (vgl. S. 41 f.). Als Überschreitungswahrscheinlichkeit wurde 0,27% festgelegt. Demnach dürfen Unterschiede im Gesundheitszustand zweier durch verschiedene Wertzahlen charakterisierter Kollektive dann als statistisch gesichert gelten, wenn der u-Wert die Zahl 3 übersteigt (WEBER 1956, Tafel 3).

Die Ergebnisse der Untersuchungen sind in Tab. 30, Sp. a wiedergegeben. Die angeführten Werte lassen erkennen, daß selbst bei Anlegung sehr strenger Maßstäbe ($p = 0{,}27\%$) vielfach bereits der Unterschied im Gesundheitszustand zweier durch aufeinanderfolgende Wertzahlen gekennzeichneter Kollektive statistisch gesichert ist. Es darf somit als erwiesen gelten, daß der FEHLING-Test Kollektive unterschiedlichen Gesundheitszustandes auszusondern und somit auch gesunde von virusinfizierten Knollen statistisch gesichert zu trennen vermag.

Dieses Ergebnis wurde im wesentlichen durch ein zweites Untersuchungsverfahren bestätigt, bei dem die Unterschiede im Anteil gesunder Knollen, die zwischen den fünf durch die Wertzahlen gebildeten Kollektiven auftreten, mit der größtmöglichen Zufallsabweichung verglichen wurden, welche bei dem gegebenen Umfang der Kollektive unter Zugrundelegung einer Überschreitungswahrscheinlichkeit von 0,27% von einem **beide** Beobachtungsreihen umfassenden Kollektiv zu

TABELLE 30

Zur statistischen Sicherung der Unterschiede im Gesundheitszustand zwischen den durch den FEHLING-Test gebildeten Kollektiven

Spalten a: Ergebnisse der Untersuchungen im u-Test: statistische Sicherung für $p = 0{,}27\%$ bei $u > 3$.

Spalten b: Vergleich zwischen der Differenz (D) im Anteil gesunder Knollen und der höchstmöglichen Zufallsabweichung (HZ): statistische Sicherung bei (D — HZ) > 0.

verglichene Kollektive	Ackersegen		Merkur		Voran	
	Sp. a u	Sp. b (D—HZ)	Sp. a u	Sp. b (D—HZ)	Sp. a u	Sp. b (D—HZ)
Wz 1:Wz 5	33,97	+36,5	11,11	+11,19	12,86	+14,60
Wz 1:Wz 4	15,01	+21,3	2,89	— 0,30	4,18	+ 2,65
Wz 2:Wz 5	20,50	+24,18	9,16	+10,60	6,89	+ 6,25
Wz 1:Wz 3	10,78	+13,60	3,53	— 0,05	4,71	+ 3,95
Wz 2:Wz 4	7,13	+ 9,12	2,38	0,77	1,03	— 5,65
Wz 3:Wz 5	12,88	+15,45	4,76	+ 4,50	5,92	— 0,10
Wz 1:Wz 2	9,53	+ 7,95	0,25	—	3,99	+ 2,70
Wz 2:Wz 3	3,21	+ 1,40	2,93	— 0,50	1,70	— 4,33
Wz 3:Wz 4	3,44	+ 1,15	—	—	—	—
Wz 4:Wz 5	8,31	+ 7,70	5,38	+ 4,90	4,26	+ 2,75

erwarten ist. Die Untersuchungen erfolgten nach KOLLER (1953; Tafel 5 und 6). Die Ergebnisse sind in Tab. 30, Sp. b dargestellt, indem von der zwischen zwei verglichenen Kollektiven auftretenden Differenz (D) im Anteil gesunder Knollen die höchstmögliche Zufallsdifferenz (HZ) subtrahiert wurde, wobei alle Werte

$$D - HZ > 0$$

statistischer Sicherung entsprechen.
Wie die wiedergegebenen Werte erkennen lassen, erweisen sich auch bei diesem Untersuchungsverfahren häufig bereits die Unterschiede zwischen zwei durch aufeinanderfolgende Wertzahlen gekennzeichneten Kollektiven als statistisch gesichert.

2. *Zur statistischen Sicherung der Unterschiede im Verlauf des FEHLING-Testes zwischen den entsprechend dem Gesundheitszustand der untersuchten Knollen gebildeten Kollektiven*

Um zu prüfen, ob die Reaktionsunterschiede statistisch gesichert sind, die sich bei Durchführung des FEHLING-Testes zwischen den entsprechend dem Gesundheitszustand der untersuchten Knollen gebildeten Kollektiven ergeben, wurde wiederum der u-Test herangezogen. Die das Testergebnis kennzeichnenden Wertzahlen wurden entsprechend dem Gesundheitszustand des Aufwuchses aus den untersuchten Knollen zu Durchschnittswertzahlen zusammengefaßt. Aus den Differenzen zwischen den einzelnen Wertzahlen und der Durchschnittswertzahl des jeweiligen Kollektivs ergab sich die mittlere Abweichung, so daß alle zur Durchführung des u-Testes erforderlichen Unterlagen zur Verfügung standen.

TABELLE 31
Zur statistischen Sicherung der Unterschiede in der Reaktionsweise des FEHLING-Testes zwischen den entsprechend dem Gesundheitszustand der untersuchten Knollen gebildeten Kollektiven.
Statistische Sicherung für $p = 0{,}27\%$ bei $u > 3$.

verglichene Kollektive		Ackersegen u	Merkur u	Voran u
gesund	: Mosaikinfektion	14,03	4,87	0,11
gesund	: Infektion durch Stamm YAl	5,86*)	—	—
gesund	: leichte Strichelvirusinfektion	11,66	1,59	—
gesund	: leichte Blattrollvirusinfektion	21,32	2,10	9,26
gesund	: Strichelvirusinfektion	20,56	5,57	5,82
gesund	: Blattrollvirusinfektion	22,49	10,11	9,05
Strichelvirus-infektion	: Blattrollvirusinfektion	2,06	0,13	1,98
Mosaikvirus-infektion	: leichte Strichel- und Blattrollvirusinfektion	1,41	2,98	2,34
leichte	: schwere Strichel- und Blattroll-virusinfektion	3,90	5,62	0,11

*) vgl. Fußnote S. 145

Die Ergebnisse der Untersuchungen sind in Tab. 31 wiedergegeben. Ihnen ist zu entnehmen, daß hinsichtlich des Verlaufes des FEHLING-Testes bei den Sorten Ackersegen und Merkur bereits zwischen gesunden Knollen (vgl. Fußnote S. 118) und Knollen, bei deren Aufwuchs Mosaik- und Kräuselmosaikerscheinungen auftraten, statistisch gesicherte Reaktionsunterschiede zu verzeichnen sind. Auch die Reaktionsunterschiede zwischen gesunden Knollen und Knollen, die beim Nachbau leichte Blattroll- und Strichelerscheinungen erkennen ließen (nachfolgend als leicht blattroll- bzw. strichelvirusinfiziert bezeichnet), erwiesen sich als statistisch gesichert. Ein Gleiches gilt für die Differenzen zwischen den Testergebnissen, die an gesunden Knollen bzw. an Knollen erhalten worden waren, deren Aufwuchs Symptome des Stammes YAI des Kartoffel-Y-Virus (KÖHLER 1955) gezeigt hatte.[1]) Keine statistisch gesicherten Unterschiede ergeben sich dagegen im allgemeinen zwischen der Testreaktion auf Mosaik und Kräuselmosaik und derjenigen auf leichten Befall mit dem Blattroll- oder Strichelvirus, ein Umstand, aus dem die Berechtigung herzuleiten ist, leichten Befall mit schweren Viren und Befall mit leichten Viren zusammenzufassen, wenn hierdurch die Darstellung übersichtlicher gestaltet werden kann.

Mit hohen u-Werten ist dagegen bei allen Sorten der Unterschied im Reaktionsverlauf gesunder und stärker mit dem Blattroll- und Strichelvirus befallener Knollen statistisch gesichert. Ebenso ergeben sich — abgesehen von der Sorte Voran — statistisch gesicherte Unterschiede in der Reaktionsweise schwächer bzw. stärker mit dem Blattroll- bzw. Strichelvirus befallener Knollen. Diese Ergebnisse bestätigen die Beobachtung, daß der FEHLING-Test Virusbefall um so sicherer anzeigt, je stärker dieser die Vitalität der Kartoffelknollen bzw. -pflanzen vermindert hat (vgl. S. 69).

Daß der FEHLING-Test besser auf Befall mit dem Strichelvirus als auf Befall mit dem Blattrollvirus anspricht, wie dies verschiedentlich beobachtet werden kann, ist nicht statistisch gesichert erwiesen. Es spricht daher nichts dagegen, die

---

[1]) Den entsprechenden Berechnungen liegen nur die nachfolgend angeführten Ergebnisse zugrunde, die in der Untersuchungsperiode 1956/57 erhalten worden waren, in der erstmalig die richtige Einordnung der bei Infektionen mit dem Stamm YAl auftretenden Symptome erfolgen konnte.

Wertzahl	1	2	3	4	5	DWz
gesund	288	208	69	69	78	2,2
YAl	559	441	151	199	344	2,6

Obwohl nahe liegt, daß die in den vorangegangenen Jahren in immer stärkerem Umfange beobachteten „leichten Strichelvirusinfektionen" im wesentlichen durch den Stamm YAl des Kartoffel-Y-Virus bedingt waren, wurde doch von einer Zusammenfassung der entsprechenden Werte abgesehen, da nicht eindeutige Beweise für die Richtigkeit einer derartigen Annahme beigebracht werden können. Ebenso mußte davon abgesehen werden, die an YAl-infizierten Knollen erhaltenen Ergebnisse in Tab. 27 aufzunehmen, denn es erscheint bedenklich, diesen in einer Untersuchungsperiode gewonnenen Werten die Werte gegenüberzustellen, die sich an gesunden Knollen während des gesamten Untersuchungszeitraumes ergeben haben.

verschiedenen schweren Viren trotz gewisser kleiner Unterschiede im Reaktionsverlauf zusammenzufassen, wenn hierdurch die Darstellung an Übersichtlichkeit gewinnt.

3. Gegenüberstellung von Testergebnis und Gesundheitszustand

Um über die angeführten Ergebnisse hinausgehende Aufschlüsse über die Genauigkeit, mit der gesunde und virusinfizierte Knollen angezeigt werden, bzw. über den Prozentsatz der unterlaufenden Fehldiagnosen zu erhalten, sollten in weiteren Untersuchungen die Testergebnisse unmittelbar mit dem Gesundheitszustand der entsprechenden Knollen verglichen werden.

Hierbei ergaben sich jedoch bereits bei der eindeutigen Zuordnung von Reaktionsverlauf und Gesundheitszustand gewisse Schwierigkeiten, denn bei Durchführung des Testes werden ja sowohl bei gesunden als auch bei virusinfizierten Knollen alle Reaktionsstufen (= Wertzahlen) erhalten. Es ist kein krasser, eindeutiger Reaktionsumschwung zwischen gesund und krank zu verzeichnen, wie er etwa bei Säureindikatoren innerhalb eines eng umgrenzten p_H-Bereiches beobachtet wird, ein Umstand, der insbesondere durch Überschneidungen zwischen den Variationsbereichen gesunder und virusinfizierter Knollen zu erklären sein dürfte. Es ist daher auch kein Reaktionsbereich für die Grenzziehung zwischen „gesund“ und „krank“ prädestiniert. Die Wahl der Stelle der Beurteilungsskala (Wz 1 bis 5), an der die Grenze zwischen „gesund“ und „krank“ gezogen wird, bestimmt jedoch in beachtlichem Maße den Anteil richtiger und falscher Diagnosen, der bei gesunden bzw. virusinfizierten Knollen erhalten wird. Erfolgt die Grenzziehung dergestalt, daß nur die Wertzahl 1 gesunden Knollen entsprechen soll, während alle anderen Wertzahlen viruskranken Knollen zugeordnet werden, so wird naturgemäß die Anzahl der bei gesunden Knollen erhaltenen richtigen Diagnosen verhältnismäßig gering sein, während der Anteil der richtigen Diagnosen bei virusinfizierten Knollen sehr hoch ist. Je weiter die Bewertungsgrenze nach hohen Wertzahlen zu verschoben wird, um so mehr erhöht sich bei gesunden Knollen der Anteil richtiger Diagnosen, während sich der Anteil richtig angezeigter viruskranker Knollen mehr und mehr verringert. Diese Verhältnisse sind in Tab. 33 an den erhaltenen Untersuchungsbefunden für die Grenzziehung zwischen den Wertzahlen 2 und 3, 3 und 4 sowie 4 und 5 demonstriert.

Im Hinblick auf die Aufgabe eines Testes, viruskranke Knollen mit möglichst großer Sicherheit zu kennzeichnen, wird einer Grenzziehung zwischen niedrigen Beurteilungszahlen der Vorzug zu geben sein, obwohl diese andererseits auch den fälschlichen Ausschluß einer größeren Anzahl gesunder Knollen vom Nachbau zur Folge hat. Eine derartige Grenzziehung empfiehlt sich besonders dann, wenn die Möglichkeit besteht, das Testergebnis zu kontrollieren, indem Knollen mit höheren Wertzahlen nochmals im Stecklingstest geprüft werden. Das Streben nach Sicherheit in der Kennzeichnung viruskranker Knollen darf indessen nicht dahin führen, daß der Anteil fälschlicherweise vom Nachbau ausgeschlossener bzw. im Stecklingstest zu kontrollierender gesunder Knollen ein wirtschaftlich tragbares Maß übersteigt. Diesen Erwägungen entsprechend wurde die bisherige, auf Grund der Ergebnisse von Vorversuchen an verhältnismäßig wenigen Herkünften (vgl. Tab. 11) festgelegte Beurteilungsgrenze zwischen den Wertzahlen 2 und 3 beibehalten, und zwar ungeachtet dessen, daß bei der Untersuchung von Herkünften, in denen gesunde Knollen überwiegen, ein verhältnismäßig hoher Anteil von Fehldiagnosen auftreten kann. Um einen einheitlichen Beurteilungsmaßstab zu schaffen, wurde die getroffene Einteilung weiterhin auch für leichten Virusbefall aufrecht erhalten, obwohl infolge der verhältnismäßig geringen Reaktionsverschiebungen, die in Proben mit leichten Viren befallener Knollen zu beobachten sind, an und für sich auch die Wertzahl 2 noch als richtige Diagnose anzusprechen sein dürfte.

TABELLE 32

Vergleich zwischen dem Anteil gesunder Knollen und dem Anteil der im FEHLING-Test mit den Wertzahlen 1 und 2 gekennzeichneten Knollen unter Berücksichtigung der Gesamtzahl der in Tab. 27 bis 29 erfaßten Proben.

Sorte	Gesamtzahl der Proben		davon gesund		mit Wz 1 und 2		Differenz	
	n	%	*n*	%	*n*	%	*n*	%
Ackersegen	10897	100	5563	51,10	6611	60,67	+1048	+ 9,57
Voran	5514	100	3996	72,50	3445	62,50	— 551	—10,00
Merkur	6937	100	5544	79,90	4863	70,10	— 681	— 9,80

Wird entsprechend dieser Grenzziehung der Anzahl der durch Kontrollnachbau als gesund erkannten Knollen die Anzahl der Knollen gegenübergestellt, die bei den Untersuchungen zur Kennzeichnung der Arbeitssicherheit des FEHLING-Testes (vgl. Tab. 27 bis 29) die Wertzahl 1 oder 2 ergeben haben (Tab. 32), wie das bei der Auswertung von Versuchen erfolgt, bei denen die untersuchten Knollen nicht numeriert und im Plan verzeichnet nachgebaut werden, so ergibt sich gute Übereinstimmung zwischen Testergebnis und Gesundheitszustand. Bei keiner der in die entsprechenden Untersuchungen einbezogenen Sorten übersteigen die Abweichungen zwischen Testergebnis und Gesundheitszustand die 10%-Grenze, ein Befund, der im Hinblick auf die Stellung von Einzelknollendiagnosen hoffnungsvoll stimmt. Verfolgt man jedoch, in welcher Weise die gesunden bzw. mit den verschiedenen Viren befallenen Knollen im einzelnen bei Durchführung des FEHLING-Testes reagiert haben (Tab. 33, Teil a), so zeigt sich, daß die Verhältnisse in Wirklichkeit wesentlich ungünstiger liegen. Nur knapp 75% der untersuchten, im Nachbau gesunden Knollen hatten die einer richtigen Diagnose entsprechenden Wertzahlen 1 und 2 ergeben. Bei den mit verschiedenen Viren befallenen Knollen lag der Prozentsatz richtiger Diagnosen (Wz 3, 4 oder 5) sogar nur bei etwa 50%. Daß der Anteil richtiger Diagnosen bei virusinfizierten Knollen geringer ist als bei gesunden, wird nicht nur beim FEHLING-Test, sondern auch bei vielen anderen physiologisch-chemischen Diagnoseverfahren beobachtet. Der Grund hierfür dürfte im wesentlichen in den geringen Reaktionsänderungen zu suchen sein, die Primär- und Spätinfektionen sowie Infektionen mit leichten Viren zur Folge haben.

TABELLE 33

Der Anteil der mit dem FEHLING-Test erhaltenen richtigen Diagnosen an der Gesamtzahl der untersuchten gesunden bzw. mit den verschiedenen Viruskrankheiten befallenen Knollen bei verschiedenen Beurteilungsmaßstäben in % der Gesamtzahl der Knollen jeder „Befallsklasse“

Bewertung	Sorte	gesund	Mosaik	Strichel leicht	Blattroll leicht	Strichel	Blattroll	Mischinf.	leichte Virosen zusammen	schwere Virosen zusammen	richtig insgesamt
a) Wz 1+2 bei gesunden, Wz 3, 4+5 bei virusbefallenen Knollen richtig	Ackersegen	73,7	50,1	50,7	50,6	55,1	52,0	65,5	50,5	55,1	63,5
	Voran	66,8	34,3	100,0	48,4	60,2	49,0	50,0	47,8	50,3	62,0
	Merkur	72,5	40,1	10,8	33,4	46,8	44,8	35,8	34,2	44,8	65,9
b) Wz 1, 2+3 bei gesunden, Wz 4+5 bei virusbefallenen Knollen richtig	Ackersegen	82,4	38,6	38,8	40,1	46,2	42,8	55,6	39,5	45,9	63,0
	Voran	73,5	22,9	100,0	40,5	49,3	41,3	25,0	39,7	42,1	64,6
	Merkur	81,4	32,2	5,4	23,2	36,0	33,6	22,6	24,9	33,6	71,0
c) Wz 1, 2, 3+4 bei gesunden, Wz 5 bei virusbefallenen Knollen richtig	Ackersegen	89,1	27,4	28,0	28,9	33,4	33,5	46,7	28,4	35,7	61,2
	Voran	81,8	14,3	100,0	30,0	37,3	33,6	0,0	29,4	33,9	68,1
	Merkur	90,9	20,8	2,7	11,6	22,3	23,7	19,4	13,8	23,2	76,4

Wird die Gesamtzahl der richtigen Diagnosen ermittelt, indem die Anzahl der gesunden Knollen, die im FEHLING-Test die Wertzahlen 1 und 2 ergeben haben, mit der Anzahl der virusbefallenen Knollen mit den Wertzahlen 3, 4 und 5 zusammengefaßt und der Gesamtzahl der untersuchten Knollen gegenübergestellt wird, so ergibt sich ein Prozentsatz an richtigen Diagnosen, der in der Zusammenfassung aller Versuchsreihen und Versuchsjahre (Tab. 27 bis 29) je nach Sorte zwischen 63,5% und 65,9% schwankt. Diese Durchschnittsergebnisse sind in den einzelnen Versuchsjahren gewissen Veränderungen unterworfen, die besonders auf den Einfluß verschiedener Witterungsfaktoren zurückzuführen sein dürften (vgl. S. 109 ff. und Tab. 16).

Daß bei der Gegenüberstellung der Gesamtzahl der gesunden Knollen und der Gesamtzahl der Knollen mit den Wertzahlen 1 und 2 (Tab. 32) wesentlich geringere Abweichungen erhalten werden als bei einem einzelknollenweise durchgeführten Vergleich zwischen Gesundheitszustand und Testergebnis (Tab. 33), kann nur auf einem gegenseitigen Ausgleich der bei der Diagnose gesunder bzw. virusinfizierter Knollen unterlaufenden Fehldiagnosen beruhen. Insbesondere dürften sich die Abweichungen, die auf die vielfach zwischen den verschiedenen Knollen einer Pflanze auftretenden Reaktionsunterschiede zurückzuführen sind (vgl. S. 102 ff.), weitgehend ausgleichen. Da anzunehmen ist, daß nicht nur innerhalb größerer Versuchsreihen, sondern auch bereits innerhalb einer Herkunft ein Ausgleich zwischen den Fehldiagnosen gesunder und viruskranker Knollen erfolgt, liegt es nahe, hierin einen wesentlichen Grund dafür zu suchen, daß trotz der bei Stellung von Einzelknollendiagnosen in Erscheinung tretenden Fehlbeurteilungen bei Herkunftsuntersuchungen recht gute Übereinstimmung zwischen Testergebnis und Gesundheitszustand besteht. Aus diesem Grunde ist von Interesse, die Voraussetzungen zu untersuchen, die erfüllt sein müssen, damit auch dann, wenn bei Einzelknollendiagnosen Abweichungen beobachtet werden, im Ergebnis von Herkunftsuntersuchungen Übereinstimmung zwischen Testergebnis und Virusinfektion zu verzeichnen ist.

4. Zum Fehlerausgleich innerhalb der Stichprobe (Die Beziehungen zwischen den Ergebnissen von Einzelknollenanalysen und Herkunftsprüfungen)

Wesentliche Bedingung für vollständigen Fehlerausgleich ist, daß die Anteile gesunder bzw. viruskranker Knollen innerhalb der untersuchten Herkünfte in einem bestimmten Verhältnis zueinander stehen. Dieses wird von dem Prozentsatz der bei gesunden und virusinfizierten Knollen unterlaufenden Fehldiagnosen bestimmt.

Es muß die Gleichung erfüllt sein:

$$f_g \cdot a = f_k \cdot (100 - a)$$

(f_g = Prozentsatz der Fehldiagnosen bei gesunden Knollen in %,
f_k = Prozentsatz der Fehldiagnosen bei virusinfizierten Knollen in %,
a = Prozentsatz der in der Herkunft vorhandenen gesunden Knollen)

Durch Auflösung nach a ergibt sich hieraus der Prozentsatz an gesunden Knollen, bei dem in einer Herkunft theoretisch vollständiger Fehlerausgleich zu erwarten ist, als

$$a = \frac{100}{\frac{f_g}{f_k} + 1} = \frac{f_k \cdot 100}{f_g + f_k}$$

Bei den im Verlauf der langjährigen Untersuchungen an den Sorten Ackersegen, Merkur und Voran ermittelten durchschnittlichen Fehlerprozenten ($f_g \approx 30\%$; $f_k \approx 45$ bis 50%) wird demnach bestmöglicher Fehlerausgleich und weitestgehende Übereinstimmung zwischen Testergebnis und Gesundheitszustand in Herkünften auftreten, bei denen sich der Anteil gesunder Knollen auf 60 bis 65%, derjenige virusinfizierter Knollen auf 35 bis 40% beläuft.

Daß der Ausgleich im FEHLING-Test erst bei dem angeführten, verhältnismäßig geringen Anteil gesunder bzw. hohen Anteil viruskranker Knollen erfolgt, ist durch den beachtlichen Prozentsatz gesunder Knollen bedingt, der vom Test fälschlicherweise als krank gekennzeichnet wird. Je höher dieser ist, bei desto höheren Befallsprozenten tritt der Fehlerausgleich ein. Umgekehrt haben hohe Prozentsätze fälschlicherweise als gesund gekennzeichneter viruskranker Knollen eine Verminderung der Befallsprozente, bei denen Ausgleich eintritt, zur Folge. Wenn einem Diagnoseverfahren, das recht wenig scharf selektiert, bei der Kennzeichnung gesunder Knollen wenige, bei der Kennzeichnung virusinfizierter Knollen dagegen viele Fehldiagnosen unterlaufen, findet dementsprechend der Ausgleich bei Befallsprozenten statt, wie sie in anerkanntem Nachbau oder bei Zuchtmaterial höherer Anerkennungsstufen vielfach vertreten sind. Ein Test mit derartiger Arbeitsweise würde daher, bei Pflanzgut hoher Anerkennungsstufen angewandt, zu scheinbar guter Übereinstimmung zwischen Testergebnis und Gesundheitszustand führen, wenn die im Test ermittelten Befallsprozente den im Nachbau ermittelten Befallsprozenten gegenübergestellt werden, ohne daß eine einzelknollenweise Kontrolle erfolgt.

Wie bereits erwähnt (vgl. S. 146), kann der FEHLING-Test wie jedes andere Diagnoseverfahren, bei dem sich die Variationsbereiche gesunder und viruskranker Knollen überschneiden, durch geeignete Veränderung der Beurteilungsmaßstäbe darauf abgestellt werden, daß sich die bei gesunden Knollen unterlaufenden Fehldiagnosen verringern, während gleichzeitig die Anzahl von Fehldiagnosen bei virusinfizierten Knollen anwächst und somit zum Fehlerausgleich bei geringen Befallsprozenten führt. Wenn die zwischen den Wertzahlen 2 und 3 festgesetzte Beurteilungsgrenze in Richtung höherer Wertzahlen verschoben wird (vgl. Tab. 33) und etwa zwischen den Wertzahlbereichen 4 und 5 zu liegen kommt, tritt der Fehlerausgleich beispielsweise bereits bei Befallsprozenten ein, wie sie vielfach im Pflanzgut zu beobachten sind (vgl. Tab. 34).

Würden bei Anwendung des angeführten Maßstabes vor allem verhältnismäßig gesunde Herkünfte zur Überprüfung des Testes herangezogen, so entstünde infolgedessen der Anschein weitgehender Übereinstimmung zwischen Testergebnis und Gesundheitszustand, insofern nur eine summarische Gegenüberstellung zwischen dem bei Durchführung des FEHLING-Testes erhaltenen Anteil der Proben mit der Wertzahl 5 und dem im Nachbau der untersuchten Herkunft vorgefundenen Virusbesatz erfolgt. Auf die Möglichkeit derartiger Fehlschlüsse wird besonders im Hinblick auf die Überprüfung neuer Diagnoseverfahren ausdrücklich hingewiesen.

TABELLE 34
Der Anteil (a) an gesunden Knollen (in %), bei dem sich in den untersuchten Herkünften die bei gesunden und viruskranken Knollen unterlaufenen Fehldiagnosen ausgleichen. Berechnung nach Formel von S. 150

Sorte	Beurteilungsgrenze zwischen den Wertzahlen		
	2 und 3	3 und 4	4 und 5
Ackersegen	64,4	76,0	86,1
Voran	60,7	69,4	79,1
Merkur	69,0	78,9	90,0

Nach den angeführten Erwägungen muß sich in den Untersuchungen zur Arbeitssicherheit des FEHLING-Testes bei der Sorte Ackersegen ein zu hoher Prozentsatz von gesunden Knollen und bei den Sorten Voran und Merkur ein zu hoher Prozentsatz von viruskranken Knollen ergeben, wenn die Testergebnisse summarisch dem Gesundheitszustand des Nachbaues der untersuchten Knollen gegenübergestellt werden; denn wie aus Tab. 27 bis 29 ersichtlich, liegt bei der Sorte Ackersegen der Anteil der in die Untersuchungen einbezogenen virusinfizierten Knollen beträchtlich über, bei den Sorten Voran und Merkur beträchtlich unter dem Befallsprozentsatz, bei dem entspr. Tab. 34 Fehlerausgleich eintritt. In der Tat bestätigen die in Tab. 32 angeführten Werte, daß bei der Sorte Ackersegen im Test 9,57% mehr gesunde Knollen angezeigt wurden, als in dem untersuchten Kollektiv vorhanden waren, während bei den Sorten Voran und Merkur 10,0% bzw. 9,8% zu wenig gesunde Knollen gekennzeichnet worden sind. Dies spricht sehr für die Gültigkeit der angeführten Überlegungen, wenn auch nicht ausgeschlossen ist, daß sortentypische Reaktionsunterschiede einen gewissen Anteil an den angeführten Unterschieden haben. Darüber hinaus geben die vorgefundenen Verhältnisse nochmals Veranlassung, auf die Trugschlüsse hinzuweisen, die selbst bei umfangreichen und gewissenhaften Untersuchungen unterlaufen können, wenn die an gesunden Knollen gewonnenen Ergebnisse mit einem anderen prozentualen Fehler als die an viruskranken Knollen erhaltenen Befunde behaftet sind. Aus diesem Grunde ist dringend zu empfehlen, bei Überprüfung von Testverfahren nach Möglichkeit von einem Knollenmaterial auszugehen, das etwa zu gleichen Teilen gesunde und viruskranke Knollen enthält.

Um die Gültigkeit der angeführten Befunde und Folgerungen einer weiteren Prüfung zu unterziehen, wurde in Tab. 35 dem im Nachbau der mit dem FEHLING-Test untersuchten Herkünfte der Sorten Ackersegen, Merkur und Voran aufgetretenen Besatz an schweren Virosen der Anteil der in den untersuchten Stichproben vorgefundenen Reaktionen mit den Wertzahlen 4 und 5 gegenübergestellt. Für jede der 10%-Befallsklassen der Abszisse wurde gemäß

$$A = \sqrt{\frac{\Sigma D^2}{N}}$$

die durchschnittliche Abweichung (A) zwischen Testergebnis und Gesundheitszustand ermittelt, wobei die Klasseneinteilung als Einheit gewählt wurde. Das Ergebnis ist über jeder Klasse vermerkt. Es läßt erkennen, daß die Abweichungen tatsächlich in der Befallsklasse von 30 bis 39,9%, in der der Fehlerausgleich entspr. Tab. 34 in besonderem Maße wirksam wird, wesentlich geringer sind als in den Nachbarklassen.

Bei Herkünften mit einem Virusbesatz zwischen 30 und 40% sind demnach die engsten Korrelationen zwischen Testergebnis und Gesundheitszustand zu erwarten. Bei niedrigeren Befallsprozenten zeigt der Test dagegen bei dem gewählten Beurteilungsmaßstab (s. o.) vielfach einen höheren und bei hohen Befallsprozenten einen niedrigeren Virusbesatz an.[1]) Daß auch bei Herkünften mit einem Virusbesatz von 30 bis 40% kein vollständiger Fehlerausgleich eintritt, ist vor allem darauf zurückzuführen, daß die Ausgleichsformel nur grobe Anhaltspunkte zur Orientierung über den durchschnittlichen Fehlerausgleich bietet. Auf Grund umfangreicher Untersuchungen an zahlreichen Herkünften aus Gesundheits- und Abbaulagen ermittelt, haben die erhaltenen Ergebnisse verständlicherweise nur für ein großes, zahlreiche Herkünfte umfassendes und somit Einzelunterschiede ausgleichendes Knollenmaterial Gültigkeit. Werden lediglich einzelne Herkünfte betrachtet, so wird der Fehlerausgleich nicht gemäß der erhaltenen Formel verlaufen, wenn in zufälliger Kombination verschiedene den Reaktionsverlauf in gleiche Richtung verschiebende Faktoren auf den Stoffwechsel sehr vieler oder sogar aller Knollen einer Herkunft eingewirkt haben. Hierdurch bedingte extreme Abweichungen innerhalb einzelner Herkünfte bewirken in Zusammenfassungen von Einzelergebnissen sowohl für gesunde als auch für viruskranke Knollen eine Veränderung des durchschnittlichen Prozentsatzes an Fehldiagnosen, was wiederum eine gewisse Verminderung der Sicherheit der durch die Ausgleichsformel vermittelten Aussagen zur Folge hat, insofern die Zusammenfassungen als Grundlage für die Ermittlung der „Ausgleichsprozente“ herangezogen worden sind.

Die vielfach bei Herkünften mit einem großen Anteil stark virusinfizierter Knollen beobachtete Vergrößerung der Abweichungen zwischen Virusbesatz und Testergebnis dürfte z. T. darauf zurückzuführen sein, daß der Stoffwechsel der Knollen

[1]) Die ungewöhnlich geringen mittleren Abweichungen in der Befallsklasse von 60 bis 69,9% sprechen kaum gegen die angeführten Befunde, da die genannte Befallsklasse nur mit sehr wenigen Herkünften besetzt ist, so daß mit großen Zufallsabweichungen gerechnet werden muß. Die Abnahme der Abweichungen in der Befallsklasse 0—9,9% dürfte im wesentlichen auf einer echten Verbesserung der Diagnoseergebnisse und nicht auf erhöhtem Fehlerausgleich beruhen (vgl. S. 154).

TABELLE 35

Die Beziehungen zwischen dem Gesundheitszustand der untersuchten Herkünfte und den Ergebnissen des FEHLING-Testes.

Die Übereinstimmung zwischen dem Prozentsatz der im Nachbau der untersuchten Knollen aufgetretenen schweren Virosen und dem Prozentsatz der Proben mit den Wertzahlen 4 und 5. Berechnung der Abweichungen nach $\sqrt{\frac{\Sigma D^2}{N}}$, wobei als Einheit für D die 10%-Klasse gewählt wurde.

$\sqrt{\frac{\Sigma D^2}{N}}$	2,05	2,27	2,74	2,03	2,64	2,20	2,00	3,29	3,35	2,85
90—100	—	—	—	—	—	—	—	—	—	2
80—89,9	—	1	1	—	3	—	2	—	—	1
70—79,9	3	2	4	—	1	—	—	—	—	3
60—69,9	4	—	2	1	—	2	—	—	1	2
50—59,9	2	5	3	4	1	—	—	1	1	—
40—49,9	6	6	2	2	2	2	2	2	2	2
30—39,9	16	5	6	1	1	—	—	2	—	—
20—29,9	27	12	5	1	1	1	—	—	—	—
10—19,9	46	14	4	5	—	1	—	—	—	—
0— 9,9	71	13	3	2	—	—	—	—	—	—
Testerg. Wz 4+5 in % / Feldbon. Virusbesatz in %	0—9,9	10—19,9	20—29,9	30—39,9	40—49,9	50—59,9	60—69,9	70—79,9	80—89,9	90—100

bei verhältnismäßig geringer Virusabwanderung vielfach nicht in einem solchen Maße verändert ist, wie dies auf Grund der im Nachbau aufgetretenen Symptome erwartet werden kann.

Der Grund für die geringen Abweichungen zwischen Virusbesatz und Testergebnis, die bei sehr schwach virusinfizierten Herkünften zu verzeichnen sind, ist vor allem darin zu suchen, daß die durchschnittliche Konzentration der den Verlauf des FEHLING-Testes bestimmenden reduzierenden Substanzen in Knollen gesunder Pflanzen — besonders wenn diese Gesundheitslagen entstammen — vielfach so hoch ist, daß bei Schwankungen um Durchschnittswerte auch die Knollen mit dem geringsten Reduktionsvermögen (vgl. S. 102 ff.) noch rein gelbe Farbtöne ergeben. Somit wird verständlich, daß vor allem in Herkünften mit zahlreichen gesunden Pflanzen die Anzahl der Fehldiagnosen so gering ist, daß Testergebnis und Gesundheitszustand sehr gut übereinstimmen. Es handelt sich demnach bei der bei niedrigen Befallswerten in Erscheinung tretenden guten Übereinstimmung im Testergebnis um eine echte Übereinstimmung und nicht um erhöhten Fehlerausgleich.

Mit den Erörterungen über die Häufigkeit und Möglichkeit eines Fehlerausgleiches und die Gültigkeit und Grenzen der entwickelten Ausgleichsformel hat sich der Kreis geschlossen, der von Herkunftsdiagnosen über Einzelknollendiagnosen wieder zu Herkunftsdiagnosen zurückführen mußte. Auf Grund des gewonnenen vertieften Einblickes in die Beziehungen zwischen Testergebnis und Gesundheitszustand ist nunmehr verständlich, warum das bei der Untersuchung von Herkünften erhaltene Testergebnis vielfach den Virusbesatz der Herkünfte z. T. erstaunlich genau zu kennzeichnen vermag, obwohl relativ häufig Abweichungen zwischen dem an einzelnen Knollen gewonnenen Testergebnis und dem Gesundheitszustand der entsprechenden Knollen auftreten. Die Gültigkeit dieser zunächst nur bei Untersuchungen zum FEHLING-Test ermittelten Befunde darf auch auf zahlreiche weitere physiologisch-chemische Diagnoseverfahren ausgedehnt werden (vgl. S. 187 ff.). Es ist sogar anzunehmen, daß den angeführten Ergebnissen, den Reaktionsbedingungen der einzelnen Tests entsprechend modifiziert, bei physiologisch-chemischen Tests Allgemeingültigkeit zukommt. Aus diesem Grunde wurden sie ausführlicher diskutiert.

D) FOLGERUNGEN AUS DEN ERGEBNISSEN DER UNTERSUCHUNGEN ZUR ARBEITSSICHERHEIT DES FEHLING-TESTES

Wie die angeführten, nach verschiedenen Gesichtspunkten ausgewerteten Ergebnisse der Untersuchungen zur Arbeitssicherheit des FEHLING-Testes erkennen lassen, vermag dieser gesunde und stark virusinfizierte Herkünfte verhältnismäßig gut zu kennzeichnen. Der Virusbesatz von Herkünften mittleren Gesundheitszustandes wird dagegen besonders dann, wenn sie eine größere Anzahl von Neuinfektionen aufweisen, nicht mit gleicher Sicherheit angezeigt. Somit kommt die mit dem FEHLING-Test erreichbare Arbeitssicherheit etwa derjenigen der besten bisher entwickelten physiologisch-chemischen Tests gleich, denn diese ermöglichen bei schwach befallenen Knollen und Herkünften ebenfalls nicht die Stellung sicherer Diagnosen. Hinsichtlich der Handhabung ist der FEHLING-Test den anderen Verfahren mit guten Diagnoseergebnissen jedoch beträchtlich überlegen. Der geringe, für die Ausführung des Tests erforderliche Arbeits- und Materialaufwand läßt es als wirtschaftlich tragbar erscheinen, den Test zur Untersuchung von Herkünften niederer Nachbaustufen bzw. von Handelsware heranzuziehen, die bisher infolge des für die Durchführung sowohl des Stecklingstestes als auch physiologisch-chemischer Diagnoseverfahren erforderlichen beträchtlichen Aufwandes nicht zwischen Ernte und Nachbau auf ihren Gesundheitszustand überprüft werden konnten. Der FEHLING-Test dürfte daher vor allem bei der Klärung der Frage nach der Nachbauwürdigkeit von Handelsware sowie bei der Ausscheidung ungeeigneter Herkünfte niederer Anerkennungsstufen bzw. bei der Anerkennung entsprechender Herkünfte sein Anwendungsgebiet finden. Weiter ist nicht ausgeschlossen, daß dem FEHLING-Test bzw. dem Kaliumpermanganat-Test, der bei geeigneter Modifikation der Reagenslösung die Anlegung besonders strenger Maßstäbe gestattet (vgl. S. 131 f.), auch bei der Überprüfung des Gesundheitszustandes höherer Anerkennungsstufen eine gewisse Bedeutung zukommen wird. Besonders erscheint eine Einengung der Anzahl der im Stecklingstest zu kontrollierenden Herkünfte möglich.

Für die Selektion einzelner virusinfizierter Knollen aus Zuchtmaterial dürften der FEHLING-Test und die anderen auf gleicher Grundlage beruhenden Reduktionsproben wegen der verhältnismäßig häufig auftretenden Abweichungen zwischen dem Testergebnis und dem Gesundheitszustand der einzelnen untersuchten Knollen dagegen nicht ohne weiteres heranzuziehen sein. Wenn man jedoch bedenkt, daß die Testgenauigkeit bei Untersuchungen an der Zuchtstätte wesentlich über den in Tab. 33 angeführten Werten liegen wird, da die hier zur Untersuchung kommenden Knollen etwa einer einzelnen Herkunft gleichzusetzen sind, in der die im allgemeinen zu einer beträchtlichen Erhöhung der Diagnosefehler beitragenden Herkunftsunterschiede in Fortfall kommen, liegt eine derartige Anwendung des Testes allerdings ebenfalls nicht außerhalb jeder Möglichkeit. Die Entscheidung hierüber kann jedoch erst nach weiterer methodischer Überarbeitung und gründlicher Prüfung getroffen werden, wie auch im Hinblick auf die Anwendung des Testes bei der Prüfung von Herkünften niederer Anerkennungsstufen und von Handelsware die letzte Entscheidung auf Grund sehr umfangreicher Erfahrungen getroffen werden muß, wobei das Sortenproblem (vgl. S. 99 ff.) besondere Beachtung erfordert. Die vorliegenden Ergebnisse lassen jedoch entsprechende Untersuchungen als lohnenswert erscheinen. Wir haben daher — vorerst in einem eng umgrenzten Gebiet — mit der versuchsweisen Einführung des Tests in die Praxis begonnen.

Weiter wurden Versuche begonnen, die die Beseitigung der in den Untersuchungen zur Arbeitssicherheit des FEHLING-Testes zu Tage getretenen diagnostischen Schwächen und eine weitere Einengung der kritischen Zone zum Ziele haben. Um gewisse, dem FEHLING-Test ebenso wie jedem anderen physiologisch-chemischen

Diagnoseverfahren gesteckte, naturgegebene Grenzen der Genauigkeit überschreiten zu können, wurde hierbei besonders die Zusammenfassung der Ergebnisse verschiedener an der gleichen Knolle durchgeführter physiologisch-chemischer Tests — insbesondere Schnelltests — zu einem Kombinationsindex angestrebt (vgl. S. 61). Die Voraussetzungen hierfür sowie für die Einbeziehung einiger einer Diagnose im FEHLING-Test nicht zugänglicher Sorten der Gruppen C und D (vgl. S. 100 f.) in die physiologisch-chemische Virusdiagnostik wurden in Untersuchungen zur Ermittlung von Sorten- und Testspektren (vgl. S. 205 ff.) geschaffen.

VIII. Untersuchungen zum Kallosetest

A) EINFÜHRUNG

Als nach Ausarbeitung des FEHLING-Testes (vgl. SCHUSTER 1952, 1954, 1956a, MÜHLE 1956) neben Untersuchungen zur Arbeitssicherheit Vorversuche über Voraussetzungen und Wege zur Verbesserung der Testergebnisse durch Kombinationsverfahren (vgl. S. 192 ff.) im Gange waren, erfolgten die verschiedenen Veröffentlichungen zum Kallosetest (IGEL-LANGE-Test; Schrifttum vgl. S. 23). Da dieser Test offensichtlich zu den wenigen Diagnoseverfahren zählt, mit deren physiologischen Grundlagen der FEHLING-Test nicht in unmittelbarem Zusammenhang steht (vgl. S. 82 ff.), wurde er unverzüglich in das Arbeitsprogramm aufgenommen und sowohl methodisch als auch hinsichtlich seiner Arbeitssicherheit bearbeitet. Hierfür war die Hoffnung ausschlaggebend, durch geeignete Kombination der Ergebnisse des FEHLING-Testes und des Kallosetestes die Arbeitssicherheit beträchtlich über das bei alleiniger Anwendung eines der beiden Tests erreichbare Maß hinaus steigern zu können. Im Hinblick auf die verbreitete Anwendung, die der Kallosetest durch die bei Durchführung der Augenstecklingsprüfung hinsichtlich der Raum- und Zeitfrage erwachsenden Schwierigkeiten (vgl. ARENZ 1953) trotz gewisser Abweichungen zwischen Testergebnis und Gesundheitszustand in verhältnismäßig kurzer Zeit gefunden hat, erfolgten die entsprechenden Untersuchungen auf wesentlich breiterer Basis als ursprünglich geplant war. Sie überstiegen bald das Ausmaß von vorbereitenden Untersuchungen zur Entwicklung von Kombinationsverfahren. Insofern die hierbei gewonnenen Ergebnisse geeignet erscheinen, Fehlerquellen aufzudecken oder Aufschlüsse über die Arbeitssicherheit des Kallosetestes zu vermitteln und dadurch zur weiteren Verbesserung der Testergebnisse und zu einer richtigen Einschätzung der Möglichkeiten und Grenzen einer Anwendung des Testes beizutragen, sollen sie daher vor Erörterung der Ergebnisse der Untersuchungen zur Entwicklung von Kombinationsverfahren in gesonderten Abschnitten erörtert werden, soweit dies nicht bereits an anderer Stelle erfolgt ist (SCHUSTER 1956b, 1960a und b; 1961, SCHUSTER und BYHAN 1958). Vor allem im Hinblick auf die Ergebnisse von Untersuchungen zur Präzisierung des Kallosetestes, die sich u. a. mit dem fluoreszenzoptischen Nachweis der Kallose, mit den Resoblaubildung und -anfärbung beeinflussenden Faktoren, mit der Verteilung der Kallose innerhalb der Knolle und mit Versuchen zur Untersuchungstechnik befaßten, sei auf diese Veröffentlichungen verwiesen.

B) ZUR VERSUCHSANORDNUNG UND -BEURTEILUNG

Die Untersuchungen kamen wie die methodischen Untersuchungen zum FEHLING-Test (vgl. S. 89 ff.) im wesentlichen an unbeschädigten Knollen der Sorte Ackersegen zur Durchführung, deren Gesundheitszustand während der vorangegangenen Vegetationsperiode bei mehrfacher Feldbeurteilung geeigneter Pflanzen ermittelt und vermerkt worden war. Die für die Anfärbung der Kallose erforderliche Resoblaulösung wurde gewonnen, indem 100 Teile aqua dest. mit 1 Teil Resorcin puriss. oder pur. und 0,9 Teilen 25%igem Ammoniak versetzt und etwa 14 Tage später nach Ausbildung eines tief blaugrünen Farbtones mit verdünnter Essigsäure bis zur Violettfärbung neutralisiert wurden (vgl. SCHUSTER 1956b, SCHUSTER und BYHAN 1958).

Die Beurteilung der Kallosebildungen erfolgte entsprechend den Befunden von SPRAU (1955a), WELLER und ARENZ (1957) sowie SCHUSTER und BYHAN (1958) nur in Siebsträngen der Leitbündel zwischen Nabelende und Knollenmitte unter Ausschluß der Leitbündel in unmittelbarer Nähe des Nabels. Kratzpräparaten nach HOFFERBERT und ZU PUTLITZ (1955) wurde vor Schnittpräparaten der Vorzug gegeben. In Herkunftsprüfungen fand in letzter Zeit angesichts der beträchtlichen Arbeitserleichterung auch die von WELLER und ARENZ (1957) beschriebene Tangentialschnitt-Technik Verwendung.

Nach der Untersuchung wurde der Gesundheitszustand jeder Knolle zur Sicherung der erhaltenen Ergebnisse nochmals im Stecklingstest oder durch numerierten Nachbau der untersuchten Knollen im Feldbestand kontrolliert. Gegebenenfalls wurden die Aufzeichnungen aus dem Vorjahr berichtigt. Wenn zweckmäßig und erforderlich, wurde der durchschnittliche Gesundheitszustand untersuchter Herkünfte oder anderweitiger Kollektive in gleicher Weise durch Durchschnittskennziffern (DKz) angegeben, wie dies im Rahmen der Untersuchungen zum FEHLING-Test beschrieben worden ist (vgl. S. 120). In anderen Fällen fand im Hinblick darauf, daß der Kallosetest vor allem Befall mit dem Blattrollvirus anzeigt, bei Bildung der Durchschnittskennziffern nur der Befall mit dem Blattrollvirus Berücksichtigung (vgl. S. 170), indem allein diesem die Kennziffern 4 oder 5 vorbehalten blieben, während mit anderweitigen Viren befallene Pflanzen ebenso wie gesunde Pflanzen die Kennziffer 1 erhielten. Die auf diese Weise gebildete Durchschnittskennziffer wurde als Durchschnittskennziffer des Blattrollvirusbefalls (DKzB) bezeichnet.

Die Ergebnisse des Kallosetestes wurden wie die des FEHLING-Testes durch fünf Wertzahlen ausgedrückt. Diesen kommt im einzelnen folgende Bedeutung zu.

Wertzahl 1: Bei 50 bis 70facher Vergrößerung in den Siebröhren des Siebteils der Leitbündel kaum Kallose sichtbar. Nur bei stärkerer Vergrößerung und geeigneter Schnittführung kann auf den Querwänden verschiedener Siebröhren ein schwacher Kallosebelag festgestellt werden.

Wertzahl 2: Auf einigen wenigen Siebplatten Verstärkung des normalen Kallosebelages auf das 2—3fache, im Höchstfall auf das 4fache des normalen Kallosebelages der Siebröhren gesunder Knollen.

Wertzahl 3: Auftreten einer geringen Zahl von Kallosepfropfen, die die Längsausdehnung des Kallosebelages der Siebplatten gesunder Knollen um mindestens das 5fache übersteigen.

Wertzahl 4: Verstärktes Auftreten größerer Kallosepfropfen (über 4 Pfropfen je Präparat). Die Pfropfen können das gesamte Zellumen ausfüllen.

Wertzahl 5: Sehr starkes Auftreten von Kallosepfropfen von vielfach beträchtlicher Länge. Die Kallose füllt häufig den größten Teil des Zellumens benachbarter Siebröhren eines Siebstranges aus, so daß bei Betrachtung des Präparates bei schwacher Vergrößerung der Eindruck von Kallosesträngen (= Durchzügen) entsteht.

Die angeführte Bewertungsskala ermöglichte die Beurteilung und Beschreibung der in den Proben vorgefundenen Kallosebildungen, ohne daß es erforderlich war, sofort festzulegen, ob diese gesunden oder viruskranken Knollen entsprechen sollen. Die Entscheidung hierüber konnte nach Vorliegen zahlreicher Ergebnisse auf Grund der gewonnenen Erfahrungen getroffen werden. Hierbei wurden die Wertzahlen 1 und 2 gesunden, die Wertzahlen 3, 4 und 5 virusinfizierten Knollen zugeordnet (vgl. S. 184 ff.).

Das arithmetische Mittel aus den einzelnen den Reaktionsverlauf der Proben einer größeren Versuchsreihe kennzeichnenden Wertzahlen ergibt eine Durchschnittswertzahl, die ähnlich den die Einzelergebnisse des FEHLING-Testes zusammenfassenden Durchschnittswertzahlen (vgl. S. 73 ff.) einen guten Überblick über den durchschnittlichen Reaktionsverlauf und gegebenenfalls den durchschnittlichen Virusbesatz der untersuchten Proben bzw. Herkünfte vermittelt.

C) UNTERSUCHUNGEN ÜBER VERSCHIEDENE DIE ERGEBNISSE DES KALLOSETESTES BEEINFLUSSENDE FAKTOREN MIT DEM ZIELE DER VERBESSERUNG DER TESTSICHERHEIT DURCH AUFDECKUNG VON FEHLERQUELLEN

1. Zur Kallosebildung in verschiedenen Knollen der gleichen Pflanze

Im Verlauf der Monate Dezember, Januar und Februar wurden von einer größeren Anzahl gesunder und blattrollvirusinfizierter Pflanzen alle Knollen im Kallosetest untersucht. Anschließend wurde der Gesundheitszustand jeder Knolle nochmals im Stecklingstest überprüft. Nur wenn der im Stecklingstest ermittelte Gesundheitszustand mit dem während der vergangenen Vegetationsperiode vermerkten Gesundheitszustand übereinstimmte, fanden die erhaltenen Ergebnisse bei der Auswertung Berücksichtigung.

Die Untersuchungen ließen erkennen, daß im Auftreten von Kallose sowohl zwischen den verschiedenen Knollen einer Pflanze als auch zwischen den Knollen verschiedener Pflanzen gleichen Gesundheitszustandes beträchtliche Unterschiede bestehen. Von den für die Auswertung in Betracht kommenden 54 blattrollvirusinfizierten Pflanzen dieser Versuchsreihe waren nur bei 9 Pflanzen in nahezu allen

Knollen (80 bis 100%) stärkere Kallosebildungen (Wertzahl 3, 4 und 5) nachweisbar, während bei

3 Pflanzen 60—79% der Knollen,
bei 5 „ 40—59% „ „ ,
bei 9 „ 20—39% „ „ ,
und bei 28 „ nur 0—19% „ „

erhöhtes Kalloseauftreten zeigten. Diese im wesentlichen an sekundär blattrollviruskranken Pflanzen gewonnenen Werte lassen wie die von HOFFERBERT und ZU PUTLITZ (1955) an primär blattrollvirusinfizierten Sämlingen erhaltenen, noch ungünstigeren Befunde erkennen, daß bei Anwendung des Kallosetestes infolge größerer, zwischen den einzelnen Knollen auftretender Schwankungen in der Kallosebildung mit Fehldiagnosen gerechnet werden muß.

Auch bei den Knollen gesunder Pflanzen sind eine gewisse Anzahl von Fehldiagnosen zu erwarten. Neben gesunden Pflanzen, bei denen alle Knollen keine oder nur geringe Kallosebildung (Wertzahl 1 und 2) aufwiesen, wurden in entsprechenden Untersuchungen auch Pflanzen vorgefunden, bei denen in einer mehr oder weniger großen Anzahl von Knollen stärkere Kallosebildungen (Wertzahl 3, nicht aber Wertzahl 4 und 5) zu verzeichnen waren. Im einzelnen zeigten von den für die Auswertung in Betracht kommenden 19 gesunden Pflanzen

15 Pflanzen bei 0—19% der Knollen,
3 Pflanzen bei 20—39% der Knollen,
und 1 Pflanze bei 40—59% der Knollen

der Wertzahl 3 entsprechende Kallosebildungen. Es ist daher weder bei viruskranken noch bei gesunden Pflanzen ohne weiteres möglich, von der Reaktionsweise verschiedener unterschiedlichen Umweltbedingungen ausgesetzter Knollen der gleichen Pflanze Rückschlüsse auf den Einfluß zu ziehen, den diese auf die Kallosebildung ausüben. Es ist vielmehr erforderlich, Mittelwerte zahlreicher Einzelergebnisse zu vergleichen.

2. *Die Beziehungen zwischen der Lagerungszeit und dem Auftreten blattrollvirusinduzierter Kallosepfropfen (= Zur zeitlichen Begrenzung der Anwendung des Kallosetestes)*

Um zu ermitteln, von welchem Zeitpunkt an der Kallosetest den Gesundheitszustand der untersuchten Knollen richtig anzuzeigen vermag und bis zu welchem Zeitpunkt die Beziehungen zwischen Testergebnis und Gesundheitszustand bestehen bleiben, wurde von zahlreichen Pflanzen der Sorte Ackersegen, deren Gesundheitszustand zur Zeit der Blüte vermerkt worden war, 4 Wochen vor der Ernte beginnend, zunächst in 14tägigem Abstand je eine Knolle entnommen und im Kallosetest untersucht. Als die Kallosebildung den Durchschnitt des Vorjahres erreicht hatte und in zwei aufeinanderfolgenden Untersuchungen etwa gleiche Stärke aufwies, wurde der zeitliche Abstand zwischen zwei Untersuchungen beträchtlich erweitert. Nachdem bei verschiedenen Pflanzen alle Knollen aufgebraucht waren, wurden ab Januar zusätzlich jeweils 100 Knollen gesunder und blattrollviruskranker Pflanzen in die Untersuchungen einbezogen, die dem Gesundheitszustand entsprechend, aber nicht pflanzenweise getrennt geerntet worden waren. Die hierbei gewonnenen Ergebnisse dürften hinsichtlich ihrer Genauigkeit den an Knollen von Einzelpflanzen erhaltenen Befunden kaum nachstehen, da angesichts der zwischen den verschiedenen Knollen der gleichen Pflanze auftretenden Schwankungen in der Kallosebildung (vgl. S. 159 f.) auch bei Verwendung getrennt geernteten Knollenmaterials nur Durchschnittswerte einer größeren Anzahl von Einzeluntersuchungen verglichen werden dürfen.

Bei den Knollen, die blattrollkranken Pflanzen vor der allgemeinen Ernte entnommen worden waren, erwies sich die Kallosebildung in Übereinstimmung mit den Ergebnissen der Untersuchungen von SARDIÑA, ORAD und ROMAN (1958) als sehr gering. Bereits zum Zeitpunkt der Ernte war jedoch der Anteil blattrollvirusinfizierter Knollen mit stärkerer Kallosebildung beträchtlich angewachsen. 14 Tage nach der Ernte wies er Werte auf, die nur wenig unter dem Durchschnitt der vorangegangenen Untersuchungsperiode lagen. Nach weiteren zwei Wochen war im Kalloseauftreten etwa der Durchschnitt des Vorjahres erreicht. Bei der nunmehr im Abstand von 2 Monaten nachfolgenden Untersuchung ergab sich erneut ein geringfügiger Anstieg, bis sich mit Beginn der Keimung — wiederum in Übereinstimmung mit Beobachtungen von SARDIÑA, ORAD und ROMAN (1958) — eine Tendenz zur Verringerung der Kallosebildung bemerkbar machte. Im weiteren Verlauf der Keimung nahmen die Kallosepfropfen hinsichtlich Anzahl und Umfang immer mehr ab. Bei der Maiuntersuchung schließlich wurden in blattrollvirusinfizierten Knollen nur noch so wenig Kallosepfropfen beobachtet, daß die Stellung von Diagnosen kaum mehr möglich erschien.

Nach den angeführten Ergebnissen dürften praxisüblich angezogene, geerntete und gelagerte Knollen innerhalb eines langen Zeitraumes, der etwa 3 Wochen nach der Ernte beginnt und erst im Frühjahr nach Bildung starker Keime endet, für die Untersuchung im Kallosetest geeignet sein, ein Umstand, der für die Praxis des Untersuchungswesens von großem Vorteil ist. Bei Frühsorten muß allerdings nach den Ergebnissen weiterer, mit geringerer Knollenzahl durchgeführter Tastversuche die Zeit zwischen Ernte und „Untersuchungsreife" offenbar etwas länger angesetzt werden.

3. *Der Einfluß von Ernteverfahren und Erntetermin auf die Kallosebildung*

Entsprechende Untersuchungen erfolgten an Knollen der Sorte Ackersegen, die einem Schlag des Versuchsgutes Großpösna bei Leipzig (Abbaulage) entnommen worden waren. Auf zwei Parzellen wurde das Kraut 5 Wochen vor dem ortsüblichen Erntetermin gezogen bzw. mit einem dinitrokresolhaltigen Präparat (Hedolit, 1%ig, 800 l/ha) totgespritzt. Zwei weitere Parzellen wurden zwei Wochen später in gleicher Weise behandelt. Die Ernte aller Parzellen erfolgte zusammen mit der Ernte der Kontrollparzellen zu ortsüblicher Zeit. Von jeder Parzelle wurde im Verlauf des Winters (Januar) innerhalb der gleichen Woche von 100 Pflanzen je eine Knolle auf Kallosebildung geprüft, entsprechend dem Befund gekennzeichnet und zur Ermittlung des Gesundheitszustandes in der folgenden Vegetationsperiode in einer Gesundheitslage (Walthersdorf/Erzgeb.) im Feldbestand nachgebaut. Die Ergebnisse sind in Tab. 36 wiedergegeben.

TABELLE 36
Der Einfluß von Krautziehen und Totspritzen auf die Kallosebildung
DWz = Durchschnittswertzahl, n = Anzahl der für die Untersuchungen zur Verfügung stehenden Pflanzen.

	1		2		3		4		5	
			3 Wochen vor der Ernte				5 Wochen vor der Ernte			
	Kontrolle		Kraut gezogen		Kraut mit Hedolit behandelt		Kraut gezogen		Kraut mit Hedolit behandelt	
	DWz	(n)	DWz	(n)	DWz	(n)	DWz	(n)	DWz	(n)
gesund	2,06	(95)	2,14	(93)	1,82	(95)	2,62	(93)	2,34	(90)
blattrollvirusinfiziert	3,50	(2)	3,50	(4)	2,33	(3)	2,20	(5)	4,17	(6)

Wie diese Aufstellung erkennen läßt, haben die angeführten Maßnahmen offenbar nur geringfügigen Einfluß auf die Ergebnisse des Kallosetestes. Bei gesunden Knollen zeigen lediglich die Durchschnittswertzahlen, die an Knollen der fünf Wochen vor der Ernte behandelten Parzellen gewonnen worden waren, eine gewisse Erhöhung, die sich u. U. geringfügig auf die Testergebnisse auswirken könnte. Bei blattrollvirusinfizierten Knollen weichen wohl die Durchschnittswertzahlen einiger Versuchsglieder (Tab. 36, Sp. 3 und 4) in stärkerem Maße von denjenigen der anderen Versuchsglieder ab. Die entsprechenden Werte beruhen jedoch infolge der ungewöhnlich geringen Anzahl von Neuinfektionen, die in den Jahren 1955 und 1956 in Mitteldeutschland zu verzeichnen waren, nur auf so wenig Einzeluntersuchungen, daß die vorgefundenen Unterschiede nicht statistisch gesichert sind. Vor allem im Hinblick darauf, daß die Abweichungen bei Hedolitbehandlung an dem drei Wochen vor der Ernte totgespritzten Knollenmaterial in Erscheinung treten, während sie sich beim Krautziehen zum früheren Termin bemerkbar machen, liegt nahe, in ihnen zufallsbedingte Abweichungen zu sehen, die weder in Beziehung zum Erntetermin noch zum Ernteverfahren, noch zu den geringfügigen Schwankungen der Durchschnittswertzahlen gesunder Knollen stehen.

In einem weiteren Versuch wurden die Testergebnisse, die an 6 Wochen vor dem ortsüblichen Termin geernteten Knollen erhalten worden waren, mit den Ergebnissen normal geernteter Knollen des gleichen Schlages verglichen. Auch hierbei ergaben sich nur unbeträchtliche, die Testsicherheit kaum beeinflussende Differenzen, insofern die Untersuchungen erst erfolgten, als das früh geerntete Material die „Untersuchungsreife“ erreicht hatte. Es ist jedoch zu beachten. daß bei früh geernteten Knollen die „Untersuchungsreife“ in der Regel etwas später als bei normal geernteten Knollen eintritt.

4. Der Einfluß der Lagerungstemperatur auf Kallosebildung und -abbau

Um die Auswirkungen der Lagerungstemperatur auf Kallosebildung und -abbau und somit auf die Testsicherheit zu untersuchen, wurden Knollen gesunder und blattrollvirusinfizierter Pflanzen unmittelbar nach der Ernte, während der Winterruhe sowie kurz vor Beginn und während der Keimung vor der Untersuchung auf Kallose mehr oder weniger lange bei verschiedenen Temperaturen gelagert. Besonders wurden die Auswirkungen von Kaltlagerung bei 1,5 °C $\pm$ 1 °C bzw. Warmlagerung bei Zimmertemperatur (21 °C $\pm$ 2 °C) mit der Auswirkung von Kellerlagerung (6 °C $\pm$ 2 °C) verglichen.

Hierbei ergab sich, daß die Lagerungstemperaturen vor allem einen indirekten Einfluß auf den Verlauf des Kallosetestes ausüben, indem sie die Eintritt und Dauer der die „Untersuchungsreife“ bestimmenden Vorgänge beschleunigen bzw. hemmen. So zeigten blattrollvirusinfizierte Knollen, die unmittelbar nach der Ernte bei Zimmertemperatur gelagert worden waren, etwa eine Woche eher als im Keller gelagerte Knollen Kallosebildungen. Ähnliche Ergebnisse dürften WELLER und ARENZ (1957) zu der Empfehlung geführt haben, bei der Testung im Frühherbst die Knollen vor der Untersuchung mindestens 8 Tage bei Zimmertemperatur zu lagern.

Wird die Warmlagerung lange Zeit fortgesetzt, so beginnen die Knollen wesentlich früher als normal gelagerte zu keimen und setzen somit dem Zustand der „Untersuchungsreife“ ein vorzeitiges Ende. Umgekehrt konnte durch Kaltlagerung die „Untersuchungsreife“ bis Juli beibehalten werden.

Neben der angeführten indirekten Beeinflussung der Kallosebildung sind bei Veränderung der normalen Lagerungstemperatur auch geringfügige Veränderungen zu beobachten, die unmittelbar auf den Temperaturreiz zurückzuführen sein dürften. So ergab sich während der Winterruhe der Kartoffel bei mehrwöchiger Warmlagerung vor dem Einsetzen der Keimung im Vergleich zur Kellerlagerung im Durchschnitt aller Proben eine gewisse Verstärkung der Kallosebildung. Diese führte zu einer Erhöhung der das Kalloseauftreten kennzeichnenden Durchschnittswertzahlen um jeweils etwa 0,5 Einheiten, dürfte aber kaum Fehldiagnosen größeren Ausmaßes nach sich ziehen. Gleichgerichtete Veränderungen von etwa derselben Größenordnung hatte überraschenderweise auch mehrwöchige Kaltlagerung zur Folge, und zwar traf dies in allen Fällen sowohl für gesunde als auch für blattrollvirusinfizierte Knollen zu. Diese gleichsinnige Verstärkung des Kalloseauftretens durch gegensätzliche Temperaturreize legt im Verein mit dem von SCHUMACHER (1930) nach Einleiten von Eosinlösungen in die Siebröhren von *Pelargonium zonale* (L.) Aiton und anderen Pflanzen beobachteten erhöhten Kalloseauftreten nahe, die Kallosebildung als die Folge einer durch unspezifische physikalische oder chemische Einflüsse hervorgerufenen Veränderung der Reaktionsgeschwindigkeit verschiedener Umsetzungen anzusehen, die zu einer Anreicherung der Grundbausteine der Kallose (vgl. ESCHRICH 1956, KESSLER 1957) bzw. zu erhöhter Polymerisation dieser Stoffe zu Kallose führt. Die durch das histotrope, besonders im Phloem stark schädigende Blattrollvirus hervorgerufenen Kallosebildungen wären im Blickfeld dieser Erwägungen als ein Extremfall von Veränderungen aufzufassen, die im Gefolge von Störungen bestimmter Stoffwechselvorgänge ganz allgemein auftreten. Der durch die Kallosebildung bewirkte Verschluß der Siebröhren und somit die Unterbindung des Stofftransportes bzw. die hierauf beruhenden Erscheinungen (Blattrollen usw.) sowie — im Hinblick auf die engen Beziehungen zwischen Kalloseauftreten und Fadenkeimigkeit WENZL 1956, 1957, WENZL und GLAESER 1959) — auch gewisse Erscheinungen der Fadenkeimigkeit wären unter diesen Gesichtspunkten in Übereinstimmung mit den von anderen Voraussetzungen ausgehenden Erwägungen von MÜLLER-STOLL und LERCH (1957) über den physiologischen Charakter der Kallosebildungen als Sekundärerscheinungen zu deuten.

5. *Zur Beeinflussung der Kallosebildung durch Chemikalien*

a) Tannin und Berberinsulfat

Um die Gültigkeit der vorstehenden Erwägungen zu prüfen und zugleich Hinweise auf die Ursachen der Kallosebildung zu erhalten, wurde untersucht, ob und in welchem Ausmaß bestimmte chemische Stoffe im Phloem der Kartoffelknolle Kallosebildung auszulösen vermögen.

Da Beobachtungen über das Auftreten phenolartiger, insbesondere gerbstoffähnlicher Verbindungen in viruskranken Pflanzen (Tabak, Weinreben) vorlagen, fiel die Wahl auf „Tannin" (=Gerbsäure DAB 6), das, in virusfreie Tabakpflanzen injiziert, typische Symptome von Viruskrankheiten, wie Adernaufhellung und asymmetrisches Wachstum, hervorzurufen vermag (RESÜHR 1942). Daneben wurde im Hinblick auf die bei verschiedenen Arten der Gattungen *Nicotiana* L. und *Datura* L. vor allem wenige Wochen nach der Virusinfektion vorgefundene Alkaloiderhöhung (SILBERSCHMIDT 1930, SCHUSTER 1957, 1958) ein Alkaloid in die Untersuchungen einbezogen. Obwohl strukturell kaum mit den Steroidalkaloiden der Gattung *Solanum* L. verwandt, wurde hierfür Berberinsulfat ausgewählt, da dieses infolge seiner starken Gelb-Grün-Fluoreszenz den Erfolg der Applikation gut zu kontrollieren gestattet.

Die angeführten Stoffe wurden in den Monaten Januar und Februar gesunden und mit dem Blattrollvirus infizierten Knollen der Sorten Merkur und Ackersegen appliziert.

Die Auswertung der Versuche erfolgte jeweils 14 Tage nach der Applikation (Einzelheiten zur Versuchsanordnung und -auswertung bei SCHUSTER 1960a). Sie ergab, daß sich die Kallosebildung virusinfizierter Knollen bei beiden Sorten nach Berberinsulfat- und Gerbsäureapplikation nicht von derjenigen der unbehandelten blattrollviruskranken Kontrollen unterschied. In gesunden Knollen der Sorte Merkur erwies sich dagegen nach Berberinsulfat- und Gerbsäureapplikation die Kallosebildung gegenüber den unbehandelten Kontrollen als erhöht. Vielfach kam sie nunmehr derjenigen virusinfizierter Knollen gleich. Vor allem in unmittelbarer Nähe der sich rings um das Stanzloch befindenden, braun verfärbten Zone absterbenden Gewebes waren große Kallosepfropfen zu verzeichnen. Applikation von physiologischer Kochsalzlösung hatte dagegen kaum Erhöhung des Kalloseauftretens zur Folge. Mechanische Verletzung scheidet somit als Ursache für die beobachtete Kallosebildung aus. Bei gesunden Knollen der Sorte Ackersegen führte nur die Applikation von Berberinsulfat zu erhöhter Kallosebildung, deren Ausmaß überdies hinter demjenigen der bei der Sorte Merkur beobachteten Kallosebildungen zurückblieb. Gerbsäureapplikation bewirkte kaum eine Steigerung des Kalloseauftretens. Hiermit steht in guter Übereinstimmung, daß Knollen der Sorte Ackersegen auf Befall mit dem Blattrollvirus vielfach nur mit verhältnismäßig schwacher Kallosebildung reagieren.

In weiteren Untersuchungen wurde die Konzentration der zugesetzten Berberinsulfat- und Gerbsäurelösungen verringert, bis keine Gewebeschäden anzeigenden Verfärbungen mehr zu verzeichnen waren. Auch in diesem Falle ergab sich sowohl im Vergleich zu dem Kalloseauftreten im Phloem des vor der Applikation zur Gewinnung des Bohrloches entnommenen Gewebestückes als auch im Vergleich zu der an jeweils derselben Knolle an einem weiteren Bohrloch vorgenommenen Kontrolle mit physiologischer Kochsalzlösung im Diffusionsfeld der applizierten Stoffe eine statistisch gesicherte Steigerung des Kalloseauftretens.

Wenn auch nicht die großen Unterschiede des ersten Versuches erzielt werden konnten, so lassen die erhaltenen Befunde doch erkennen, daß neben dem Blattrollvirus verschiedene chemische Stoffe in Siebröhren der Kartoffelknolle Kallosebildung auszulösen vermögen, deren Umfang offensichtlich wesentlich von der sortentypisch unterschiedlichen Reaktionsbereitschaft der Kartoffelknolle bestimmt wird. Im Hinblick darauf, daß die in den Untersuchungen verwendeten Verbindungen Stoffgruppen angehören, deren Konzentration bei Virusinfektion erhöht ist, darf in Erwägung gezogen werden, daß die virusinduzierte Kallosebildung u. U. indirekt durch Veränderungen in der Konzentration entsprechender Stoffe hervorgerufen wird.

b) Glucose

In weiteren Untersuchungen wurde gesunden und mit dem Blattrollvirus infizierten Knollen der Sorten Ackersegen und Merkur 5%ige Glucoselösung appliziert. Die Reaktion der Knollen auf Glucosegaben war insbesondere deshalb von Interesse, weil Kallose aus Glucoseeinheiten zusammengesetzt ist, die durch β-1-3-Glucosidbindungen aneinandergekettet sind (KESSLER 1957), und weil darüber hinaus Plasmolyse mit Glucoselösungen — nicht aber Plasmolyse mit Harnstoff oder Na-, K- und Al-Salzen — in Zellen der inneren Epidermis von *Allium cepa* L. Kallosebildung zur Folge hatte (ESCHRICH 1956, 1957).

Als die Knollen 14 Tage nach der Glucoseapplikation auf Kallose untersucht wurden, zeigten die gesunden Knollen der Sorte Merkur im Vergleich zu unbehandelten Kontrollen eine geringfügige, ungesicherte Erhöhung, diejenigen der Sorte Ackersegen eine geringfügige, ungesicherte Verminderung der Kallosebildung. In den blattrollvirusinfizierten Knollen waren Anzahl und Umfang der Kallosepfropfen im Vergleich zu den Kontrollen dagegen bei beiden Sorten verschiedentlich beträchtlich verringert, ohne jedoch auf das Ausmaß unbehandelter, gesunder Knollen reduziert worden zu sein. Die zwischen gesunden und virusinfizierten Knollen auftretenden Unterschiede in der Kallosebildung erfuhren dementsprechend durch die Glucoseapplikation eine gewisse Verminderung. Auch bei Wiederholung der Untersuchungen an den Sorten Merkur und Voran mit 0,4 und 0,5 molarer Glucoselösung ergab sich im Vergleich zu dem Kalloseauftreten in Knollenteilen, die vor der Applikation entnommen und untersucht worden waren, sowie im Vergleich zu den an der gleichen Knolle ausgeführten Kontrollen mit physiologischer Kochsalzlösung bei Blattrollvirusinfektion eine Verringerung des Kalloseauftretens. Diese Befunde dürften im Hinblick auf die von der Witterung und anderen Umweltfaktoren abhängige unterschiedliche Assimilatenbildung und -ableitung u. U. Ansatzpunkte für eine kausale Deutung gewisser umweltinduzierter Unterschiede in der Arbeitssicherheit des Kallosetestes vermitteln. Ebenso will angesichts der erhaltenen Ergebnisse die nach der Keimung beobachtete Verminderung von Anzahl und Umfang der Kallosepfropfen (vgl. S. 161) als durch die Mobilisation und Ableitung der Reservestoffe bedingt erscheinen.

c) Keimstimulantia

2 Wochen nach Begasung mit Rindite (0,35 ml eines Gemisches von 7 Teilen Äthylenchlorhydrin, 3 Teilen Äthylendichlorid und 1 Teil Tetrachlorkohlenstoff je Liter Rauminhalt; 24 Std. bei 28 °C) zeigten gesunde Knollen bei der Sorte Merkur im Vergleich zu unbehandelten Kontrollen eine geringfügige Erhöhung der Kallosebildung, während bei der Sorte Ackersegen keine Unterschiede festzustellen waren. In blattrollvirusinfizierten behandelten Proben war bei beiden Sorten hinsichtlich Anzahl und Umfang der Kallosepfropfen eine gewisse Verringerung zu verzeichnen. Wenn auch zum Zeitpunkt der Untersuchung die Keimbildung gerade erst begonnen hatte, so liegt doch nahe, die bei blattrollvirusinfizierten Knollen vorgefundenen Veränderungen mit der Keimbildung in Zusammenhang zu bringen (vgl. S. 161).

d) Keimhemmungsmittel

Mit einem keimhemmenden Carbaminsäureester (Keim-Stop) in dreifacher praxisüblicher Aufwandmenge (300 g/100 kg) behandelte gesunde Knollen der Sorten Merkur und Voran zeigten im Vergleich zu den unter gleichen Bedingungen gelagerten unbehandelten Kontrollen keine über zufallsmäßige Schwankungen hinausgehenden Veränderungen im Kalloseauftreten. Bei blattrollvirusinfizierten Knollen der gleichen Sorten hatte die Behandlung lediglich eine geringfügige, statistisch nicht gesicherte Verminderung der Kallosebildung zur Folge, der kaum ein wesentlicher Einfluß auf die Testergebnisse zukommen dürfte.

6. Der Einfluß der Vergrünung auf Kallosebildung und -abbau

Vergrünung der Knollen infolge Hellagerung bei Temperaturen, die etwa den Lagertemperaturen der im Keller aufbewahrten Kontrollproben gleichkamen, hatte bei gesunden Knollen der Sorten Merkur und Ackersegen verstärktes Kalloseauftreten zur Folge. In vergrünten virusinfizierten Knollen der Sorte Ackersegen entsprach das Kalloseauftreten etwa demjenigen der Kontrollen, während in entsprechenden Knollen der Sorte Merkur eine geringfügige Verringerung der Kallosebildung zu verzeichnen war.

7. Einfluß der Düngung auf die Kallosebildung

Um zu ermitteln, in welcher Weise die Düngung die Kallosebildung zu beeinflussen vermag, wurden Knollen von Parzellen eines Schlages, die in unterschiedlicher, aus Tab. 37 ersichtlicher Weise gedüngt und mit der gleichen Herkunft der Sorte Ackersegen bestellt waren, im Verlaufe des Winters auf Kallose untersucht und zur Kontrolle des Gesundheitszustandes in der folgenden Vegetationsperiode in einer Gesundheitslage (Walthersdorf/Erzgeb.) nachgebaut.
Die Ergebnisse dieser Untersuchungen sind in Tab. 37 wiedergegeben. Sie deuten weder bei gesunden noch bei virusinfizierten Knollen darauf hin, daß unterschiedliche Düngung größere Abweichungen im Kalloseauftreten hervorzurufen vermag.

TABELLE 37
Der Einfluß unterschiedlicher Düngung auf die Kallosebildung
Düngergaben: N = 60 kg/ha; P_2O_5 = 54 kg/ha; K_2O = 120 kg/ha
DWz = Durchschnittswertzahl; n = Anzahl der für die Untersuchungen zur Verfügung stehenden Pflanzen.

Düngung / Gesundheitszustand	NPK		2 N + P + K		N + 2 P + K		N + P + 2 K (K als SO_4)		N + P + 2 K (K als Cl)		2 N + 2 P + 2 K	
	DWz	n	DWz	n	DWz	n	DWz	n	DWz	n	DWz	n
gesund	2,02	(50)	2,05	(44)	2,18	(44)	2,12	(42)	2,09	(43)	2,05	(38)
blattroll-krank	—		5,0	(1)	5,0	(1)	—		4,0	(3)	2,8	(5)
strichel-krank	—		1,8	(5)	2,0	(3)	2,0	(8)	2,0	(2)	2,4	(5)

Im Hinblick auf gewisse Schwankungen im Kalloseauftreten blattrollvirusinfizierter Knollen (z. B. Parzelle 2 N + 2 P + 2 K) gelten die Ausführungen in Abschnitt 3 (vgl. S. 162). Wenn sich auch die an virusinfizierten Knollen gewonnenen Ergebnisse nur auf sehr wenige Einzeluntersuchungen (vgl. Tab. 37) stützen, so machen die erhaltenen Befunde doch wahrscheinlich, daß sich praxisübliche Unterschiede in den Düngergaben nicht nachteilig auf die Arbeitssicherheit des Kallosetestes auswirken. Eine Bestätigung der erhaltenen Befunde durch Untersuchungen an einem umfangreicheren Knollenmaterial wird jedoch als erforderlich erachtet.

8. Zum Umfang der durch Primär- und Sekundärbefall hervorgerufenen Kallosebildung

Untersuchungen von HOFFERBERT und ZU PUTLITZ (1955) haben ergeben, daß Tochterknollen primär blattrollkranker Sämlingspflanzen nur zu einem ver-

hältnismäßig geringen Prozentsatz an stärkeren Kallosebildungen kenntlich sind. In eigenen Untersuchungen (SCHUSTER 1956b) war die Kallosebildung bei Knollen von Pflanzen, die in der vorhergegangenen Vegetationsperiode noch keine Blattrollvirussymptome gezeigt hatten, sondern diese erstmalig im Stecklingstest erkennen ließen, geringer als bei Knollen sekundär blattrollvirusinfizierter Pflanzen. Auch SARDIÑA, ORAD und ROMAN (1958) erhielten bei der Untersuchung primär blattrollvirusinfizierter Knollen eine geringere Anzahl richtiger Diagnosen als bei der Untersuchung sekundär infizierter Knollen. Demgegenüber fanden WELLER und ARENZ (1957), daß sich in ähnlicher Weise, wie sich die Strichelnekrosen beim Krankheitsbild der sekundär mit dem Kartoffel-Y-Virus infizierten Pflanzen vielfach abschwächen und meist nur noch sporadisch auf den Blattnerven zu beobachten sind, auch die Kallosebildungen in Knollen sekundär blattrollvirusinfizierter Pflanzen abschwächen, so daß sie in den Phloemsträngen häufig nur noch vereinzelt und sehr fein ausgeprägt auftreten, wobei hinsichtlich des Grades der Abschwächung sortenbedingte Unterschiede bestehen.
Es war von Interesse, dieser Frage nochmals so umfassend und genau nachzugehen, wie dies das vorhandene Knollenmaterial bzw. die an diesem bei Durchführung des Kallosetestes gewonnenen Ergebnisse ermöglichten. In entsprechenden Untersuchungen wurden die primär infizierten Knollen in zwei Gruppen unterteilt, je nachdem, ob die Virusinfektion bereits in der den Untersuchungen vorhergegangenen Vegetationsperiode zur Ausbildung von Symptomen geführt hatte oder ob die Blattrollerscheinungen erstmalig nach Durchführung des Kallosetestes bei der Überprüfung des Gesundheitszustandes der untersuchten Knollen aufgetreten waren.

TABELLE 38
Die Kallosebildung in sekundär und primär blattrollvirusinfizierten Knollen der Sorte Ackersegen.

	Prozentsatz der untersuchten Knollen mit starker Kallosebildung (Wz 3, 4, 5)	Gesamtzahl der untersuchten Knollen
Sekundärbefall seit mehreren Vegetationsperioden	20	200
Primärbefall mit Symptomauftreten während der den Untersuchungen vorhergegangenen Vegetationsperiode	60	25
Primärbefall mit erstem Symptomauftreten nach den Untersuchungen im Stecklingstest	6,3	16

Wie aus Tab. 38 ersichtlich, wiesen von der zuerst angeführten Gruppe 60%, von der zweiten Gruppe jedoch nur 6% der Knollen verstärkte Kallosebildung auf, während von sekundär blattrollvirusinfizierten Knollen 20% verstärkte Kallosebildung zeigten. Es liegt somit nahe, die zwischen den Ergebnissen der verschiedenen Untersuchungen aufgetretenen Widersprüche auf die Verwendung zu unterschiedlichem Zeitpunkt infizierter primär befallener Knollen zurückzuführen. Ausführliche Angaben über Versuchsanordnung und -ergebnisse sind bereits an anderer Stelle veröffentlicht (SCHUSTER 1961b).

D) DIE BEZIEHUNGEN ZWISCHEN KALLOSEBILDUNG UND VIRUSBESATZ

1. Die Beziehungen zwischen den Ergebnissen des Kallosetestes und dem Virusbesatz der untersuchten Herkünfte

Die Untersuchungen erfolgten in den Versuchsjahren 1955/56 und 1956/57 in gleicher Versuchsanordnung und am gleichen Knollenmaterial wie die entsprechenden Untersuchungen zur Arbeitssicherheit des FEHLING-Testes (vgl. S. 117 ff.). Die für den Kallosetest erforderlichen Gewebeteile wurden den Knollen jeweils an demselben Tage wie die für den FEHLING-Test benötigten Stanzstücke entnommen. Aus arbeitstechnischen Gründen konnten jedoch von jeder Herkunft im Kallosetest nur 50 Knollen erfaßt werden. Bei einigen wenigen Herkünften mußte überdies bei Arbeitsspitzen wegen des für den Kallosetest erforderlichen Arbeitsaufwandes auf die Untersuchung im Kallosetest gänzlich verzichtet werden. Entgegen aller Erwartung erwies sich beim Nachbau von diesen Herkünften ein beachtlicher Prozentsatz als stark virusinfiziert, während verschiedene Herkünfte aus Abbaulagen, in denen normalerweise bereits einmaliger Nachbau zu beträchtlicher Virusdurchseuchung führt, infolge der in den genannten Jahren in diesen Gebieten vorherrschenden, einer stärkeren Virusübertragung entgegenstehenden Witterung (vgl. MÜLLER und UNGER 1955) verhältnismäßig gesund waren. Es bestand daher ein beträchtlicher Mangel an virusinfiziertem Vergleichsmaterial, ein Umstand, der sich nicht zuletzt in einer gewissen Verringerung der Werte der Korrelationskoeffizienten auswirken mußte.

Die Beziehungen zwischen den Ergebnissen des Kallosetestes und dem Gesundheitszustand der untersuchten Herkünfte der Sorte Ackersegen sind in Abb. 20 dargestellt. Hierbei wurden die den Gesundheitszustand der einzelnen Herkünfte charakterisierenden Durchschnittskennziffern (DKz) entsprechend den auf S. 120 angeführten Gesichtspunkten unter Berücksichtigung a l l e r aufgetretenen Viruskrankheiten gebildet, um einerseits zu prüfen, inwieweit der Kallosetest auch Infektionen mit dem Kartoffel-Y- sowie in gewissem Umfange mit dem Kartoffel-X-Virus anzuzeigen vermag, wie dies auf Grund der im Gegensatz zu den Ausführungen von BAERECKE (1955), HOFFERBERT und ZU PUTLITZ (1955), MOERICKE (1955) sowie SPRAU (1955a und b) stehenden Angaben von LANGE und IGEL (1955) sowie JERMOLJEV und PRUŠA (1959) zu erwarten ist, und um andererseits die Arbeitssicherheit des Kallosetestes und des FEHLING-Testes durch einheitliche Maßstäbe vergleichen zu können. Die Durchschnittswertzahlen (DWz) zur Beschreibung der bei den verschiedenen Herkünften gewonnenen Testergebnisse wurden nach den auf S. 158 f. verzeichneten Richtlinien gebildet.

Wie Abb. 20 erkennen läßt, ergeben sich kaum Beziehungen zwischen dem Testergebnis (in DWz auf der Abszisse) und dem Gesundheitszustand (in DKz auf der

Ordinate), wenn bei der Gegenüberstellung von Testergebnis und Virusbesatz alle im Aufwuchs der untersuchten Knollen an Symptomen kenntlichen Viren Berücksichtigung finden. Niedrigen Durchschnittswertzahlen entsprechen sowohl niedrige als auch hohe Durchschnittskennziffern und umgekehrt. Der Korrelationskoeffizient ist mit einem Wert von 0,15 wesentlich kleiner als die größtmögliche Zufallsabweichung (= Zufallshöchstwert), die sich nach KOLLER (1953, Tafel 10) entsprechend der Anzahl der Freiheitsgrade zu ± 0,48 ergibt. Der Zusammenhang zwischen Testergebnis und Virusbesatz ist dementsprechend nicht statistisch gesichert.

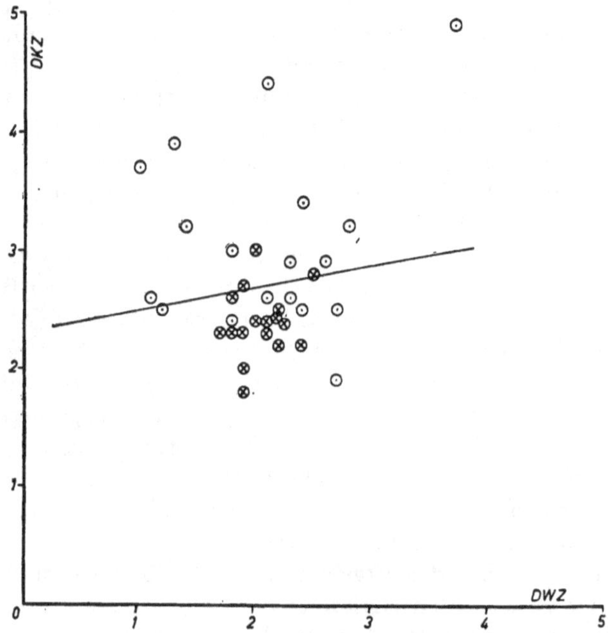

Abb. 20. Die Beziehungen zwischen den Ergebnissen des Kallosetestes und dem Virusbesatz der untersuchten Herkünfte der Sorte Ackersegen unter Berücksichtigung von allen im Aufwuchs der untersuchten Knollen an Symptomen kenntlichen Virusinfektionen.
$r = 0{,}15$; ZHW = 0,48; $R = 0{,}19$.
Untersuchungsperiode 1955/56: ⊙; 1956/57: ⊗.

Werden die erhaltenen Testergebnisse dagegen lediglich dem Blattrollvirusbesatz der untersuchten Herkünfte gegenübergestellt, indem bei Bildung der Durchschnittskennziffern nur blattrollvirusinfizierte Knollen mit Kennziffer (= Kz) 5 bzw. 4 bewertet werden, während alle anderen viruskranken Knollen wie gesunde Knollen Kz 1 erhalten, so ergeben sich wesentlich engere Beziehungen. Wie aus Abb. 21 ersichtlich, entsprechen in diesem Falle niedrigen Durchschnittswertzahlen in der Regel innerhalb eines gewissen Toleranzbereiches auch niedrige Durchschnittskennziffern. Die einzige Herkunft mit einem hohen Anteil an blattrollvirusinfizierten Pflanzen wurde im Test richtig durch eine hohe Duchschnittswertzahl angezeigt. Daß diese in ihrer Höhe etwas hinter der entsprechenden Durchschnittskennziffer zurückbleibt, dürfte auf bestimmten, für den Kallosetest typischen Abweichungen (vgl. S. 167 f.) beruhen. Der Korrelationskoeffizient kommt mit einem Wert von 0,46 dem Zufallshöchstwert von 0,48 bereits sehr nahe. Es bestätigt sich somit erneut, daß der Kallosetest von den im Feldbestand auftretenden Viren allein das Blattrollvirus mit einer gewissen Sicherheit anzuzeigen vermag. Der noch immer verhältnismäßig niedrige Wert des Korrelationskoeffi-

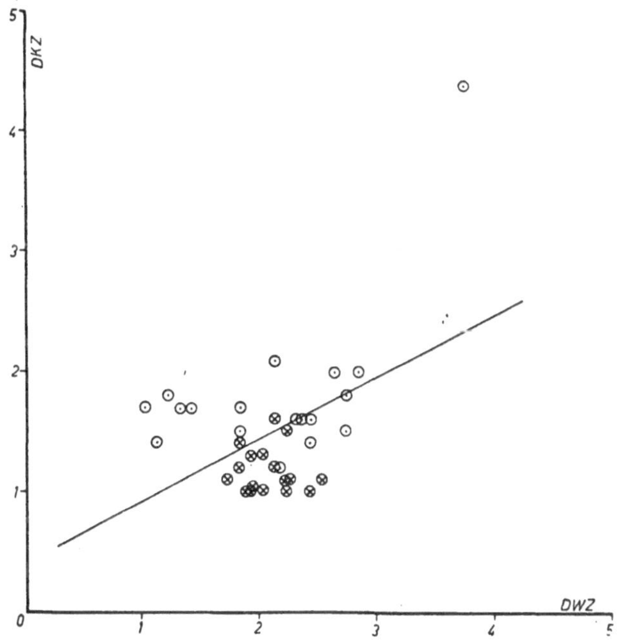

Abb. 21. Die Beziehungen zwischen den Ergebnissen des Kallosetestes und dem Blattrollvirusbesatz der untersuchten Herkünfte der Sorte Ackersegen. $r = 0{,}46$; ZHW $= 0{,}48$; $R = 0{,}53$. Untersuchungsperiode 1955/56: ⊙; 1956/57: ⊗.

zienten dürfte z. T. darauf zurückzuführen sein, daß die Reaktionsunterschiede, die durch die geringen, zwischen den in die Untersuchungen einbezogenen Herkünften auftretenden Unterschiede im Virusbesatz hervorgerufen werden, im allgemeinen die zufallsbedingten Reaktionsabweichungen nur wenig übersteigen. Hierauf deuten besonders die im gleichen Zeitraum mit Hilfe des FEHLING-Testes an Herkünften der gleichen Sorte erhaltenen Ergebnisse hin. Werden alle in den Untersuchungsperioden 1955/56 und 1956/57 im FEHLING-Test geprüften Herkünfte der Sorte Ackersegen unter Berücksichtigung aller Virusinfektionen, die beim Kontrollnachbau zu Symptomen geführt haben, in die Betrachtungen einbezogen, so ergeben sich enge Beziehungen zwischen Testergebnis und Gesundheitszustand (Abb. 22), wie sie ähnlich aus anderen Darstellungen bekannt sind (vgl. Abb. 14 und 15). Der Korrelationskoeffizient übersteigt mit einem Wert von

0,66 bei weitem den Zufallshöchstwert (ZHW = 0,42). Finden jedoch nur die Ergebnisse Berücksichtigung, die bei den im Kallosetest erfaßten Herkünften an den auch im Kallosetest geprüften 50 Knollen erzielt worden sind (Abb. 23), so ist die Korrelation zwischen Testergebnis und Gesundheitszustand nicht mehr so straff. Der Korrelationskoeffizient ($r = 0{,}55$) übersteigt den Zufallshöchstwert (ZHW = 0,48) ebenso wie den die Beziehungen zwischen den Ergebnissen des

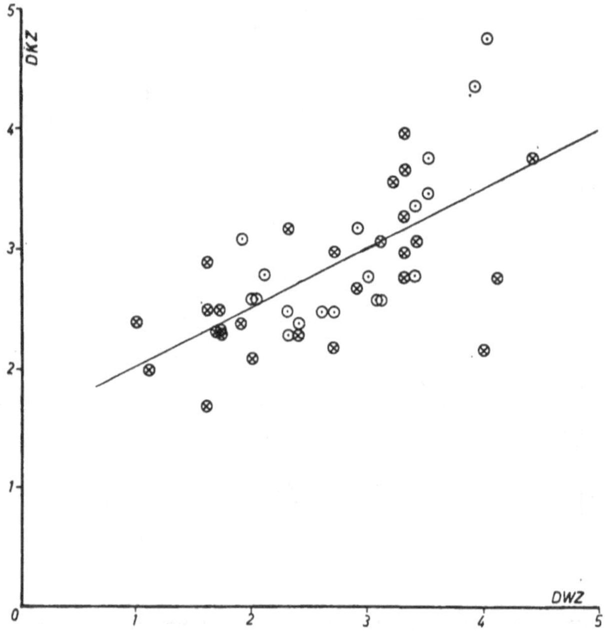

Abb. 22. Die Beziehungen zwischen den Ergebnissen des FEHLING-Testes und dem Virusbesatz aller in den Untersuchungsperioden 1955/56 und 1956/57 untersuchten Herkünfte und Knollen der Sorte Ackersegen unter Berücksichtigung von allen im Aufwuchs der untersuchten Knollen an Symptomen kenntlichen Virusinfektionen. $r = 0{,}66$; ZHW = 0,42; $R = 0{,}51$. Untersuchungsperiode 1955/56: ⊙; 1956/57: ⊗.

Kallosetestes und dem Blattrollvirusbesatz der untersuchten Herkünfte kennzeichnenden Korrelationskoeffizienten ($r_{\mathrm{KzB}} = 0{,}45$) nur noch um einen geringen Betrag, ein Umstand, der einerseits für die Gültigkeit der vorstehend angeführten Überlegungen und andererseits für die Richtigkeit der Bestrebungen spricht, im Prüfsortiment nach Möglichkeit eine gleich große Anzahl schwach und stark virusinfizierter Herkünfte zur Verfügung zu haben (vgl. S. 119). Darüber hinaus lassen die an gleichem Knollenmaterial erhaltenen Korrelationskoeffizienten gleicher Größenordnung erkennen, daß der Zusammenhang zwischen Testergebnis und Gesundheitszustand bei den beiden Tests etwa gleich straff ist. Die Arbeitssicherheit des Kallosetestes und des FEHLING-Testes ist demnach etwa gleich groß. Hierbei ist allerdings von wesentlicher Bedeutung, daß beim Kallosetest nur der

Blattrollvirusbesatz in die Betrachtungen einbezogen wurde, während sich die im FEHLING-Test erhaltenen Ergebnisse auf alle am Aufwuchs aus den untersuchten Knollen mit Symptomen aufgetretenen Virosen beziehen.

Neben Knollen der Sorte Ackersegen fanden bei den angeführten Untersuchungen auch Knollen der Sorten Merkur und Voran Verwendung. Bei beiden Sorten erwies sich jedoch die Virusinfektion der erfaßten Herkünfte als so gering und einheitlich, daß die zwischen den einzelnen Herkünften auftretenden Unterschiede

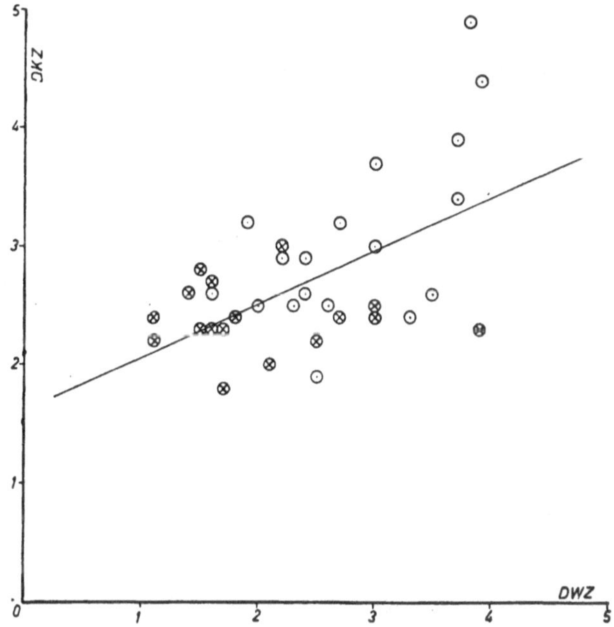

Abb. 23. Die Beziehungen zwischen den Ergebnissen des FEHLING-Testes und dem Virusbesatz der auch im Kallosetest erfaßten Herkünfte und Knollen der Sorte Ackersegen unter Berücksichtigung von allen im Aufwuchs der untersuchten Knollen an Symptomen kenntlichen Virusinfektionen.
$r = 0,55$; ZHW $= 0,48$; $R = 0,44$.
Untersuchungsperiode 1955/56: ⊙; 1956/57: ⊗.

nur in seltenen Fällen die Fehlergrenzen überstiegen, die im Hinblick auf die umweltinduzierten Reaktionsabweichungen sowohl dem Kallose- als auch dem FEHLING-Test zugebilligt werden müssen. Korrelationstafeln und Korrelationskoeffizienten vermitteln daher in diesem Falle kaum Aussagen über die Arbeitssicherheit, so daß sich deren Wiedergabe erübrigt.

Um auch bei den genannten Sorten die Beziehungen zwischen Testergebnis und Gesundheitszustand zu kennzeichnen, wurde in Tab. 39 die „durchschnittliche Abweichung“ ($\sqrt{\frac{\Sigma D^2}{N}}$; vgl. S. 125) zwischen den Durchschnittswertzahlen und den unter alleiniger Berücksichtigung des Blattrollvirusbesatzes gebildeten Durchschnittskennziffern, aufgeschlüsselt nach Wertzahlbereichen, angeführt.

Wie aus dieser Aufstellung hervorgeht, sind die bei den Sorten Merkur und Voran zwischen den Ergebnissen des Kallosetestes und dem Blattrollvirusbesatz auftretenden Abweichungen von etwa der gleichen Größenordnung wie die bei der Sorte Ackersegen vorgefundenen Differenzen. Im großen und ganzen kommen sie etwa den Abweichungen gleich, die beim FEHLING-Test zwischen dem Testergebnis und dem Virusbesatz auftreten, wenn alle im Aufwuchs der untersuchten Knollen an Symptomen kenntlichen Viren Berücksichtigung finden. Wie beim FEHLING-Test sind sie im allgemeinen im Wertzahlbereich 1 bis 1,99 am geringsten und wachsen in höheren Bereichen an. Bei Herkünften, die der Kallosetest mit niedrigen Durchschnittswertzahlen kennzeichnet, ist somit auch im Nachbau mit verhältnismäßig großer Sicherheit mit geringem Blattrollvirusbesatz zu rechnen.

TABELLE 39

Die „durchschnittliche Abweichung“ $\sqrt{\frac{\Sigma D^2}{N}}$

zwischen den Ergebnissen des Kallosetestes (in DWz) und dem Blattrollvirusbesatz (in DKz)

(In Klammern die Anzahl der Herkünfte, auf der die Berechnung beruht)

Sorte	Wertzahlbereich				
	1—1,99	2—2,99	3—3,99	4—5	1—5
Ackersegen	0,60 (14)	0,94 (20)	1,60 (1)	—	0,85 (35)
Merkur	0,58 (14)	1,01 (19)	1,90 (1)	—	0,89 (34)
Voran	1,19 (17)	0,84 (10)	—	—	1,11 (27)

Zum gleichen Schluß führt die Gegenüberstellung von Durchschnittswertzahlen und prozentualem Blattrollvirusbesatz. Wie aus Tab. 40[1]) ersichtlich, ist in Herkünften, die mit Durchschnittswertzahlen zwischen 1 und 1,49 gekennzeichnet wurden, der Blattrollvirusbesatz bei den Sorten Ackersegen und Merkur verhältnismäßig gering. Die 5%-Besatzgrenze wird nur von 20% bzw. 40% der Herkünfte, die 10%-Grenze nicht bzw. von 20% der Herkünfte überschritten. Lediglich bei der Sorte Voran tritt eine größere Anzahl von Abweichungen in Erscheinung. Ähnliche Verhältnisse liegen im Wertzahlbereich von 1,5 bis 1,9 vor. Diesen Ergebnissen zufolge dürfte es vor allem bei Herkünften niederer Anerkennungsstufen möglich sein, im Hinblick auf die Blattrollkrankheit die Anerkennung auszusprechen, ohne das Ergebnis im Stecklingstest zu kontrollieren, wenn die Herkünfte bei der Untersuchung im Kallosetest zu Durchschnittswertzahlen zwischen 1 und 1,5 geführt haben. Finden jedoch alle schweren Virosen Berücksichtigung (Tab. 41), so treten bereits innerhalb der angeführten Wertzahlbereiche wesent-

[1]) In diese Aufstellung wurden ebenso wie in Tab. 41 und 42 bei den Sorten Ackersegen und Voran die Ergebnisse von Untersuchungen mit aufgenommen, die an der Abteilung Saat- und Pflanzgutuntersuchungen des Institutes für landwirtschaftliches Versuchs- und Untersuchungswesen Jena der Deutschen Akademie der Landwirtschaftswissenschaften zu Berlin durchgeführt wurden.

TABELLE 40

Die Beziehungen zwischen den Ergebnissen des Kallosetestes und dem Gesundheitszustand der untersuchten Herkünfte der Sorten Ackersegen, Merkur und Voran. Gegenüberstellung von Durchschnittswertzahlen (DWz) und Blattrollvirusbesatz (= % B).

Sorte	Ackersegen					Merkur					Voran				
% B / DWz	1,00 bis 1,49	1,50 bis 1,99	2,00 bis 2,49	2,50 bis 2,99	über 3	1,00 bis 1,49	1,50 bis 1,99	2,00 bis 2,49	2,50 bis 2,99	über 3	1,00 bis 1,49	1,50 bis 1,99	2,00 bis 2,49	2,50 bis 2,99	über 3
über 35	—	—	—	—	1	—	—	—	—	—	—	—	—	—	—
30—34,9	—	—	—	—	—	—	—	—	—	—	—	—	—	—	—
25—29,9	—	—	—	—	—	—	—	—	—	—	—	1	—	—	—
20—24,9	—	—	—	—	—	—	—	—	—	—	2	1	1	—	—
15—19,9	—	—	1	—	—	1	1	—	—	—	—	1	—	—	—
10—14,9	—	1	2	1	—	—	1	3	—	—	1	—	3	—	—
5—9,9	1	3	4	1	—	1	3	1	—	—	3	3	1	—	—
0—4,9	4	9	31	5	—	3	4	15	—	1	1	9	16	—	—

TABELLE 41

Die Beziehungen zwischen den Ergebnissen des Kallosetestes und dem Gesundheitszustand der untersuchten Herkünfte der Sorten Ackersegen, Merkur und Voran. Gegenüberstellung von Durchschnittswertzahlen (DWz) und Besatz an schweren Virosen in % (= % Vir.)

Sorte	Ackersegen					Merkur					Voran				
% Vir. / DWz	1,00 bis 1,49	1,50 bis 1,99	2,00 bis 2,49	2,50 bis 2,99	über 3	1,00 bis 1,49	1,50 bis 1,99	2,00 bis 2,49	2,50 bis 2,99	über 3	1,00 bis 1,49	1,50 bis 1,99	2,00 bis 2,49	2,50 bis 2,99	über 3
über 35	1	—	1	1	1	—	—	—	—	—	—	—	—	—	—
30—34,9	1	1	—	—	—	1	—	—	—	—	—	—	—	—	—
25—29,9	—	—	1	—	—	—	—	—	—	—	—	1	—	—	—
20—24,9	1	—	3	1	—	—	—	—	—	—	2	1	1	—	—
15—19,9	1	—	3	1	—	1	1	1	—	1	—	2	1	—	—
10—14,9	1	2	5	—	—	—	1	3	—	—	1	—	3	—	—
5— 9,9	—	4	12	2	—	—	3	2	—	—	3	4	4	—	—
0— 4,9	—	6	13	2	—	3	4	13	—	—	1	7	12	—	—

TABELLE 42

Die Beziehungen zwischen dem Ergebnis des Kallosetestes und dem Gesundheitszustand der untersuchten Herkünfte der Sorten Ackersegen, Merkur und Voran. Gegenüberstellung des Prozentsatzes der Proben mit der Wertzahl 4 und 5 und des Prozentsatzes der beim Nachbau der untersuchten Knollen in den verschiedenen Herkünften vorgefundenen blattrollviruskranken Pflanzen (= % B).

Sorte	Ackersegen					Merkur					Voran				
% B / Wz 4+5 in %	0,0 bis 9,9	10,0 bis 19,9	20,0 bis 34,9	35,0 bis 49,9	über 50	0,0 bis 9,9	10,0 bis 19,9	20,0 bis 34,9	35,0 bis 49,9	über 50	0,0 bis 9,9	10,0 bis 19,9	20,0 bis 34,9	35,0 bis 49,9	über 50
über 50	—	—	—	—	—	—	—	—	—	—	—	—	—	—	—
35—49,9	—	—	—	—	1	—	—	—	—	—	—	—	—	—	—
20—34,9	—	—	—	—	—	—	—	—	—	—	4	1	—	—	—
10—19,9	3	2	—	—	—	5	—	—	—	—	5	—	—	—	—
0— 9,9	47	10	1	—	—	26	2	1	—	—	33	—	—	—	—

lich größere Abweichungen auf. Diese sind vor allem durch einen hohen Anteil mit dem Y-Virus infizierter Pflanzen bedingt. Werden auch die leichten Virosen in die Betrachtungen einbezogen, so gestalten sich die Verhältnisse noch ungünstiger. Aus diesem Grunde will es zweckmäßig erscheinen, die Ergebnisse des Kallosetestes durch Ergebnisse zu ergänzen, die mit anderen Diagnoseverfahren gewonnen worden sind. Die Kombination der Ergebnisse des Kallosetestes mit denjenigen des FEHLING-Testes führt jedoch kaum zu einer Erhöhung der Arbeitssicherheit (vgl. S. 220ff.). Es ist daher in diesem Zusammenhang insbesondere an ergänzende serologische Untersuchungen zu denken.

Da der Kallosetest im wesentlichen nur auf die Blattrollkrankheit anspricht, läßt sich dessen Leistungsfähigkeit bereits sehr anschaulich und genau kennzeichnen, indem der Prozentsatz der in einer Herkunft auf Blattrollvirusbesatz hindeutenden Proben (Wz 4 und 5) unmittelbar dem Prozentsatz der im Nachbau der untersuchten Knollen auftretenden blattrollvirusinfizierten Pflanzen gegenübergestellt wird. In Tab. 42 sind die bei den Untersuchungen zur Arbeitssicherheit des Kallosetestes erhaltenen Ergebnisse in dieser Weise ausgewertet worden. Hierbei zeigt sich erneut, daß zumindest bei den Sorten Ackersegen und Merkur diejenigen Herkünfte, in denen bei Durchführung des Kallosetestes ein niedriger Prozentsatz von Knollen mit stärkerer Kallosebildung vorgefunden wurde, auch geringen Blattrollvirusbesatz aufweisen. Über die Genauigkeit, in der hoher Blattrollvirusbesatz an einem hohen Prozentsatz von Knollen mit starker Kallosebildung erkannt werden kann, werden jedoch infolge des geringen Anteils stark virusinfizierter Herkünfte auch in dieser Aufstellung keine eingehenderen Vorstellungen vermittelt. Ebenso sind keine Aussagen über den Prozentsatz der Proben mit starker Kallosebildung möglich, von dem ab die untersuchten Herkünfte mit Sicherheit aberkannt bzw. vom weiteren Nachbau ausgeschlossen werden können. Die an der Sorte Voran erhaltenen abweichenden Ergebnisse deuten überdies darauf hin, daß ähnlich wie beim FEHLING-Test die „Anerkennungs-“ bzw. „Aberkennungsgrenzwerte“ gewissen sortentypischen Schwankungen unterworfen sind.

2. Die Beziehungen zwischen dem Testergebnis und dem Gesundheitszustand der einzelnen untersuchten Knollen

Die in den Untersuchungsperioden 1955/56 und 1956/57 an Knollen der Sorten Ackersegen, Merkur und Voran vorgefundenen Beziehungen zwischen dem Testergebnis (dargestellt in Wertzahlen; vgl. S. 158f.) und dem Gesundheitszustand der einzelnen untersuchten Knollen sind in Tab. 43 bis 45 in der gleichen Weise zusammengefaßt, wie dies in Abschnitt VII C (S. 139ff.) mit den bei Durchführung des FEHLING-Testes erhaltenen Ergebnissen erfolgt war. Ein Überblick über die verzeichneten Werte läßt erkennen, daß bei allen drei mit umfangreicherem Knollenmaterial in die Untersuchungen einbezogenen Sorten eine Anzahl von Knollen mit keiner oder sehr geringer Kallosebildung (Wertzahlen 1 und 2) Virusinfektion

TABELLE 43

Einzelknollenauswertung der bei den Herkunftsprüfungen mit dem Kallosetest bei Knollen der Sorte Ackersegen erhaltenen Ergebnisse.

Kursiv: Der Anteil der einzelnen Wertzahlklassen an der Gesamtzahl der Knollen des entspr. Gesundheitszustandes.

Gesundheitszustand / Wertzahl	gesund	Mosaik und Kräuselmosaik	leichte Strichelvirusinf.	leichte Blattrollvirusinf.	Strichelvirusinf.	Blattrollvirusinf.	Mischinf.	Gesamtz. der Knollen	Durchschnittskennziffer
1	151	—	146	35	52	17	12	413	2,91
	23,4%		*23,5%*	*33,0%*	*30,9%*	*17,5%*	*41,4%*		
2	370	1	387	41	63	26	13	901	2,21
	57,4%	*50,0%*	*62,3%*	*38,7%*	*37,5%*	*26,8%*	*44,8%*		
3	86	1	63	25	42	16	4	237	2,98
	13,3%	*50,0%*	*10,1%*	*23,6%*	*25,0%*	*16,5%*	*13,8%*		
4	29	—	19	3	10	12	—	73	2,91
	4,5%		*3,1%*	*2,8%*	*6,0%*	*12.4%*			
5	9	—	6	2	1	26	—	44	4,00
	1,4%		*1,0%*	*1,9%*	*0,6%*	*26,8%*			
Gesamtzahl der Knollen	645	2	621	106	168	97	29	1668	
	100,0%	*100,0%*	*100,0%*	*100,0%*	*100,0%*	*100,0%*	*100,0%*		
Durchschnittswertzahl	2,02	2,50	1,96	2,02	2,08	3,04	1,72		

TABELLE 44

Einzelknollenauswertung der bei den Herkunftsprüfungen mit dem Kallosetest bei Knollen der Sorte Merkur erhaltenen Ergebnisse.

Kursiv: Der Anteil der einzelnen Wertzahlklassen an der Gesamtzahl der Knollen des entspr. Gesundheitszustandes.

Gesundheitszustand / Wertzahl	gesund	Mosaik und Kräuselmosaik	leichte Strichelvirusinf.	leichte Blattrollvirusinf.	Strichelvirusinf.	Blattrollvirusinf.	Mischinf.	Gesamtz. der Knollen	Durchschnittskennziffer
1	336 *23,8%*	3 *13,6%*	13 *68,4%*	39 *47,0%*	7 *21,2%*	11 *14,9%*	—	409	1,57
2	892 *63,3%*	13 *59,2%*	4 *21,1%*	43 *51,8%*	20 *60,6%*	27 *36,4%*	1 *100,0%*	1000	1,36
3	131 *9,3%*	3 *13,6%*	2 *10,5%*	1 *1,2%*	4 *12,1%*	15 *20,3%*	—	156	1,58
4	36 *2,6%*	—	—	—	2 *6,1%*	7 *9,5%*	—	45	1,80
5	14 *1,0%*	3 *13,6%*	—	—	—	14 *18,9%*	—	31	3,00
Gesamtzahl der Knollen	1409 *100,0%*	22 *100,0%*	19 *100,0%*	83 *100,0%*	33 *100,0%*	74 *100,0%*	1 *100,0%*	1641	
Durchschnittswertzahl	1,94	2,41	1,42	1,54	2,03	2,81	2,00		

TABELLE 45

Einzelknollenauswertung der bei den Herkunftsprüfungen mit dem Kallosetest bei Knollen der Sorte Voran erhaltenen Ergebnisse.

Kursiv: Der Anteil der einzelnen Wertzahlklassen an der Gesamtzahl der Knollen des entspr. Gesundheitszustandes.

Gesundheitszustand / Wertzahl	gesund	Mosaik und Kräuselmosaik	leichte Strichelvirusinf.	leichte Blattrollvirusinf.	Strichelvirusinf.	Blattrollvirusinf.	Mischinf.	Gesamtz. der Knollen	Durchschnittskennziffer
1	266 *28,8%*	—	—	172 *73,8%*	2 *9,5%*	30 *25,9%*	—	470	2,37
2	598 *64,6%*	—	—	54 *23,2%*	18 *85,7%*	42 *36,2%*	—	712	1,56
3	50 *5,4%*	—	—	5 *2,2%*	1 *4,8%*	20 *17,2%*	—	76	2,30
4	8 *0,9%*	—	—	1 *0,4%*	—	8 *6,9%*	—	17	3,06
5	3 *0,3%*	—	—	1 *0,4%*	—	16 *13,8%*	—	20	4,35
Gesamtzahl der Knollen	925 *100,0%*	—	—	233 *100,0%*	21 *100,0%*	116 *100,0%*	—	1295	
Durchschnittswertzahl	1,79	—	—	1,30	1,95	2,47	—		

aufweist, während eine gewisse Anzahl von Knollen mit starker Kallosebildung gesunden Aufwuchs ergibt. Überraschend und vorläufig nicht zu deuten ist der Umstand, daß der Anteil virusinfizierter Knollen bei allen drei Sorten in dem durch die Wertzahl 2 gekennzeichneten Kollektiv besonders gering ist und z. T. beträchtlich und statistisch gesichert unter demjenigen liegt, der bei den Knollen mit der Wertzahl 1 vorgefunden wurde (vgl. auch Tab. 46). Abgesehen hiervon bestehen zwischen den Durchschnittskennziffern (vgl. S. 120), die den Gesundheitszustand der 5 nach der Stärke des Kalloseauftretens gesonderten Kollektive kennzeichnen, nur verhältnismäßig geringe Unterschiede. Lediglich die Knollen mit sehr starker Kallosebildung (Wertzahl 5) weisen gegenüber den anderen Kollektiven einen erheblich höheren Anteil virusinfizierter Knollen und somit höhere Durchschnittskennziffern auf. Im u-Test (vgl. S. 41 f.) auf ihre Signifikanz geprüft (Tab. 46), ergaben sich daher statistisch gesicherte Unterschiede — abgesehen von den für die Wertung bedeutungslosen Unterschieden, die auf Grund des besonders geringen Anteils virusinfizierter Knollen in Wertzahlklasse 2 zwischen dieser Klasse und der nächst niedrigeren bzw. höheren Klasse zu verzeichnen sind — vor allem zwischen der Wertzahlklasse 5 und den übrigen Wertzahlklassen. Es liegt somit nahe, Kallosebildungen erst dann als Indikator für Blattrollvirusinfektionen anzusehen, wenn sie im Phloem des Gefäßbündelringes — mit Ausnahme des nabelnahen Gebietes — stärker und gehäuft auftreten, wie dies offensichtlich in ähnlicher Weise von SPRAU (1955a) sowie WELLER und ARENZ (1957) gehandhabt wird. Ob bei schwächerem, etwa den Wertzahlen 3 und 4 entsprechendem Kalloseauftreten spärliche, aber gleichmäßige Verteilung der Kallose als sichereres Kennzeichen für Blattrollvirusbefall anzusehen ist (SARDIÑA, ORAD und ROMAN 1958) oder ob konzentrierte Färbung in einigen wenigen Phloemzellen als besseres Kennzeichen zu werten ist, kann auf Grund der vorliegenden Ergebnisse nicht entschieden werden. Offensichtlich ist die Festlegung gültiger, vom subjektiven Ermessen unabhängiger Beurteilungsgrenzwerte ein schwieriges Problem. Standardisierung der Beurteilungsmaßstäbe dürfte daher als vordringlich anzusehen sein.

Werden die Unterschiede im Gesundheitszustand der fünf nach der Kallosebildung gesonderten Kollektive nicht durch Durchschnittskennziffern, sondern durch den Anteil, der den gesunden Knollen an den einzelnen Kollektiven zukommt, zum Ausdruck gebracht und mit den größtmöglichen Zufallsabweichungen verglichen, welche zwei auf der gleichen Grundwahrscheinlichkeit beruhende Reihen fast nie (Überschreitungswahrscheinlichkeit 0,27%) überschreiten (vgl. KOLLER 1953, Tafel 5 und 6), so stellen sich die Verhältnisse noch ungünstiger dar. Wie aus Tab. 46, Sp. b ersichtlich, werden die größtmöglichen Zufallsabweichungen von den zwischen den fünf Kollektiven auftretenden Unterschieden bei der Sorte Ackersegen in keinem Fall und bei den Sorten Merkur und Voran in der Regel nur dann übertroffen, wenn die verglichenen Kollektive durch mindestens ein weiteres Kollektiv getrennt sind. Es ergeben sich somit zwischen den meisten in die Untersuchungen einbezogenen Kollektiven hinsichtlich des Anteiles gesunder Knollen keine statistisch gesicherten Unterschiede, ein Umstand, der allerdings nicht allein

TABELLE 46

Zur statistischen Sicherung der Unterschiede im Gesundheitszustand zwischen den durch unterschiedliche Kallosebildung gesonderten Kollektiven.

a) Ergebnisse der Untersuchungen im u-Test: statistische Sicherung für $p = 0,27\%$ bei $u > 3$

b + c) Vergleich zwischen der Differenz (D) im Anteil gesunder (b) bzw. blattrollvirusbefallener (c) Knollen und der höchstmöglichen Zufallsabweichung (HZ): statistische Sicherung bei (D—HZ) > 0.

verglichene Kollektive	Ackersegen			Merkur			Voran		
	a u	b D—HZ gesund	c D—HZ Blattroll	a u	b D—HZ gesund	c D—HZ Blattroll	a u	b D—HZ gesund	c D—HZ Blattroll
Wz 1 : Wz 5	3,77	— 7,6	+30,5	5,91	+10,0	+16,9	5,50	+ 7,1	+39,1
Wz 1 : Wz 4	—	—	+ 0,9	1,14	—12,6	+ 1,3	1,75	—25,7	+ 7,6
Wz 2 : Wz 5	6,44	— 2,5	+32,4	8,20	+17,5	+17,5	9,36	+34,6	+39,7
Wz 1 : Wz 3	0,44	—11,9	— 2,35	—	—	— 0,1	—	—	+ 5,5
Wz 2 : Wz 4	2,99	—17,4	+ 2,5	2,65	— 5,2	+ 1,7	4,60	+ 1,9	+ 8,5
Wz 3 : Wz 5	3,28	— 8,7	+26,9	4,90	+10,3	+ 8,6	4,64	+12,6	+15,7
Wz 1 : Wz 2	5,93	— 4,42	— 1,62	3,21	+ 0,79	— 3,85	9,57	+18,7	— 3,15
Wz 2 : Wz 3	5,31	— 6,3	—41,4	2,31	— 3,45	+ 0,55	4,48	+ 2,2	+ 6,3
Wz 3 : Wz 4	—	—	— 2,45	0,91	—12,0	— 6,45	1,52	—19,6	—15,1
Wz 4 : Wz 5	2,95	— 9,2	+13,2	2,93	+ 0,8	— 2,6	2,25	—17,1	—14,2

auf mangelnde Testsicherheit, sondern z. T. auch auf den zu geringen Umfang einzelner Kollektive (Wz 4 und 5) zurückzuführen sein dürfte.
Werden nicht alle aufgetretenen Virosen in die Untersuchungen einbezogen, wie dies bei Untersuchungen über Unterschiede im Anteil gesunder Knollen indirekt der Fall ist, sondern wird lediglich der Anteil verglichen, der blattrollviruskranken Knollen an der Gesamtknollenzahl der einzelnen Kollektive zukommt, so liegen die Verhältnisse erwartungsgemäß günstiger. Wie Sp. c der Tab. 46 erkennen läßt, übersteigen in diesem Falle die Differenzen im Anteil blattrollvirusinfizierter Knollen insbesondere bei der Sorte Ackersegen wesentlich häufiger die höchstmöglichen Zufallsabweichungen und sind demnach statistisch gesichert, ein Umstand, der erneut bestätigt, daß der Kallosetest vor allem Blattrollvirusbefall anzuzeigen vermag.
Zu demselben Ergebnis führt der Vergleich zwischen den Durchschnittswertzahlen der verschiedenen Kollektive, in die die Gesamtzahl der untersuchten Knollen entsprechend dem Gesundheitszustand ihres Aufwuchses unterteilt werden kann. Wie aus Tab. 43 bis 45 sowie Tab. 47 ersichtlich, sind allein die Durchschnittswertzahlen der blattrollvirusinfizierten Knollen im Vergleich zu den entsprechenden Durchschnittswertzahlen gesunder Knollen beträchtlich und im u-Test statistisch gesichert erhöht, während zwischen den Durchschnittswertzahlen der anderen Kollektive in der Regel keine oder nur geringfügige, statistisch nicht gesicherte Unterschiede auftreten.

TABELLE 47
Statistische Sicherung der Unterschiede in der Reaktionsweise des Kallosetestes zwischen den entsprechend dem Gesundheitszustand der untersuchten Knollen gebildeten Kollektiven.
Untersuchungen im u-Test: statistische Sicherung für $p = 0{,}27\%$ bei $u > 3$.

verglichene Kollektive	Ackersegen u	Merkur u	Voran u
gesund : Mosaikinfektion	0,83	2,99	—
gesund : leichte Strichelvirusinfektion	1,36	3,13	—
gesund : leichte Blattrollvirusinfektion	—	4,99	11,26
gesund : Strichelvirusinfektion	2,60	0,71	1,21
gesund : Blattrollvirusinfektion	9,90	9,56	9,63

Zur weiteren Kennzeichnung der Arbeitssicherheit des Kallosetestes wurde ermittelt, welcher Anteil den richtigen bzw. falschen Diagnosen an der Gesamtzahl der Untersuchungen zukommt. Hierbei ergaben sich bei der Gegenüberstellung von Kallosebildung und Gesundheitszustand der untersuchten Knollen ähnliche Schwierigkeiten wie bei entsprechenden Untersuchungen zur Arbeitssicherheit des FEHLING-Testes (vgl. S. 146 f.), da sowohl bei gesunden als auch bei virusinfizierten Knollen starke und schwache Kallosebildung sowie alle Übergangsformen beobachtet werden. Die Variationsbereiche gesunder und blattrollvirusinfizierter Knollen überschneiden sich innerhalb des gesamten Umschlagbereiches des Testes, wobei jedoch die Mittelwerte beider Variationspolygone näher an die untere Grenze des Umschlagbereiches (Wz 1) heranrücken als beim FEHLING-Test. Die richtige Zuordnung von Reaktionsverlauf und Gesundheitszustand stellt somit auch beim Kallosetest ein ebenso schwieriges wie bedeutsames Problem dar. Wird die Grenze zwischen den Wertzahlen 2 und 3 gezogen, so wird eine größere Anzahl gesunder Knollen fälschlicherweise als krank gekennzeichnet, während verhältnismäßig viele blattrollvirusinfizierte Knollen (je nach Sorte zwischen 37,9 und 55,7%; vgl. Tab. 49) richtig erkannt werden. Eine derartige Grenzziehung empfiehlt sich, wenn die Möglichkeit besteht, das Testergebnis zu kontrollieren, indem Knollen mit höherer Kallosebildung nochmals im Stecklingstest geprüft werden, wie dies beispielsweise in der Bayrischen Landessaatzuchtanstalt Weihenstephan geschieht, um fälschliche Aberkennung von Herkünften zu vermeiden (WELLER und ARENZ 1957). Ist dies nicht möglich, so ist zu erwägen, die Grenze zwischen gesund und krank zwischen den Wertzahlen 3 und 4 zu ziehen. In diesem Falle vermindern sich die Fehldiagnosen bei gesunden Knollen. Andererseits wird jedoch Blattrollvirusinfektion erheblich unsicherer angezeigt. In den vorliegenden Untersuchungen wurden bei dieser Wertung je nach Sorte nur zwischen 20,7 und 39,2% (vgl. Tab. 49) der blattrollvirusinfizierten Knollen richtig gekennzeichnet, ein Umstand, der zu Bedenken Anlaß gibt. Dennoch wurde bei den Berechnungen zur Ermittlung des Anteiles richtiger und falscher Diagnosen die Bewertungsgrenze einmal zwischen den Wertzahlen 2 und 3 und einmal zwischen den Wertzahlen 3 und 4 gezogen. Ein dritter, zwischen beiden Möglichkeiten vermittelnder Weg, die Wertzahl 3 als kritische Zone zu betrachten und alle auf diese entfallenden Proben weder gesunden noch kranken Knollen zuzuordnen, wurde nicht beschritten, um die Darstellung nicht zu komplizieren.

In Tab. 48 ist der Anteil der gesunden (Sp. 1) bzw. blattrollvirusfreien Knollen (Sp. 2) an der Gesamtzahl der in die Untersuchungen einbezogenen Knollen der Sorten Ackersegen, Voran und Merkur dem Anteil der Proben mit der Wertzahl 1 und 2 bzw. 1, 2 und 3 (Sp. 3. bzw. 5) gegenübergestellt, wie dies etwa erfolgt, wenn die untersuchten Knollen nicht numeriert zum Nachbau kommen. Aus dieser Gegenüberstellung geht hervor, daß der Prozentsatz der Proben mit den

TABELLE 48

Vergleich zwischen dem Anteil gesunder bzw. blattrollvirusfreier Knollen und dem Anteil der im Kallosetest mit den Wertzahlen 1 und 2 bzw. 1, 2 und 3 gekennzeichneten Knollen an der Gesamtzahl der untersuchten Knollen der Sorten Ackersegen, Voran und Merkur.

	1	2	3	4		5	6	
Sorte	gesund %	blattrollvirusfrei %	Wertzahl 1 und 2 %	Differenz Sp. 3 —Sp. 1 %	Differenz Sp. 3 —Sp. 2 %	Wertzahl 1, 2 und 3 %	Differenz Sp. 5 —Sp. 1 %	Differenz Sp. 5 —Sp. 2 %
Ackersegen	38,7	94,2	78,8	+40,1	—15,4	93,0	+54,3	—1,2
Voran	71,4	91,0	91,3	+19,9	+ 0,3	97,1	+25,7	+6,1
Merkur	85,8	95,5	85,9	+ 0,1	— 9,6	95,4	+ 9,6	—0,1

TABELLE 49

Der Anteil der mit dem Kallosetest erhaltenen richtigen Diagnosen an der Gesamtzahl der untersuchten gesunden bzw. mit den verschiedenen Viruskrankheiten befallenen Knollen in % der Gesamtzahl der Knollen jeder „Befallsklasse"

Bewertung	Sorte	gesund	Mosaik und Kräuselmosaik	leichte Strichelvirus-inf.	leichte Blattrollvirus-inf.	Strichelvirus-inf.	Blattrollvirus-inf.	Mischinfektion	Gesamtzahl richtiger Diagnosen unter Wertung aller Virosen	Gesamtzahl richtiger Diagnosen unter alleiniger Wertung der Blattrollinfektionen*)
Wz 1+2 bei gesunden, Wz 3, 4+5 bei virusinfizierten Knollen richtig	Ackersegen	80,8	50,0	14,2	28,3	31,6	55,7	13,8	45,0	79,4
	Voran	93,4	—	—	3,0	4,8	37,9	—	70,6	89,1
	Merkur	87,1	27,2	10,5	1,2	18,2	48,7	0,0	77,9	85,7
	insgesamt	87,8	29,2	14,1	9,0	27,0	46,7	13,3	64,0	84,4
Wz 1, 2+3 bei gesunden, Wz 4+5 bei virusinfizierten Knollen richtig	Ackersegen	94,1	0,0	4,0	4,7	6,6	39,2	0,0	41,1	91,7
	Voran	98,8	—	—	0,8	0,0	20,7	—	72,6	91,9
	Merkur	96,4	13,6	0,0	0,0	6,1	28,4	0,0	84,5	93,4
	insgesamt	96,7	12,5	3,9	1,7	5,9	28,9	0,0	65,4	92,4

*) Bei Blattrollvirusinfektion wurden die Wz 3, 4+5 bzw. 4+5 als richtig bewertet, bei sonstiger Virusinfektion Wz 1+2 bzw. 1,2+3.

Wertzahlen 1 und 2 bzw. 1, 2 und 3 in der Regel erheblich den Prozentsatz gesunder Knollen übersteigt (Sp. 4 bzw. 6), ein Umstand, der vor allem dadurch bedingt ist, daß nur Blattrollvirusinfektionen zu verstärkter Kallosebildung führen. Wird der Anteil blattrollvirusfreier Knollen (Sp. 2) mit dem Anteil der Proben mit niedrigen Wertzahlen verglichen (Sp. 4 und 6), so sind die Abweichungen wesentlich geringer. Liegt die Beurteilungsgrenze zwischen den Wertzahlen 2 und 3, so schwanken sie je nach Sorte zwischen +0,3 und —15,4%. Wird die Beurteilungsgrenze zwischen den Wertzahlen 3 und 4 gezogen, so verringern sich die Abweichungen auf —1,2 bis +6,1%. Es besteht in diesem Falle also praktisch Übereinstimmung zwischen Testergebnis und Reaktionsverlauf.

Wird jedoch der Gesundheitszustand des Aufwuchses aus den untersuchten Knollen im einzelnen mit der Kallosebildung verglichen (Tab. 49), wie dies auf Grund des numerierten Nachbaues des gesamten untersuchten Knollenmaterials möglich ist, so zeigt sich, daß diese gute Übereinstimmung ebenso wie beim FEHLING-Test z. T. dadurch vorgetäuscht wird, daß sich bei der summarischen Gegenüberstellung des Anteils der Proben mit hoher Wertzahl und des Anteils blattrollvirusinfizierter Knollen die bei gesunden Knollen unterlaufenen Fehldiagnosen mit den bei viruskranken Knollen unterlaufenen Fehldiagnosen weitgehend ausgeglichen haben. Der Anteil richtiger Diagnosen beträgt, wenn die Beurteilungsgrenze zwischen den Wertzahlen 2 und 3 gezogen wird, bei gesunden Knollen je nach Sorte 80,8 bis 93,4% (Durchschnitt 87,8%) und bei blattrollvirusinfizierten Knollen 37,9 bis 55,7% (Durchschnitt 46,7%). Bei allen anderen Viren ist der Anteil richtiger Diagnosen wesentlich niedriger. Ein Gleiches gilt auch für Knollen, deren Aufwuchs nur leichte Blattrollerscheinungen gezeigt hatte, die darauf hindeuteten, daß es sich entweder um sehr späte Infektionen in der vorangegangenen Vegetationsperiode oder um außergewöhnlich rasch an Symptomen kenntliche Neuinfektionen während des Kontrollnachbaues handelte. Wenn alle erfaßten Viruskrankheiten in gleicher Weise Berücksichtigung finden, beläuft sich dementsprechend die Gesamtzahl richtiger Diagnosen auf durchschnittlich 64% (45 bis 77,9%). Werden dagegen bei der Beurteilung mit Ausnahme blattrollkranker Knollen alle virusinfizierten Knollen einschließlich derjenigen, deren Aufwuchs lediglich leichte Rollerscheinungen zeigte, in der Wertung gesunden Knollen gleichgestellt, so erhöht sich der Anteil richtiger Diagnosen auf 79,4 bis 89,1% (Durchschnitt aller Sorten 84,4%).

Wird die Beurteilungsgrenze zwischen den Wertzahlen 3 und 4 gezogen, so steigt bei gesunden Knollen der Anteil richtiger Diagnosen auf 94,1 bis 98,8% (Durchschnitt 96,7%). Demgegenüber sinkt der Anteil richtiger Diagnosen bei blattrollvirusinfizierten Knollen auf 20,7 bis 39,2% (Durchschnitt 28,9%). Bei sonstigem Virusbefall ist er in noch stärkerem Maße vermindert. Die Gesamtzahl richtiger Diagnosen erweist sich — insbesondere, wenn lediglich blattrollvirusinfizierte Knollen als krank gewertet werden — im Vergleich zur Grenzziehung zwischen den Wertzahlen 2 und 3 als erhöht und schwankt nunmehr je nach Sorte zwischen 91,7 und 93,4% (Durchschnitt 92,4%), ein Umstand, der allerdings im

wesentlichen darauf zurückzuführen ist, daß blattrollviruskranke Knollen im Untersuchungsmaterial nur mit einem verhältnismäßig geringen Prozentsatz vertreten waren. Bei einem erheblich höheren Anteil blattrollvirusinfizierter Knollen wäre dagegen der Anteil richtiger Diagnosen unter denjenigen abgesunken, der sich bei einer Grenzziehung zwischen den Wertzahlen 2 und 3 ergibt, da in diesem Falle die verringerte Sicherheit bei der Kennzeichnung blattrollviruskranker Knollen nicht mehr in gleichem Maße durch die erhöhte Sicherheit bei der Kennzeichnung gesunder Knollen kompensiert worden wäre.
Dies geht u. a. aus den in Tab. 50 verzeichneten Werten hervor, die bei beiden angeführten Bewertungsmaßstäben den Anteil gesunder bzw. blattrollvirusinfizierter (100%—G%) Knollen wiedergeben, der entsprechend der Ausgleichsformel (vgl. S. 150) in einer Herkunft vorhanden sein muß, wenn es zu einem vollständigen Ausgleich zwischen den bei gesunden und virusinfizierten Knollen

TABELLE 50

Der Anteil (a) an gesunden Knollen (in %), bei dem sich in den untersuchten Herkünften die bei gesunden und blattrollvirusinfizierten Knollen unterlaufenden Fehldiagnosen aufheben.

Berechnung nach $a = \frac{100}{\frac{f_G}{f_K} + 1}$

Sorte	Beurteilungsgrenze zwischen	
	Wz 2 und 3	Wz 3 und 4
Ackersegen	69,8	91,0
Merkur	79,7	94,7
Voran	91,2	98,8
Durchschnitt aller Sorten	81,5	95,9
Durchschnitt aller Sorten entspr. den Werten von WELLER und ARENZ (1957; Tab. 2)	87,8	

auftretenden Fehldiagnosen kommen soll. Die angeführten Werte lassen erkennen, daß der Prozentsatz an blattrollviruskranken Knollen, der in dem zu den Untersuchungen herangezogenen Knollenmaterial zu verzeichnen ist (5 bis 10%; vgl. Tab. 48, Sp. 2), den „Fehlerausgleichsprozenten" recht nahe kommt, die sich ergeben, wenn die Beurteilungsgrenze zwischen den Wertzahlen 3 und 4 festgelegt wird. Bei einer Grenzziehung zwischen den Wertzahlen 2 und 3 erfolgt der Ausgleich dagegen erst bei einem wesentlich höheren Blattrollvirusbesatz. Hiermit übereinstimmend weisen bei einer derartigen Wertung die Abweichungen zwischen Testergebnis und Blattrollvirusinfektion nicht bei Herkünften mit einem Virusbesatz zwischen 0 und 9,9%, sondern erst bei Herkünften mit höherem Blattrollvirusbesatz (20 bis 29,9%) ein Minimum auf (vgl. Tab. 51). In Herkünften, bei denen der Blattrollvirusbesatz unter demjenigen der genannten Befallsklassen liegt, wird durch den Kallosetest daher in der Regel ein zu hoher Anteil blattrollvirusinfizierter

TABELLE 51

Die durchschnittlichen Abweichungen $\left(=\sqrt{\frac{\Sigma D^2}{N}}\right)$ zwischen den Ergebnissen des Kallosetestes und dem Blattrollvirusbesatz der untersuchten Herkünfte der Sorten Ackersegen, Merkur und Voran in Abhängigkeit von der Höhe des Blattrollvirusbesatzes

	Beurteilungsgrenze zwischen Wz 2 und 3					Beurteilungsgrenze zwischen Wz 3 u. 4				
$\sqrt{\frac{\Sigma D^2}{N}}$	1,64	1,46	1,41	—	4,0	0,46	0,94	1,84	—	1,0
90—100	—	—	—	—	—	—	—	—	—	—
80—89,9	—	—	—	—	1	—	—	—	—	—
70—79,9	—	—	—	—	—	—	—	—	—	—
60—69,9	2	1	—	—	—	—	—	—	—	—
50—59,9	—	—	—	—	—	—	—	—	—	1
40—49,9	4	—	—	—	—	—	—	—	—	—
30—39,9	7	1	—	—	—	1	—	—	—	—
20—29,9	21	—	1	—	—	1	—	—	—	—
10—19,9	39	-9	2	—	—	12	2	1	—	—
0— 9,9	46	5	2	—	—	105	14	4	—	—
Testergebn. Wz 3+4+5 in % / Feldbon. Blattroll in %	0—9,9	10—19,9	20—29,9	30—39,9	über 40	0—9,9	10—19,9	20—29,9	30—39,9	über 40

Knollen angezeigt, während Herkünfte mit höherem Blattrollvirusbesatz einen zu niedrigen Anteil kranker Knollen ergeben. Erste, bereits an anderer Stelle erschienene Ausführungen über den Fehlerausgleich bei Herkunftsprüfungen mittels des Kallosetestes (SCHUSTER 1956b) finden somit ihre Bestätigung.

Wird die Beurteilungsgrenze zwischen den Wertzahlen 3 und 4 gezogen, so tritt der Fehlerausgleich entsprechend Tab. 50 im Durchschnitt der drei in die Untersuchungen einbezogenen Sorten bereits bei einem Blattrollvirusbesatz von 4,1% (= 95,9% gesunde Knollen) ein, und das Minimum der Abweichungen zwischen Testergebnis und Blattrollvirusbesatz (Tab. 51) verschiebt sich nach Herkünften mit einem Blattrollvirusbesatz zwischen 0 und 9,9%. Im Hinblick auf die beachtlichen, bei diesem Maßstab bei der Kennzeichnung des Blattrollvirus auftretenden Fehldiagnosen will es jedoch fraglich erscheinen, ob die Anwendung des genannten Bewertungsmaßstabes für die Praxis empfohlen werden kann. Vielleicht ist ein zwischen beiden Maßstäben liegendes Beurteilungsschema empfehlenswert, wie es offensichtlich an der Bayrischen Landessaatzuchtanstalt Weihenstephan zur Anwendung kommt. Bei den von WELLER und ARENZ (1957, Tab. 2) im Verlauf von Untersuchungen an 37 Kartoffelsorten erhaltenen Ergebnissen erfolgt der Fehlerausgleich bei einem Blattrollvirusbesatz von 12,2%, also etwa in der Mitte zwischen den Ausgleichswerten, die bei den erörterten Beurteilungsmaßstäben erhalten worden waren.

Im Hinblick auf die vorstehend angeführten Befunde liegt es nahe, daß Untersuchungsanstalten, die bei anfänglichem Arbeiten mit dem Kallosetest einen sehr hohen Anteil an Fehldiagnosen erhielten und diesen dann durch intensive Arbeit am Test wesentlich einschränken konnten, diesen Erfolg u. a. dadurch erreichten, daß sie zu weniger strengen Bewertungsmaßstäben übergingen und nur stärkere Kallosebildung als Hinweis für Blattrollvirusinfektionen ansahen. In diesem Falle wäre unbewußt der Weg beschritten worden, der durch Auswertung der Ausgleichsformel gewiesen wird und neben einer echten Erhöhung des Anteils richtiger Diagnosen bei der Untersuchung gesunder Knollen in Herkunftsprüfungen z.T. auch nur eine scheinbare Verbesserung der Ergebnisse durch erhöhten Fehlerausgleich zur Folge hat. Es bedarf keiner besonderen Erwähnung, daß daneben auch die Ausschaltung ungeeigneter Gewebepartien von der Beurteilung und anderweitige methodische Maßnahmen zur Einschränkung der Fehldiagnosen beigetragen haben werden.

Hinsichtlich des Zusammenhanges zwischen den Ergebnissen von Einzelknollen- und Herkunftsdiagnosen sowie hinsichtlich der Genauigkeit der mit Hilfe der Ausgleichsformel ermittelten Werte gelten die im Zusammenhang mit dem FEHLING-Test geführten Erörterungen (vgl. S. 152 ff.). Auch beim Kallosetest können auf alle Knollen einer Herkunft einwirkende Umweltfaktoren zu beträchtlichen, den Fehlerausgleich verhindernden Reaktionsverschiebungen führen. Dessen ungeachtet lassen es die erhaltenen Befunde in Übereinstimmung mit den Ergebnissen der Untersuchungen von HAMANN (1959) und SCHEIBE (1959) als möglich erscheinen, beim Kallosetest ebenso wie beim FEHLING-Test und aus etwa den gleichen, dort angeführten Gründen von Durchschnittswertzahlen um den Wert 1 sowie von hohen Durchschnittswertzahlen mit verhältnismäßig großer Sicherheit auf den Blattrollvirusbesatz der entsprechenden Herkünfte zu schließen. Da bei den gebräuchlichen Beurteilungsmaßstäben überdies der Fehlerausgleich bei Herkünften mit geringem Blattrollvirusbesatz (um 10%; s. o.) und dementsprechend geringem Kalloseauftreten besonders wirksam wird, steht insbesondere bei Herkünften höherer Anerkennungsstufen der im Test ermittelte Befallsprozentsatz mit dem Prozentsatz der in den getesteten Herkünften vorhandenen blattrollvirusinfizierten Knollen in geradezu verblüffender Übereinstimmung, ohne daß im einzelnen die blattrollviruskranken Knollen immer richtig erkannt werden (vgl. auch HAMANN 1959). Vor allem in Jahren, in denen die Virusausbreitung witterungsbedingt erschwert ist, besteht daher infolge des Fehlens stark verseuchter Herkünfte die Gefahr, daß die Genauigkeit und Leistungsfähigkeit des Testes überschätzt werden.

IX. Untersuchungen zur Ausarbeitung von Kombinationsverfahren

A) NOTWENDIGKEIT, VORAUSSETZUNGEN UND WEGE ZUR VERBESSERUNG DER TESTERGEBNISSE DURCH KOMBINATIONSVERFAHREN

Wie die Ergebnisse der Untersuchungen über die Beziehungen zwischen Testergebnis und Virusbesatz sowie die Ergebnisse der methodischen Untersuchungen erkennen lassen, muß sowohl beim Kallosetest als auch beim FEHLING-Test damit gerechnet werden, daß zufällige Kombinationen bestimmter Umweltfaktoren, die die Bildung der zur Kennzeichnung virusinfizierter Knollen herangezogenen Stoffe gleichsinnig beeinflussen, Virusbefall in mehr oder weniger starkem Maße vortäuschen oder verschleiern können. Offensichtlich gilt dies nicht nur für die angeführten Tests, sondern für alle Verfahren, die Virusbefall nicht unmittelbar durch Sichtbarmachung des Virus oder durch den Nachweis von Viruseiweißstoffen anzeigen, sondern diesen lediglich mittelbar an Hand von Stoffwechselveränderungen bzw. an Hand der durch diese hervorgerufenen Veränderungen in der Zusammensetzung der Kartoffelknolle nachzuweisen gestatten. Wenn auch bei methodischer Bearbeitung der einzelnen Diagnoseverfahren durch Aufdeckung von Fehlerquellen und deren Beseitigung im Wege geeigneter Standardisierungsmaßnahmen eine nicht unbeträchtliche Erhöhung der Arbeitssicherheit erreicht werden konnte und wenn es darüber hinaus auch gelang, durch geeignete Bildung von Durchschnittswertzahlen die auf die sog. kritische Zone (vgl. S. 53 ff.) entfallenden Werte für die Ermittlung des Gesundheitszustandes der einzelnen Herkünfte nutzbar zu machen, so wurden doch die Genauigkeitsgrenzen, die den einzelnen Verfahren gesteckt sind, bereits so bald erreicht, daß es wünschenswert war, die Sicherheit der physiologisch-chemischen Virusdiagnostik über das von einem einzelnen Test erreichbare Maß hinaus zu steigern. Es wurde daher entsprechend dem im Anschluß an die vergleichenden Untersuchungen aufgestellten Arbeitsprogramm (vgl. S. 61) mit Versuchen begonnen, die Diagnosen auf Grund der Ergebnisse verschiedener Diagnoseverfahren zu stellen, wie das ähnlich in der Humanmedizin geschieht, wo häufig verschiedene durch Krankheitsbefall nur sekundär und unspezifisch veränderte Merkmale, wie z. B. Blutsenkung, Blutbild, Blutdruck oder Grundumsatz gleichzeitig zur Beurteilung des Gesundheitszustandes herangezogen werden.

Die Untersuchungen erstreckten sich auf drei zeitlich aufeinanderfolgende Arbeitsabschnitte, von denen der vorhergehende jeweils die Voraussetzungen zur erfolgreichen Durchführung des nachfolgenden Abschnittes schuf.
Zunächst war es von grundlegender Bedeutung, eine möglichst große Zahl verschiedener Tests in die Untersuchungen einbeziehen zu können. Da die praktische Anwendung von geeigneten Testkombinationen erst dann sinnvoll ist, wenn diese den Arbeitsaufwand oder zumindest die Kosten des Stecklingstests nicht wesentlich überschreiten, konnten jedoch in entsprechenden Versuchen im wesentlichen nur einfach und rasch zu handhabende Diagnoseverfahren Berücksichtigung finden. Darüber hinaus mußten die für die Untersuchungen erforderlichen Gewebe- bzw. Preßsaftmengen so gering sein, daß es möglich ist, alle in einem Kombinationstest zusammengefaßten Verfahren an einer einzigen Knolle durchzuführen. Die Auffindung geeigneter preßsaft- bzw. gewebesparender Schnelltests war daher auch im Hinblick auf die Entwicklung von Kombinationsverfahren Kernproblem der physiologisch-chemischen Virusdiagnostik.
Um möglichst rasch einen Überblick darüber zu erhalten, in welchem Ausmaß die Arbeitssicherheit der physiologisch-chemischen Virusdiagnostik gesteigert werden kann, indem die Ergebnisse geeigneter Diagnoseverfahren zu einem Zahlenindex zusammengefaßt werden, wurde jedoch zunächst weniger Wert auf die Ausarbeitung neuer Tests gelegt. Die Untersuchungen, über deren Ergebnisse nachfolgend berichtet werden soll, beschränkten sich vielmehr auf die im Schrifttum oder in der vorliegenden Schrift verzeichneten Diagnoseverfahren. Von diesen wurden in Voruntersuchungen die bestgeeigneten ausgewählt, insofern nicht im Verlauf der vergleichenden Überprüfung verschiedener Diagnoseverfahren (vgl. S. 25 ff.) bzw. in den Untersuchungen zur Arbeitssicherheit des FEHLING-Testes und des Kallosetestes (vgl. S. 117 ff. und S. 169 ff.) bereits Anhaltspunkte für die Eignung der Tests gewonnen worden waren. Gleichzeitig wurde angestrebt, den Arbeitsaufwand verschiedener für Kombinationen geeigneter Tests auf ein für Kombinationsuntersuchungen tragbares Maß zu reduzieren. Weitere Untersuchungen sollten Aufschlüsse über die physiologischen Grundlagen der einzelnen Verfahren erbringen, um beurteilen zu können, ob sie „selbständige Verfahren" darstellen oder ob sie verschiedene Teilschritte einer u. a. den FEHLING-Test und den Pufferungstest einschließenden Reaktionskette erfassen (vgl. S. 82 ff.) und somit hinsichtlich ihrer Ergebnisse weitgehende Übereinstimmung mit den Ergebnissen des FEHLING-Testes erwarten lassen.
Nach Abschluß entsprechender Untersuchungen wurde im zweiten Abschnitt mit der Aufstellung von Testspektren begonnen, d. h. es wurde geprüft, mit welchen Tests bei den verschiedenen zur Vermehrung zugelassenen Sorten Ergebnisse erhalten werden, die zu Testkombinationen ermutigen. Gleichzeitig ergaben sich hierbei für die einzelnen Tests die Sortenspektren, aus denen ersichtlich ist, bei welchen Sorten die Diagnoseverfahren mit befriedigenden Ergebnissen zur Anwendung kommen können. Hierdurch wurden die Voraussetzungen zur Lösung eines weiteren Problems geschaffen, welches sich daraus ergab, daß nach den Befunden methodischer Untersuchungen weder der FEHLING- noch der Kallose-

test, noch irgend ein anderes physiologisch-chemisches Diagnoseverfahren bei allen Sorten in gleicher Weise zur Stellung von Virusdiagnosen geeignet sind. Um bei Untersuchungen im Laboratorium alle Sorten erfassen zu können, müssen daher mehrere auf verschiedenen Grundlagen beruhende Tests zur Verfügung stehen, von denen zumindest für jede Sorte ein Test zur Stellung von Diagnosen herangezogen werden kann. Die ermittelten Sortenspektren der verschiedenen Tests boten nunmehr die Grundlage für die Aufstellung eines alle Sorten umfassenden, sich mehrfach überlappenden Kombinationssystems, in dem eine Reihe wesentlicher Diagnoseverfahren zusammengefaßt ist.

Nach der Aufstellung von Test- und Sortenspektren war es möglich, mit Untersuchungen zur Ausarbeitung von Kombinationsverfahren zu beginnen. Diese erstreckten sich sowohl auf die einfache Paralleldurchführung und getrennte Auswertung verschiedener Verfahren (vgl. S. 226 f.), wie dies für Herkunftsprüfungen ausreichend ist, als auch auf die Ausarbeitung von Kombinationstests, die die Ergebnisse verschiedener Diagnoseverfahren zu einem die Genauigkeit der einzelnen Tests beträchtlich übersteigenden Indexwert zusammenfassen (vgl. S. 216 ff.) und somit eine Verbesserung der Sicherheit von Einzelknollendiagnosen gewährleisten.

B) VORUNTERSUCHUNGEN ZUR AUSWAHL UND METHODISCHEN VERBESSERUNG FÜR DIE KOMBINATIONSVERFAHREN GEEIGNETER TESTS

1. Allgemeines

Da die meisten der in den vergleichenden Untersuchungen (vgl. S. 25 ff.) überprüften Diagnoseverfahren verschiedene Teilschritte der u. a. den Verlauf des FEHLING-Testes bestimmenden Umsetzungen erfassen (vgl. S. 82 ff.), wurden in die Voruntersuchungen insbesondere eine Anzahl weiterer im Schrifttum verzeichneter Tests einbezogen, von denen anzunehmen war, daß sie ähnlich dem Kallosetest keine engeren Beziehungen zu den Grundlagen des FEHLING-Testes aufweisen, und zwar

a) die Selenprobe nach EIDMANN (1938),
b) das fluorometrische Verfahren nach STAAR (1936) und
c) anderweitige Fluoreszenzanalysen (Schrifttum vgl. S. 23).

Daneben wurden aber auch Tests wie z. B. der FEHLING-Test, Pufferungsuntersuchungen und Potentialmessungen in die Erörterungen einbezogen, zwischen deren Grundlagen ein mehr oder weniger enger Zusammenhang besteht. Diese Tests sollen im folgenden im Gegensatz zu den nicht in engerem physiologischem Zusammenhang stehenden „unabhängigen Verfahren“ als „abhängige Verfahren“ bezeichnet werden. Für die Einbeziehung „abhängiger Verfahren“ sprach einmal der Umstand, daß in bestimmten Fällen, z. B. beim Potential-Farbtest, der Umschlagbereich des Testes in weit größerem Ausmaß als beim FEHLING-Test

willkürlichen Veränderungen zugänglich ist. Hierdurch ist die Möglichkeit geboten, die Grenzwerte für Aberkennung und Anerkennung jenseits des Überschneidungsbereiches der Variationsbereiche gesunder und virusinfizierter Knollen festzulegen und somit beispielsweise die mit dem FEHLING-Test erhaltenen Ergebnisse einer strengen Kontrolle zu unterziehen. Ferner war nicht ausgeschlossen, daß auch die „abhängigen Verfahren“ durch bestimmte Umweltfaktoren in unterschiedlicher Weise beeinflußt werden.
Im Hinblick darauf, daß die meisten „abhängigen Verfahren“ bereits vor Beginn der vergleichenden Untersuchungen methodisch überarbeitet worden waren (vgl. S. 27 ff.), konnten sich die Voruntersuchungen im vorliegenden Rahmen auf die Erarbeitung einiger weniger methodischer Verbesserungen beschränken. Sie konzentrierten sich im wesentlichen darauf, den verhältnismäßig hohen Aufwand des „Pufferungstestes“ zu reduzieren, um den Test reibungslos in den Versuchsplan einordnen zu können.

2. *Selenprobe nach EIDMANN*

Die EIDMANNsche Selenprobe zum Virusnachweis an Kartoffelknollen stellt die Weiterentwicklung eines Verfahrens zur Saatgutprüfung dar, bei dem sich die Lebensfähigkeit des Embryos der Samen verschiedener Pflanzenarten in starker Reduktion der farblosen selenigen Säure zu elementarem, rotem Selen äußert, während Gewebe mit abgeschwächter Vitalität nur geringe und tote Gewebe überhaupt keine Rotfärbung und somit kein Reduktionsvermögen zeigen. In der Erwägung, daß auch Virusinfektionen eine Abschwächung der Vitalität zur Folge haben, versetzte EIDMANN (1938) Scheiben von gesunden und virusinfizierten Kartoffelknollen mit einer niedrigprozentigen Lösung eines geeigneten Salzes der selenigen Säure. Die in dieser Weise behandelten Gewebeteile färbten sich verhältnismäßig rasch intensiv rot. Hierbei traten wohl hinsichtlich der Schnelligkeit und Intensität der Rotfärbung gewisse Unterschiede auf. Für eine sichere Diagnose waren diese indessen kaum ausreichend. Nach längerer Zeit ging die Rotfärbung der Kartoffelscheiben virusinfizierter Knollen jedoch allmählich in graue bis schwarzgraue Farbtöne über, während Gewebeteile gesunder Knollen ihre rote Farbe unverändert beibehielten, so daß sich letztere nunmehr deutlich von Kartoffelscheiben virusinfizierter Knollen unterschieden.
Die einfache und rasche Handhabung der Selenprobe, die im wesentlichen durch Verwendung von großen, schnell zu gewinnenden Knollenteilen bedingt ist, ließ das Diagnoseverfahren für die Verwendung im Rahmen eines Kombinationstestes als besonders geeignet erscheinen. Es wurde daher in Vorversuchen methodisch überarbeitet und hinsichtlich seiner Arbeitssicherheit überprüft.
Zunächst wurden an gesunden und mit verschiedenen Viren befallenen Knollen der Sorte Ackersegen die günstigsten Reaktionsbedingungen ermittelt. Hierbei konnten die deutlichsten Farbunterschiede erzielt werden, indem etwa 2 mm starke Kartoffelscheiben, die durch senkrecht zur Längsachse verlaufende Parallelschnitte gewonnen worden waren, in geschlossenen Petrischalen von 9 cm Durchmesser bis etwa $2^1/_2$ mm über die obere Schnittfläche mit einer 1%igen Lösung

von Natriumselenit versetzt und 2 bis 3 Tage bei 25 °C aufbewahrt wurden. Gewebeteile gesunder Knollen zeigten unter diesen Voraussetzungen vielfach rote bis hellrote Farbtöne, während Scheiben virusinfizierter Knollen hellgraue, graue oder grauschwarze Farbtöne aufwiesen. Bisweilen waren auch nur Teile der Gewebescheiben grau verfärbt, wobei das Markparenchym bevorzugt wurde. Der Gefäßbündelring trat ebenfalls öfter durch besonders intensive Graufärbung hervor.

Zugabe größerer Mengen von Reagenslösung, Erhöhung des Natriumselenitgehaltes der Reagenslösung und Abnehmen des Deckels der Schalen, das infolge eintretender Verdunstung des Lösungsmittels einer Erhöhung des Natriumselenitgehaltes der Reagenslösung gleichkommt, unterdrückten die Grau- und Schwarzfärbung mehr oder weniger stark. Ebenso trat diese eigentümlicherweise weniger deutlich in Erscheinung, wenn die Proben in Wägegläschen mit eingeschliffenem Deckel angesetzt wurden. Ähnlich wie beim Kallosetest waren auch bei der Selenprobe an Kartoffelscheiben vom Nabelende die Farbunterschiede besser ausgeprägt als an entsprechenden Gewebeteilen vom Kronenende.

In weiteren Vorversuchen wurde angestrebt, gewisse Hinweise zur Klärung der Natur des „in seinen theoretischen Zusammenhängen vorläufig noch ungeklärten Färbungsunterschiedes“ (EIDMANN 1938) zu gewinnen. Diesen Untersuchungen wurden drei Arbeitshypothesen zugrunde gelegt:

1. Die Graufärbung steht in keinem ursächlichen Zusammenhang mit der Selenreduktion. Sie wird durch die virusinfizierten Knollen eigene stärkere Melaninbildung bedingt (KLUMP 1935, JERMOLJEV 1948), die möglicherweise in Gegenwart von Ionen, vor allem von Schwermetallionen, unspezifisch stimuliert wird, und verdeckt die Rotfärbung.
2. Das reduzierte elementare Selen wird in Gewebeteilen virusinfizierter Knollen infolge des stärker nach negativen Werten verlagerten Redoxpotentiales (Schrifttum vgl. S. 21 f.) weiter zu Selenid reduziert, das sich mit verschiedenen stets in den Knollen in Spuren vorhandenen Schwermetallen zu gefärbten Schwermetallseleniden vom Typ Me^{I} HSe oder Me^{II}Se umsetzt.
3. Die bei Reduktion von seleniger Säure stets zuerst ausfallende, rote amorphe Modifikation des Selens wird im Gewebe virusinfizierter Knollen bevorzugt in die graue metallische Modifikation umgewandelt, wobei Veränderungen des Redoxpotentials des Gewebes (s. o.) oder des Zustandes der Plasmakolloide (BECHHOLD und ERBE 1932, 1936) eine Rolle spielen dürften.

Zur Prüfung von Hypothese 1 wurden am Nabelende gewonnene, etwa 2 mm starke Gewebescheiben virusinfizierter Knollen durch radiale Schnitte in mehrere Sektoren geteilt. Der erste Sektor wurde wie üblich mit 1%iger Natriumselenitlösung, der zweite unter Beibehaltung aller übrigen Faktoren der Versuchsanordnung bis etwa 2,5 mm über die obere Schnittfläche mit Wasser, der dritte mit niedrigprozentiger Kaliumnitrat- und der vierte mit Kupfersulfatlösung versetzt. Hierbei trat vor allem bei den in Natriumselenitlösung befindlichen Gewebesektoren Graufärbung auf, während die anderen Sektoren in der Regel keine oder nur sehr schwache und dann meist auf den Rand beschränkte melanotische Verfärbungen zeigten. Es ist somit kaum wahrscheinlich, daß die Farbänderung auf spontan auftretenden oder durch unspezifische Reize ausgelösten melanotischen Verfärbungen beruht.

Allein die Möglichkeit, daß Selensalze die Melaninbildung im Gewebe virusinfizierter Knollen in spezifischer Weise stimulieren, blieb noch zu erwägen, konnte aber im weiteren Verlauf der Untersuchungen ebenfalls ausgeschlossen werden (vgl. S. 198).

Um die Gültigkeit der zweiten Arbeitshypothese zu prüfen, wurde in unmittelbarer Nähe von Gewebescheiben, die in der auf S. 195 f. beschriebenen Versuchsanordnung mit Selenitlösung versetzt worden waren, mit Bleiazetat und anderen Schwermetallsalzen getränktes Filterpapier verbracht. Falls sich bei der Reduktion des elementaren Selens — evtl. unter Einwirkung der Säuren des Zellsaftes — neben den gemäß der zu prüfenden Hypothese den grauen Belag bedingenden Schwermetallseleniden unmittelbar freier Selenwasserstoff bildet, müßte sich dieser auf dem mit Blei- oder anderen Schwermetallsalzen getränkten Filterpapier zu gefärbten Seleniden umsetzen. Falls auf den Gewebescheiben nur Selenide entstünden, würde es zu einer Schwärzung der Papiere kommen, wenn durch Zusatz verdünnter Säuren Selenwasserstoff in Freiheit gesetzt wird. Es war jedoch weder spontan noch nach Säurezusatz eine Dunkelfärbung des Filterpapieres zu verzeichnen. Auch der dem Selenwasserstoff und einigen Seleniden eigene stechende Geruch trat nicht in Erscheinung. Es ist daher wenig wahrscheinlich, daß die bei der Selenprobe in Gewebeteilen virusinfizierter Knollen beobachtete Schwarzfärbung auf der Bildung von Seleniden beruht, zumal dies auch im Hinblick auf den endothermen Charakter der zur Bildung zahlreicher Selenide und des Selenwasserstoffs führenden Umsetzungen auf Grund energetischer Erwägungen in Frage gestellt ist.

Somit verblieb zur Erklärung der Umfärbung von Rot nach Grau vorerst nur die Annahme, daß sich die nichtmetallische rote Modifikation des Selens in die metallische graue Modifikation umwandelt. Eine derartige Umwandlung erschien um so eher möglich, als hierbei Energie frei wird.

Um Hinweise für die Gültigkeit der angeführten Erwägungen zu erhalten, wurden im Verlauf der Selenprobe grau bzw. rot verfärbte Gewebescheiben mit Natriumsulfidlösung versetzt. Insofern der graue Belag der Gewebescheiben virusinfizierter Knollen eine Modifikation des elementaren Selens darstellt, mußte dieser ebenso wie der rote Belag in Lösung gehen, denn sämtliche Modifikationen des Selens bilden mit Natriumsulfid den Polysulfiden analoge, lösliche Verbindungen.

In der Tat verschwand bei Behandlung mit 25%iger oder 40%iger Natriumsulfidlösung die graue Farbe der Gewebescheiben virusinfizierter Knollen. Nach vorübergehender Rötlichfärbung, die vielleicht darauf zurückgeführt werden darf, daß die graue Modifikation des Selens während der Bildung der Polysulfid-

Selenidlösung vorübergehend in die rote Modifikation rückgeführt wird, vielleicht aber auch nur dadurch zustande kommt, daß die entstehende braunrote Polysulfid-Selenidlösung zunächst in der unmittelbaren Nähe der Gewebeteile konzentriert ist, nahmen die Kartoffelscheiben einen gelblichbraunen Farbton an, während sich die die Gewebescheiben umgebende Lösung braunrot färbte. Zu gleichen Farbtönen führte die Behandlung von Kartoffelscheiben, die durch in der roten Modifikation angefallenes Selen rötlich gefärbt waren. Frisch geschnittene, nicht mit Natriumselenitlösungen versetzte Gewebescheiben zeigten nach Behandlung mit Natriumsulfidlösung grünlichgelbe Farbtöne. Ebenfalls nicht mit Natriumselenitlösung behandelte Knollenscheiben, die sich bei längerem Stehen an der Luft melanotisch verfärbt hatten, behielten bei Zugabe von Natriumsulfidlösungen ihre grauen Farbtöne bei. Melaninbildung kann somit als Ursache für die nachträgliche Graufärbung von Gewebescheiben virusinfizierter Knollen endgültig ausgeschlossen werden (vgl. S. 197), während die Hypothese, daß der Farbwechsel von Rot nach Grau auf Umwandlung der nichtmetallischen in die metallische Modifikation des Selens beruht, an Wahrscheinlichkeit gewonnen hat. Es deutet somit nichts darauf hin, daß die Selenprobe mit dem FEHLING-Test in engerem physiologischem Zusammenhang steht. Den Ergebnissen der Untersuchungen über die Grundlagen der Selenprobe zufolge dürfte diese daher zu den sog. unabhängigen Verfahren zu stellen sein.

Nach Abschluß der Vorversuche wurde die Arbeitssicherheit des Testes in bereits an anderer Stelle beschriebener Weise (vgl. S. 73 ff.) an gesunden und von verschiedenen Viren infizierten Knollen (75% Blattroll- und 25% Strichelbefall) der Sorte Ackersegen einer ersten Überprüfung unterzogen. Die hierbei erhaltenen Ergebnisse wurden in fünf Wertzahlen zum Ausdruck gebracht, wobei wiederum Wertzahl 1 den normalerweise gesunden Knollen zukommenden Reaktionsverlauf und Wertzahl 5 den Reaktionsverlauf stark virusinfizierter Knollen kennzeichneten. Im einzelnen entsprachen den Wertzahlen folgende Farbwerte:

Wz 1 = Knollenscheiben rot bzw. rötlich,
Wz 2 = größter Teil des Gewebes rötlich, einzelne Teile grau,
Wz 3 = größter Teil des Gewebes grau, einzelne Stellen rötlich,
Wz 4 = das gesamte Gewebe der Knollenscheiben schwach grau,
Wz 5 = das gesamte Gewebe grau oder grauschwarz.

Indem aus den bei Durchführung der Untersuchungen erhaltenen Wertzahlen das arithmetische Mittel gebildet wurde, ergaben sich die in Tab. 52 angeführten Durchschnittswertzahlen. Ihnen ist zu entnehmen, daß bei Durchführung der EIDMANNschen Selenprobe an Gewebescheiben virusinfizierter Knollen der Sorte Ackersegen in etwas stärkerem Maße Grautöne auftreten als bei der Untersuchung gesunder Knollen. Die hohen σ-Werte lassen jedoch erkennen, daß sich die Variationsbereiche gesunder und viruskranker Proben weithin überschneiden, so daß vom Farbwert einer einzelnen Probe kein sicherer Rückschluß auf den

Gesundheitszustand der untersuchten Knollen möglich ist. Der Beurteilungszahl (B; vgl. S. 50) kommt ein verhältnismäßig niedriger Wert zu. Die Wahrscheinlichkeitskurve (vgl. S. 53 ff.) verläuft sehr flach. Der niedrige u-Wert besagt, daß die Differenz der Mittelwerte innerhalb des Zufallsbereiches liegt. Die Unterschiede in der Reaktionsweise gesunder und virusinfizierter Knollen sind dementsprechend nicht statistisch gesichert.

TABELLE 52

Ergebnis der Überprüfung der EIDMANNschen Selenprobe an einer größeren Anzahl gesunder und virusinfizierter Kartoffelknollen

	gesund	virusinfiziert
DWz	2,04 ± 0,28	2,57 ± 0,37
σ	1,36	1,76
u	1,74	
B	0,34	

Wenn den erhaltenen Ergebnissen zufolge auch verhältnismäßig wenig Aussicht auf eine erfolgreiche Anwendung der Selenprobe bestand, so wurde diese doch in das Untersuchungsprogramm einbezogen. Im Hinblick auf die bei allen physiologisch-chemischen Diagnoseverfahren bestehenden sortentypischen Schwankungen der Arbeitssicherheit war nicht ausgeschlossen, daß gerade bei der Sorte Ackersegen verhältnismäßig viele Fehlbeurteilungen auftreten, während der Test vielleicht bei Sorten, bei denen der FEHLING-Test bzw. andere, in der gleichen Reaktionskette einzuordnende Verfahren zu keinen brauchbaren Resultaten führen, bessere Ergebnisse erzielt und somit imstande ist, einige empfindliche Lücken der physiologisch-chemischen Virusdiagnostik zu schließen.

3. *Fluorometrisches Verfahren nach STAAR*

Das fluorometrische Verfahren nach STAAR (1936) beruht auf der Befähigung des Gewebes gesunder Kartoffelknollen, die Eigenfluoreszenz einer Reagenslösung rascher als Gewebe viruskranker Knollen zu löschen. Bei den Untersuchungen wird ein stark fluoreszierendes Gemisch von Glyzerin und wäßriger Lösung von Aminopyrensulfosäure in bestimmter Dosierung in ein etwa bis zur Mitte der Kartoffelknolle reichendes Stanzloch bestimmten Durchmessers eingefüllt, nach einer genau bemessenen Zeit in ein Proberöhrchen aus ultraviolettdurchlässigem Glas überführt und unter der Analysenquarzlampe einem zwanzigstufigen Vergleichsstandard gegenübergestellt. Von jeder Herkunft gelangen vier Serien zu je 25 Knollen zur Untersuchung. Die Ergebnisse werden in Form von Diagrammen aufgezeichnet. Je stärker die Virusinfektion, in desto stärkerem Maße fluoreszieren die Proben, während Proben gesunder Knollen kaum noch Fluoreszenz aufweisen. Parallel zur Löschung der Fluoreszenz verfärbt sich die Reagenslösung bräunlich

bis schwarzbraun. Diese Farbänderung vermittelt, bei Tageslicht festgestellt, ebenfalls Hinweise auf den Gesundheitszustand der untersuchten Knollen.[1])
In ersten Vorversuchen wurde angestrebt, den Test auf die Verwendung von Stanzstücken abzustellen, um einerseits zu verhindern, daß die Durchführung des fluorometrischen Verfahrens die Knollen für weitere Untersuchungen, insbesondere für den Kontrollnachbau, unbrauchbar macht und um andererseits den erforderlichen Arbeits- und Zeitaufwand zu verringern und somit günstige Voraussetzungen für die Einbeziehung des Verfahrens in Kombinationstests zu schaffen. Die Verwendung von Stanzstücken lag im Bereich des Möglichen, da es angesichts des langsamen Verlaufes von Diffusionsvorgängen zumindest bei Reaktionszeiten von wenigen Stunden nicht von Bedeutung ist, ob die die Fluoreszenz löschenden Stoffe aus umgebendem Knollengewebe in einen mit der Reagenslösung gefüllten Raum innerhalb der Kartoffelknolle oder aus einem Gewebestück bestimmter Oberfläche in eine bestimmte Menge umgebender Reagenslösung diffundieren. Wesentlich für die Trennschärfe des Testes ist bei konstanten, nicht allzu langen Reaktionszeiten vielmehr ein bestimmtes optimales Verhältnis zwischen der Menge der zugesetzten Aminopyrensulfosäure und dem Umfang der Oberfläche des Knollengewebes, aus der die reagierenden Stoffe in die Reagenslösung übertreten können.
Um dieses zu ermitteln, wurden Stanzstücke von Knollen der Sorte Ackersegen, die mit einem Korkbohrer von 8 mm Durchmesser in Richtung vom Kronen- zum Nabelende entnommen worden waren, in Reagenzgläsern von 13,5 mm Durchmesser bis 2 mm über den oberen Rand mit Reagenslösung unterschiedlicher Konzentration versetzt. Hierbei traten die besten Fluoreszenzunterschiede auf, wenn eine aus 1 Teil einer 0,1%igen Lösung von Aminopyrensulfosäure[2]), 6 Teilen destilliertem Wasser und 1 Teil Glyzerin bestehende Reagenslösung Verwendung fand. Wie in der ursprünglichen Versuchsanordnung war die Löschung der Fluoreszenz stets mit Dunkelfärbung des Reagensgemisches gekoppelt. Je stärker die Fluoreszenz gelöscht war, desto dunklere Farbtöne traten auf.
Bemerkenswerterweise erfolgte die Dunkelfärbung in Gegenwart von Stanzstücken gesunder Knollen auch noch dann in etwa gleicher Stärke wie in den mit der angegebenen Reagenslösung angesetzten Proben, wenn ein Reagensgemisch Verwendung fand, in dem die Aminopyrensulfosäure fortgelassen und durch einen weiteren Anteil Wasser ersetzt worden war. Hieraus darf geschlossen werden, daß die Dunkelfärbung nicht durch die Löschung der Fluoreszenz bedingt wird. Es liegt vielmehr nahe, in der melanotischen Verfärbung den Primärvorgang und in der Löschung der Fluoreszenz einen Sekundärvorgang zu sehen. Offenbar stellt die Aminopyrensulfosäure einen Wasserstoffakzeptor dar, der im Verlauf der Melaninbildung freiwerdenden Wasserstoff sehr leicht aufnimmt, hierbei die Fähigkeit zur Fluoreszenz einbüßt und somit als Indikator für gewisse Redoxvorgänge

[1]) Mündliche Mitteilung von Herrn Prof. Dr. G. STAAR, für die ich ebenso wie für zahlreiche weitere Hinweise und Ergänzungen sehr zu Dank verpflichtet bin.

[2]) Für die Herstellung des Präparates sei Herrn Prof. Dr. PROFFT auch an dieser Stelle nochmals verbindlichst gedankt.

dienen kann. In Abwesenheit von Aminopyrensulfosäure wird der freiwerdende Wasserstoff jedoch allem Anschein nach ohne Schwierigkeiten durch anderweitige, aus dem Stanzstück in die Reagenslösung exosmierende Wasserstoffakzeptoren gebunden, so daß auch dann die melanotischen Umsetzungen entsprechend der Konzentration der aus den Stanzstücken exosmierenden melaninbildenden Stoffe (z. B. Tyrosin) oder entsprechend der Fermentaktivität (z. B. Tyrosinaseaktivität) ablaufen können.

Somit bestimmen offenbar allein die melanotischen Prozesse den Reaktionsverlauf, und es ergibt sich ein enger Zusammenhang zwischen dem fluorometrischen Verfahren und Diagnoseverfahren, die zwischen gesunden und virusinfizierten Knollen auftretende Unterschiede in der Melaninbildung zum Gegenstand der Untersuchungen gemacht haben. Es nimmt daher nicht wunder, daß BECHHOLD und ERBE (1932) bei Untersuchungen an Preßsaft im Hinblick auf die Melaninbildung ähnliche Verhältnisse vorfanden, wie sie vorstehend für das Exosmat von Gewebeteilen beschrieben worden waren. Preßsaft von Vitalknollen hatte in gleichen Zeiten dunklere Farbtöne ergeben als derjenige von Abbauknollen. Hiermit wiederum steht die bei Durchführung der Kupferprobe (BECHHOLD und ERBE 1932, 1936) bei gesunden Knollen in Erscheinung tretende stärkere Ausdehnung der melanotischen Farbzonen in bester Übereinstimmung, doch dürfte diese neben der Intensität der zur Melaninbildung führenden Umsetzungen von zahlreichen weiteren Faktoren bestimmt werden (BECHHOLD, GERLACH und ERBE 1934). Im Gegensatz zu den angeführten Befunden ließen anderweitige Untersuchungen (DOBY 1911 a und b, KLUMP 1935, JERMOLJEV 1948) in Proben virusinfizierter Knollen Verstärkung bzw. Beschleunigung der Melaninbildung erkennen. HENKE (1957) fand in auflaufenden, nicht jedoch in lagernden viruskranken Knollen verstärkte Melaninbildung vor, und MARTIN und QUEMENER (1956) wiesen in Keimen virusinfizierter Kartoffelknollen an Hand der Blaufärbung einer reduzierten 2-6-Dichlorphenolindophenol-Lösung erhöhte Tyrosinaseaktivität nach.

Offensichtlich sind diese abweichenden Ergebnisse z. T. dadurch bedingt, daß in den verschiedenen Untersuchungen Knollen unterschiedlichen physiologischen Zustandes erfaßt wurden. Weiterhin dürften Sorteneigentümlichkeiten, umweltbedingte Beeinflussung der an der Melaninbildung beteiligten Prozesse sowie unterschiedliche Versuchsanordnung Anteil an den Abweichungen haben. Wie stark die zu melanotischer Verfärbung führenden Umsetzungen von den Versuchsbedingungen abhängig sind, wird ersichtlich, wenn bei Durchführung des fluorometrischen Verfahrens einige Faktoren der Versuchsanordnung variiert werden. So hatte Verringerung des Glyzerinanteils der Reagenslösung Abschwächung und schließlich Unterbindung der Melaninbildung zur Folge. Ebenso unterblieb die Melaninbildung, wenn das Glyzerin in der Reagenslösung durch Triäthanolamin ersetzt wurde. Pufferung des Reagensgemisches mit Phosphatpuffern verschiedenen p_H-Wertes führte dagegen in der Regel nicht nur bei Proben mit gesunden, sondern auch mit virusinfizierten Knollen zur Ausbildung etwa gleichartiger dunkelbrauner Farbtöne. Im Hinblick darauf, daß beim Melanintest

nach KLUMP (1935) die Preßsäfte vor der Untersuchung ebenfalls mit Phosphatpuffern versetzt werden, darf vielleicht in dieser Reaktionsänderung ein Übergang zwischen den bei Durchführung des fluorometrischen Verfahrens und den bei Durchführung des Melanintestes erhaltenen Ergebnissen gesehen werden.
Die angeführten Befunde sind besonders in Bezug auf die Frage, ob das fluorometrische Verfahren zu den „abhängigen" oder zu den „unabhängigen Tests" zu stellen ist bzw. welche Aussichten sich für eine erfolgreiche Einbeziehung des fluorometrischen Verfahrens in Kombinationstests ergeben, von Bedeutung.
Indem wahrscheinlich gemacht werden konnte, daß die Löschung der diagnostisch bedeutsamen Fluoreszenzerscheinungen durch melanotische Prozesse bestimmt wird, ergeben sich im Hinblick auf den Zusammenhang zwischen der Intensität der Melaninbildung, dem Gehalt an Ascorbinsäure, dem Redoxpotential und dem Verlauf des FEHLING-Testes (vgl. S. 85 f) gewisse Beziehungen zwischen dem fluorometrischen Verfahren und dem FEHLING-Test. Es will daher fraglich erscheinen, ob durch das fluorometrische Verfahren zusätzlich Sorten erfaßt werden können, die nicht der Untersuchung durch den FEHLING-Test bzw. durch andere mit diesem in engerem Zusammenhang stehende Verfahren zugänglich sind. Andererseits ist im Hinblick darauf, daß das fluorometrische Verfahren mit dem FEHLING-Test nur über eine Anzahl verschiedener Umsetzungen (s. o.) in Verbindung steht, sowie wegen der starken Abhängigkeit der melanotischen Prozesse von den Versuchsbedingungen und zahlreichen weiteren Faktoren die Hoffnung berechtigt, daß das fluorometrische Verfahren bei bestimmten Sorten und unter bestimmten Versuchsbedingungen bei Einbeziehung in Kombinationstests zu einer Verbesserung der Sicherheit der physiologisch-chemischen Virusdiagnostik beitragen kann.
Um zu ermitteln, inwieweit sich diese Hoffnungen bereits an der Sorte Ackersegen erfüllen, kam der Test in der Stanzstückmethode an einer größeren Anzahl gesunder sowie virusinfizierter (75% Blattroll- und 25% Strichelbefall) Knollen der Sorte Ackersegen zur Durchführung. Die Beurteilung erfolgte sowohl nach dem Grad der Fluoreszenzlöschung als auch nach dem Grad der Melaninbildung. Hierbei erwies sich ein fünfstufiges Wertzahlsystem, wie es ähnlich zur Beurteilung der Ergebnisse der anderen in die Untersuchungen einbezogenen Diagnoseverfahren Verwendung gefunden hatte, als ausreichend, um die diagnostisch bedeutsamen Reaktionsunterschiede zu beschreiben.
Die Ergebnisse der Untersuchungen glichen im wesentlichen den bei Durchführung des EIDMANN-Testes erhaltenen Befunden. Die bei deren Auswertung getroffenen Feststellungen (vgl. S. 199) dürfen daher sinngemäß auf das fluorometrische Verfahren übertragen werden. Aus diesem Grunde erübrigen sich im vorliegenden Zusammenhange weitere Ausführungen.

4. *Fluoreszenzanalysen*

MARX und MERKENSCHLAGER (1932) beobachteten im Preßsaft viruskranker Knollen aus Abbaulagen in ultraviolettem Licht eine starke gelbgrüne bzw. bläulich-milchige Fluoreszenz, während Preßsaft gesunder Knollen der gleichen Sorte nur eine schwach grüne Fluoreszenz zeigte. Die fluoreszierenden Stoffe traten in den Chloroformauszug über, so daß dieser bei viruskranken Knollen im ultravioletten Licht im Gegensatz zu demjenigen gesunder Knollen ebenfalls stark fluoreszierte.

Über Fluoreszenzerscheinungen an Knollenschnitten bzw. Blättern virusinfizierter Kartoffelpflanzen berichten McLEAN und KREUTZER (1944a und b) sowie BEST (1944). Die fluoreszierenden Substanzen konnte BEST als Scopoletin (= 6-Methoxy-7-oxycumarin) identifizieren. Die Anreicherung des Scopoletins in virusinfizierten Pflanzen ist nach ANDREAE und ANDREAE (1949) dadurch zu erklären, daß der in gesunden Pflanzen erfolgende Abbau des Scopoletins zu einem gelben Farbstoff noch nicht bekannter Konstitution gehemmt ist.

Ungeachtet dessen, daß SANFORD und GRIMBLE (1944) sowie HARRIS (1947) zwischen dem Auftreten von Fluoreszenzerscheinungen und Virusbefall keine sehr engen Korrelationen vorfanden, wurden die Fluoreszenzerscheinungen nochmals an verschiedenen deutschen Kartoffelsorten hinsichtlich ihrer diagnostischen Bedeutung überprüft, da sie besonders rasch und ohne großen Aufwand erfaßt werden können und infolgedessen für die Ergänzung von Kombinationstests besonders geeignet sind.

Den Ergebnissen methodischer Vorversuche entsprechend, erfolgten die Untersuchungen über das Fluoreszenzverhalten gesunder und virusinfizierter Knollen an 2 bis 3 mm starken Gewebescheiben, die den Knollen etwa in der Mitte zwischen Kronen- und Nabelende durch zwei Parallelschnitte senkrecht zur Längsachse entnommen wurden. Hierbei traten unter der Quarzlampe verschiedene Fluoreszenzerscheinungen auf. Vielfach zeigten die Knollenscheiben eine großflächige, gelbe bis blaugelbe Fluoreszenz, die bei verschiedenen Sorten, z. B. den Sorten Ackersegen und Capella, bei Virusinfektion etwas verstärkt war. Daneben wiesen Gewebeteile in unmittelbarer Nähe der Schale häufig eine starke blaue bis grünliche Fluoreszenz auf, deren Intensität durch Virusinfektion bisweilen etwas verringert wurde.

Die subjektiven Fehler bei der Beurteilung der Fluoreszenzerscheinungen kamen in ihrer Größenordnung jedoch fast den geringen, überdies nicht regelmäßig auftretenden Fluoreszenzunterschieden zwischen den Gewebescheiben gesunder und virusinfizierter Knollen gleich. Somit will die praktische Anwendung fluoreszenzanalytischer Untersuchungen als unsicher erscheinen, zumal das Fluoreszenzverhalten von Gewebescheiben offenbar erheblichen umweltbedingten Einflüssen unterworfen ist. Auch REPPEL (1959) kam zu ähnlichen Ergebnissen. Es wurde daher davon Abstand genommen, die Fluoreszenzerscheinungen in die Untersuchungen zur Ausarbeitung von Kombinationstests einzubeziehen.

5. *Vereinfachung des Pufferungstestes*

Um den bei Durchführung des Pufferungstestes erforderlichen Arbeitsaufwand und die benötigte Preßsaftmenge zu reduzieren und den Test gleichzeitig von den elektrometrischen p_H-Messungen unabhängig zu machen, wurden die bei Zugabe von Säure bzw. Lauge zwischen gesunden und virusinfizierten Knollen auftretenden

Unterschiede in der Veränderung der p_H-Werte unter Verwendung einer sehr geringen Preßsaftmenge mit Hilfe von Farbindikatoren gekennzeichnet. Hierbei konnten recht befriedigende Ergebnisse erzielt werden, insofern die verwendeten Indikatoren bestimmte Voraussetzungen erfüllten. Es war beispielsweise erforderlich, daß deren Farbumschlag nicht durch die Reduktionskräfte des Preßsaftes beeinflußt wird und trotz der Eigenfarbe des Preßsaftes deutlich sichtbar ist. Darüber hinaus war wünschenswert, daß der Farbumschlag bei möglichst hohen p_H-Werten erfolgt, da im alkalischen Ast der Titrationskurve besonders große p_H-Differenzen in Erscheinung treten, während gleichzeitig durch Eiweißausflockung bedingte, die Beurteilung der Proben störende Trübungen unterbleiben. (WARTENBERG 1937).

Besonders deutliche Farbunterschiede zwischen gesunden und virusinfizierten Knollen ergaben sich, wenn 3 ml Preßsaft mit 3,5 ml n/10 NaOH und 0,5 ml einer alkoholischen Thymolphthaleinlösung (0,1 g Thymolphthalein, gelöst in 125 ml 96%igem Alkohol, mit aqua dest. ad 250) versetzt wurden. Es erfolgte in Gegenwart von Preßsäften gesunder Knollen ein deutlicher Farbumschlag von Farblos nach Blau, während Preßsäfte virusinfizierter Knollen infolge ihres größeren Widerstandes gegenüber p_H-Änderungen ihre Eigenfarbe beibehielten. Bei etwa schwacher Virusinfektion entsprechenden geringfügigen Veränderungen des Pufferungsvermögens traten häufig blaugrüne Mischfarben in Erscheinung. Melaninbildung wirkte sich bei raschem Arbeiten kaum störend aus. Die Zugabe von weiteren 0,5 ml Natronlauge bzw. Preßsaft ermöglichte eine genauere Kennzeichnung des Pufferungsvermögens und gestattete die Aufstellung des nachfolgend angeführten fünfstufigen Bewertungsschemas:

Wertzahl	Farbe der Proben
1	blau; die Blaufärbung bleibt auch nach Zugabe weiterer 0,5 ml Preßsaft erhalten
2	blau; nach Zugabe weiterer 0,5 ml Preßsaft farblos
3	blaugrün
4	farblos; nach Zugabe weiterer 0,5 ml n/10 NaOH blau
5	farblos; auch nach Zugabe weiterer 0,5 ml n/10 NaOH keine Verfärbung

Bei diesem Bewertungsschema entspricht wie in den zur Kennzeichnung des Verlaufes anderer Diagnoseverfahren aufgestellten fünfstufigen Wertzahlsystemen Wertzahl 1 im allgemeinen gesunden Knollen, während Wertzahl 5 auf starken Virusbefall hindeutet.

Wenn die Beurteilung der Proben unmittelbar nach der Reagenzienzugabe erfolgte, konnten in der angeführten Versuchsanordnung und -bewertung befriedigende Ergebnisse erzielt werden. Daher wurde der vereinfachte Pufferungstest in die Untersuchungen zur Ausarbeitung von Kombinationstests einbezogen. Im Verlauf dieser Untersuchungen erwies es sich als vorteilhaft, daß die Möglichkeit besteht, gewisse sortentypische Schwankungen des Pufferungsvermögens durch Veränderung der NaOH-Gaben zu korrigieren. Als arbeitstechnischer Nachteil war die noch immer zeitraubende Gewinnung von Preßsaft zu werten.

C) AUFSTELLUNG VON TEST- UND SORTENSPEKTREN

Entsprechend den Ergebnissen der Vorversuche wurden folgende Diagnoseverfahren in die Untersuchungen zur Aufstellung von Test- und Sortenspektren (vgl. S. 193 f) einbezogen:

1. der FEHLING-Test in der Versuchsanordnung von S. 69,
2. die Selenprobe nach EIDMANN in der Versuchsanordnung von S. 195 f,
3. der Kallosetest in der Versuchsanordnung von S. 158[1]),
4. das fluorometrische Verfahren in der Versuchsanordnung von S. 200,
5. der Pufferungs-Farbtest in der Versuchsanordnung von S. 204,
6. Potentialmessungen an Eisen(III)-sulfat-Preßsaftgemischen in der Versuchsanordnung von S. 29 f.,
7. die auf den gleichen Prinzipien wie die Potentialmessungen beruhende Farbreaktion in Eisen(III)-sulfat-Kaliumrhodanid-Preßsaftgemischen in der Versuchsanordnung von S. 30 f,
8. Stärkegehaltsbestimmung in der Versuchsanordnung von S. 27 (Die Bestimmung des Stärkegehaltes erfolgte an der unbeschädigten Knolle vor Ausführung der Untersuchungen zu 5 bis 7).

Da eine einzelne Knolle mittlerer Größe weder genügend Gewebestücke noch eine ausreichende Menge von Preßsaft ergab, um alle Verfahren zur Ausführung zu bringen, waren für jede vergleichende Untersuchung zwei Knollen erforderlich. Es mußten daher zwei Untersuchungsgruppen gebildet werden, von denen die eine die Verfahren umfaßte, die mit dem FEHLING-Test nicht in engeren Zusammenhang zu bringen sind (lfd. Nr. 1—4; sog. unabhängige Verfahren), während in die andere Gruppe Verfahren eingeordnet wurden, die verschiedene Teilschritte der den Verlauf des FEHLING-Testes bestimmenden Umsetzungen diagnostischen Zwecken nutzbar machen (lfd. Nr. 5—8[2]); sog. abhängige Verfahren). Der FEHLING-Test kam als verbindendes Glied nicht nur in der ersten, sondern unter lfd. Nr. 9 nochmals in der zweiten Untersuchungsgruppe zur Anwendung. Aus arbeitstechnischen Gründen wurden die beiden Gruppen in aufeinanderfolgenden Vegetationsperioden bearbeitet.

[1]) Der Kallosetest wurde im Hinblick auf seine Aktualität an Stelle eines in Entwicklung begriffenen Farbtestes an Dunkelkeimen, dessen weitere Bearbeitung vorerst zurückgestellt wurde, in das Untersuchungsprogramm aufgenommen.

[2]) Das fluorometrische Verfahren hätte infolge gewisser Beziehungen zu den den FEHLING-Test bestimmenden Reaktionsketten (vgl. S. 202) auch in die Gruppe der abhängigen Verfahren aufgenommen werden können. Es wäre jedoch in diesem Falle nicht immer möglich gewesen, den Knollen zusätzlich zu den anderen Proben auch noch das hierfür erforderliche Stanzstück zu entnehmen.

TABELLE 53

Die Eignung sog. unabhängiger Diagnoseverfahren für die Untersuchungen an verschiedenen Sorten und Stämmen (Aufstellung von Sortenspektren und Testspektren)

Test			FEHLING-Test					Selenprobe					Kallosetest				
Sorte	Gesundheitszustand	Kontrolle im Stecklingstest	r %	r % gesamt	DWz	Beurteilungszahl	u-Wert	r %	r % gesamt	DWz	Beurteilungszahl	u-Wert	r %	r % gesamt	DWz	Beurteilungszahl	u-Wert
Erstling	G	—	14,0		4,24			13,3		4,07			60,0		2,50		
	K	—	98,0	56,0	4,86	0,45	3,02	100,0	56,7	4,80	0,86	2,26	52,0	56,0	2,66	0,03	0,18
Frühbote	G	—	0,0		4,84			53,4		2,53			100,0		1,44		
	K	—	100,0	50,0	4,92	0,57	0,96	53,4	53,4	3,20	0,51	1,32	6,0	53,0	1,76	0,60	3,02
Frühmölle	G	—	76,0		2,02			53,3		2,47			70,0		2,46		
	K	—	34,0	55,0	2,70	0,52	2,59	93,3	73,3	3,53	0,95	2,52	16,0	43,0	1,88	(0,56)	(2,74)
Sieglinde	G	—	96,0		1,72			60,0		2,73			52,0		2,66		
	K	—	28,0	62,0	2,26	0,56	2,63	73,3	66,7	3,53	0,72	1,97	54,0	53,0	2,46	(0,19)	(0,92)
Vera	G	—	88,0		1,58			93,3		1,53			88,0		1,44		
	K	—	28,0	58,0	2,44	0,84	4,13	33,4	63,3	2,40	0,92	2,38	34,0	61,0	2,04	0,69	3,41
Aquila	G	+	6,0		4,48			73,3		2,03			88,0		1,74		
	B	+	54,3		3,14	(0,99)	(4,51)	35,0		2,15	0,09	0,32	30,0		2,30	0,63	2,99
	V	+	86,7	35,0	4,20	(0,26)	(0,95)	20,0	51,7	1,60	(0,35)	(1,0)	20,0	58,0	1,80	0,08	0,24
Bona	G	—	98,0		1,46			93,3		1,20			100,0		1,36		
	K	—	93,3		4,27	3,07	12,01	6,7	50,0	1,27	0,12	0,33	33,3		1,80	0,60	2,01
	V	—	77,2	90,0	3,86	2,41	10,91						0,0	55,0	1,31	(0,05)	(2,34)
Cornelia	G	+	43,6		3,23			64,2		2,54			82,1		1,18		
	B	+	75,0	47,8	3,75*	0,39	0,63	50,0	60,9	3,00*	0,37	0,65	0,0	69,6	1,25*	0,15	0,11
Frühnudel	G	+	72,3		2,05			83,3		1,67			88,9		1,44		
	B	+	30,0	57,1	2,40	0,24	0,76	60,0	75,0	2,40	0,79	2,07	10,0	60,7	1,60	0,16	0,42

Leona	G	—	79,6		1,86			86,7		1,33			85,7		1,69		
	K	—	26,0	52,5	2,06	0,15	0,74	40,0	63,3	2,60	1,02	4,46	20,0	52,5	1,72	0,03	0,15
Mittelfrühe	G	—	66,0		2,46			93,3		1,87			82,0		1,82		
	K	—	82,0	74,0	4,08	1,25	6,25	46,7	70,0	2,60	1,30	0,98	14,0	48,0	2,00	0,50	1,80
Sanita	G	—	56,7		2,43			86,7		1,83							
	B	—	80,0		3,75	0,87	2,97	24,0		1,88	0,05	0,18					
	V	—	10,0	56,7	2,20	(0,17)	(0,42)	0,0	53,3	1,40*	(0,50)	(0,99)					
Toni	G	—	74,0		2,04			86,7		1,53			92,0		1,36		
	K	—	34,7	54,5	2,29	0,18	0,89	20,0	53,3	1,73	0,25	0,61	2,0	47,0	1,16	0,33	1,59
Johanna	G	—	40,0		3,02			43,3		2,60			98,0		1,36		
	B	—	77,5		3,58	0,39	1,82	16,0		1,88	(0,74)	(2,72)	2,8		1,60	0,20	0,23
	V	—	70,0	58,0	3,50	0,34	0,97	40,0	31,7	2,60*	0,0	0,0	6,7	51,0	1,47	0,18	0,61
Mira	G	—	18,0		3,92			73,3		1,87			94,0		1,62		
	V	—	40,0	29,0	2,42	(1,07)	(5,33)	80,0	76,7	3,80	1,54	4,22	18,0	56,0	1,90	0,30	1,49
Nova	G	+	70,0		2,35			91,7		1,77			77,8		1,85		
	B	+	12,5	43,2	1,69	(0,43)	(1,25)	11,1	54,5	1,78*	0,02	0,05	17,7	53,3	1,82	(0,02)	(0,06)
Ackersegen	G	+	78,6		1,85			85,7		1,85			92,9		1,39		
	B	+	48,0	59,5	2,56	0,50	1,69	36,0	54,8	2,20	0,36	0,97	20,0	47,6	2,00	1,03	2,76
Capella	G	+	14,0		4,24			70,0		2,20			94,0		1,66		
	B	+	71,4		3,66	(0,43)	(2,00)	30,0		2,25	0,43	0,15	27,5		2,18	0,69	3,29
	V	+	93,3	46,0	4,47	0,24	0,76	30,0	50,0	2,40	0,12	0,45	0,0	58,0	1,70	0,07	0,15
Hilla	G	+	64,2		2,44			76,9		1,90			97,6		1,63		
	B	+	63,6	64,0	3,55	0,70	2,12	45,5	70,0	2,82	0,60	1,99	0,0	76,9	1,55	(0,15)	(0,44)
Merkur	G	—	94,0		1,28			80,0		1,80			80,0		1,70		
	B	—	57,2		3,17	1,22	7,49	65,0		3,20	1,15	4,07	32,5		2,32	0,53	2,51
	V	—	53,3	75,0	2,87	1,49	2,17	80,0	75,0	3,50	1,61	4,51	0,0	53,0	1,30	(0,54)	(1,24)
Voran	G	—	84,0		1,78			76,7		1,80			94,0		1,26		
	B	—	48,6		2,91	0,41	3,74	70,0	73,3	3,00	1,31	5,11	15,0		1,58	0,40	0,59
	V	—	84,7	72,0	4,07	1,93	6,84						0,0	53,0	1,10	(0,34)	(0,20)

Fortsetzung von Tabelle 53

Test			FEHLING-Test					Selenprobe					Kallosetest				
Sorte	Gesundheitszustand	Kontrolle im Stecklingstest	r %	r % gesamt	DWz	Beurteilungszahl	u-Wert	r %	r % gesamt	DWz	Beurteilungszahl	u-Wert	r %	r % gesamt	DWz	Beurteilungszahl	u-Wert
Zeisig	G	+	42,0		3,30			43,3		2,97			86,0		1,54		
	B	+	45,7		2,77	(0,35)	(1,58)	75,0		3,45	0,33	1,13	18,0		2,23	0,70	3,33
	V	+	40,0	43,0	2,60	(0,43)	(1,51)	50,0	55,0	2,90	(0,05)	(0,06)	20,0	54,0	1,70	0,18	0,50
Bürs M	G	—	82,0		1,74			53,3		2,47			96,0		1,32		
1359/46	V	—	40,8	61,6	2,53	0,64	3,07	86,7	70,0	3,53	0,89	2,39	10,0	53,0	1,50	0,29	1,48
Kleinwanzlebener	G	—	70,0		2,16			100,0		1,27			88,0		1,84		
448/45	V	—	66,0	68,0	3,34	0,45	3,70	6,7	53,3	1,40	0,23	0,62	32,0	60,0	1,98	0,41	0,82
Malchower	G	—	8,0		4,48			80,0		1,87		2,86	86,0		1,54		
46.1./715	V	—	62,0	35,0	3,26	(1,00)	(4,90)	73,3	76,7	2,93	1,05	2,86	44,0	65,0	2,38	0,97	4,86

G = gesund
B = Blattrollvirusinfektion mit deutlichen Symptomen im Vorjahr.
V = sonstiger Virusbefall (Strichel-, Mischinfektion usw.) mit deutlichen Symptomen im Vorjahr.
K = zweijähriger Nachbau in der Abbaulage Großpösna ohne deutliche Symptome im Vorjahr.
Eingeklammerte Beurteilungs- und Sicherungszahlen = Werte bedeutungslos, da virusbefallene Knollen eine niedrigere DWz ergeben haben als gesunde Knollen. Test bei der entsprechenden Sorte nicht anwendbar.
* = Ergebnis ist aus weniger als 10 Proben gewonnen.

Zu den Untersuchungen wurden die in der Haupt- und Kontrollprüfung der DDR befindlichen Sorten und Zuchtstämme herangezogen, von denen im Verlauf der Vegetationsperiode viruskranke Pflanzen (möglichst schwere Blattroll-, Strichel- und Mischinfektionen) im Feldbestand gekennzeichnet und im Herbst getrennt geerntet werden konnten. In der Vegetationsperiode 1955 stieß die Bereitstellung stark virusinfizierten Materials auf gewisse Schwierigkeiten, da infolge der feuchtkühlen Witterung in Mitteldeutschland Virussymptome nur verhältnismäßig schwach ausgebildet waren. Aus diesem Grunde mußte in einigen Fällen auf Knollen von Pflanzen zurückgegriffen werden, die zwar keine Symptome gezeigt hatten, aber nach zweimaligem Nachbau in der extremen Abbaulage von Großpösna bei Leipzig mit großer Wahrscheinlichkeit maskiert infiziert waren. Das gesunde Vergleichsmaterial wurde freundlicherweise von den Zuchtstätten zur Verfügung gestellt. Wenn möglich, wurden gleich viel gesunde und virusinfizierte Knollen in die Untersuchungen einbezogen.

Nach der Untersuchung wurde der Gesundheitszustand der Knollen im Stecklingstest kontrolliert. Bei der Auswertung der Versuche fanden im allgemeinen nur die Ergebnisse Berücksichtigung, die an Knollen gewonnen worden waren, bei denen der vorbonitierte Gesundheitszustand im Stecklingstest bestätigt wurde. In der Untersuchungsperiode 1955/56 erfroren jedoch eine größere Anzahl von Stecklingen, als bei extrem niedrigen Februar- und Märztemperaturen die Heizung des Gewächshauses vorübergehend aussetzte. Bei der Darstellung der Ergebnisse ist daher in der betreffenden Untersuchungsgruppe jeweils vermerkt, bei welchen Proben der im Vorjahr notierte Gesundheitszustand im Stecklingstest nicht nachgeprüft und berichtigt werden konnte.

Die Ergebnisse der Untersuchungen sind in Tab. 53 und 54 angeführt. Hierbei wurden auch die Ergebnisse der Potentialmessungen an Eisen(III)-chlorid-Preßsaftgemischen, die bisher in anderer Form zur Darstellung kamen, in einem fünfstufigen Wertzahlsystem zum Ausdruck gebracht. In diesem entsprechen:

Wz 1	Potentialdifferenzen	unter	80	mV
Wz 2	„	von	81 bis 100	„
Wz 3	„	von	101 bis 120	„
Wz 4	„	von	121 bis 140	„
Wz 5	„	über	140	„

Zur Kennzeichnung der bei den einzelnen Sorten mit den verschiedenen Tests erreichten Arbeitssicherheit ist in den genannten Tabellen zunächst für jede Sorte der an gesunden und virusinfizierten Knollen sowie der am gesamten untersuchten Knollenmaterial erhaltene Prozentsatz richtiger Diagnosen angegeben. Dabei wurden einheitlich den Wertzahlen 1 und 2 entsprechende Testergebnisse als richtig gewertet, wenn sie an gesunden Knollen erhalten worden waren, während den Wertzahlen 3, 4 oder 5 entsprechende Ergebnisse bei virusinfizierten Knollen als richtig gewertet wurden. Im Hinblick auf die auf S. 146 ff. und 184 ff. angeführten Befunde liegt jedoch nahe, daß durch geeignete, Test- und Sorteneigentümlichkeiten berücksichtigende Verschiebungen der Bewertungsmaßstäbe die Anzahl

TABELLE 54 Die Eignung sog. abhängiger Diagnoseverfahren für die Untersuchungen an

Sorte	Gesundheitszustand	FEHLING-Test					Pufferungs-Farbtest				
		r %	r % gesamt	DWz	Beurteilungszahl	u-Wert	r %	r % gesamt	DWz	Beurteilungszahl	u-Wert
Erstling	G	4,0		4,88			8,0		2,92		
	B	100,0	25,0	5,00*	0,4	0,53	100,0	11,5	3,33*	0,75	2,05
Frühbote	G	24,0		3,68			0,0		3,08		
	Y	100,0	62,0	4,96	1,8	5,18	94,5	39,5	2,00	(2,90)	(9,31)
Frühmölle	G	76,0		2,24			32,0		2,92		
	Y	83,3	77,4	4,33*	1,76	3,91	100,0	39,3	4,33*	3,24	3,21
Sieglinde	G	68,0		2,44			12,0		3,12		
	Y	58,4		3,08	0,48	1,36	100,0		3,44*	0,49	1,14
	B	61,6	64,0	3,15	0,51	1,51	77,8	44,2	2,89*	(0,33)	(0,80)
Aquila	G	24,0		3,72			48,0		2,88		
	Y	66,7		2,08	(0,91)	(2,75)	72,7		3,45	0,50	1,39
	B	69,2	46,0	3,84	0,09	0,26	53,8	55,1	2,92	0,04	0,11
Bona	G	84,0		2,12			88,0		1,88		
	Y	20,9	53,1	2,41	0,28	0,96	7,2	59,0	1,86	(0,04)	(0,60)
Cornelia	G	56,0		2,36			52,0		2,52		
	Y	83,4		3,83	2,97	5,88	9,0		2,90	0,67	1,54
	B	92,4	72,0	4,23	3,86	7,82	81,8	67,4	2,82	0,49	1,15
Frühnudel	G	100,0		1,32			92,0		1,64		
	Y	100,0	100,0	4,43	4,64	14,5	78,6	87,2	3,14	1,53	4,78
Mittelfrühe	G	20,0		4,00			4,0		3,32		
	Y	83,4	50,0	4,17	0,12	0,34	100,0	50,0	3,75	0,66	1,84
Toni	G	48,0		2,84			32,0		3,20		
	Y	96,0	72,0	4,36	1,30	4,54	100,0	46,9	4,57*	1,51	2,75
Johanna	G	56,0		2,60			100,0		1,44		
	B+Y im Gem.	76,0	66,0	3,88	0,90	3,16	80,0	90,0	3,16	2,53	8,69
Ackersegen	G	78,1		1,80			32,9		2,93		
	B+Y +M	82,4	80,1	4,26	2,00	12,49	76,7	53,5	3,18	0,78	1,71
Capella	G	56,0		2,36			58,3		2,46		
	Y	50,0		3,50	0,79	2,31	66,7		2,75	0,35	0,97
	B	38,5	56,0	3,54	0,82	2,45	88,9	66,7	3,22*	0,91	2,35
Hilla	G	28,0		3,60			24,0		2,92		
	Y	64,0	46,0	3,36	(0,18)	(0,63)	31,8	27,7	2,27	(1,09)	(3,71)
Merkur	G	36,0		2,96			12,0		3,32		
	M	80,0	58,0	3,84	0,76	2,68	100,0	55,1	3,50	0,38	1,19
Voran	G	64,0		2,56			20,0		2,96		
	B+Y im Gem.	84,0	74,0	4,08	1,19	4,22	100,0	48,7	3,50	0,86	2,60

* = Ergebnis ist an weniger als 10 Proben gewonnen.
Eingeklammerte Beurteilungs- und Sicherungszahlen = Werte bedeutungslos, da virusbefallene Sorte nicht anwendbar.

verschiedenen Sorten (Ermittlung von Sortenspektren und Testspektren) TABELLE 54

Sorte	Gesundheitszustand	Potentialmessung					Potential-Farbtest				
		r %	r % gesamt	DWz	Beurteilungszahl	u-Wert	r %	r % gesamt	DWz	Beurteilungszahl	u-Wert
Erstling	G	20,0		2,84			72,7		2,05		
	B	66,7	29,0	2,67*	(0,26)	0,68	80,0	74,1	4,00*	2,56	6,37
Frühbote	G	84,0		2,16			80,0		1,52		
	Y	8,7	47,9	2,04	(0,32)	(1,12)	23,5	57,1	2,06	4,30	14,00
Frühmölle	G	88,0		1,92			48,0		2,6		
	Y	100,0	88,9	4,50*	2,11	4,69	100,0	50,0	5,0*	3,90	1,95
Sieglinde	G	24,0		3,16			44,0		3,0		
	Y	54,6		2,55	(0,74)	(1,74)	25,0		2,25*	(0,56)	(2,24)
	B	92,4	49,0	3,08	(0,10)	(0,25)	76,9	50,0	3,69	0,46	1,35
Aquila	G	36,0		2,80			83,3		1,62		
	Y	100,0		4,00	1,93	4,65	50,0		2,50*	0,62	1,61
	B	100,0	82,1	4,00	1,79	4,98	50,0	68,2	2,50	0,86	2,24
Bona	G	72,0		2,24			100,0		1,00		
	Y	100,0	82,9	3,75	2,33	7,51	42,9	79,5	2,07	1,61	4,12
Cornelia	G	100,0		1,28			72,0		2,04		
	Y	63,7		2,73	2,61	7,63	70,0		3,30	1,46	2,53
	B	92,4	89,8	3,31	2,90	8,86	83,4	74,5	4,08	2,43	4,49
Frühnudel	G	100,0		1,20			84,0		1,32		
	Y	100,0	100,0	4,00	4,71	14,73	76,9	81,6	4,00	2,63	8,10
Mittelfrühe	G	50,0		2,63			41,6		2,58		
	Y	72,7	58,3	3,27	0,62	1,68	77,8	52,9	4,11*	1,07	2,69
Toni	G	87,5		1,58			66,7		1,96		
	Y	100,0	88,9	4,33*	3,90	5,57	66,7	66,7	4,00*	3,21	2,78
Johanna	G	100,0		1,00			88,0		1,60		
	B+Y im Gem.	4,0	52,0	1,16	0,51	1,27	95,9	91,8	4,67	3,66	12,79
Ackersegen	G	72,0		2,15			63,0		2,09		
	B+Y +M	68,9	70,5	3,20	1,68	7,66	86,2	72,7	4,00	1,52	8,60
Capella	G	4,2		4,46			18,2		3,82		
	Y	84,6		4,15	(0,33)	(0,98)	83,4		3,83	0,01	0,02
	B	100,0	49,0	4,25	(0,25)	0,70	100,0	56,5	4,33	0,51	1,22
Hilla	G	20,0		3,24			24,0		3,84		
	Y	100,0	58,3	4,71	1,38	4,84	91,7	57,1	4,71	1,35	2,57
Merkur	G	64,0		2,16			72,0		1,96		
	M	85,7	68,8	3,57*	1,42	3,59	80,0	73,3	3,40*	1,23	2,47
Voran	G	24,0		3,24			32,0		3,64		
	B+Y im Gem.	100,0	42,4	3,63	0,44	0,85	100,0	46,9	4,57	0,72	1,51

Knollen eine niedrigere DWz ergeben haben als gesunde Knollen. Test bei der entsprechenden richtiger Diagnosen in einer Anzahl von Fällen wesentlich gesteigert werden kann. Es war daher wünschenswert, die Leistungsfähigkeit des Testes auch unabhängig vom gewählten Beurteilungsmaßstab zu kennzeichnen. Aus diesem Grunde wurden die angeführten Werte durch die an gesunden und virusinfizierten Knollen erhaltenen Durchschnittswertzahlen sowie durch die die Trennschärfe der Diagnoseverfahren weitgehend unabhängig vom Bewertungsmaßstab und von der Anzahl der Proben kennzeichnenden Beurteilungszahlen (vgl. S. 50) ergänzt. Hinweise auf die Signifikanz der aus den vorgenannten Angaben ersichtlichen Reaktionsunterschiede vermitteln die in der letzten Spalte angeführten u-Werte (vgl. S. 41 f. und S. 139 ff.).

Bei den Ergebnissen der Stärkegehaltsbestimmung und des fluorometrischen Verfahrens wurde jedoch auf eine derartig ausführliche Darstellung verzichtet, denn die umweltbedingten Unterschiede des Stärkegehaltes überstiegen offensichtlich und in einem solchen Maße die virusbedingten Unterschiede, daß zumindest bei den in die Untersuchungen einbezogenen Sorten kaum Aussicht besteht, das Ergebnis von Kombinationstests durch die Bestimmung des Stärkegehaltes zu verbessern. Ein Gleiches gilt für das fluorometrische Verfahren, bei dem entgegen aller Erwartung die Genauigkeit der erhaltenen Werte bei keiner Sorte die an der Sorte Ackersegen ermittelte Arbeitssicherheit (vgl. S. 202) überstieg. Vielleicht können an noch nicht in die Untersuchungen einbezogenen Neuzüchtungen die beträchtlichen, bei der Ausarbeitung des Testes insbesondere an den heute nicht mehr angebauten Sorten Betula und Parnassia vorgefundenen Reaktionsunterschiede wieder erreicht werden.

Ein Überblick über die in Tab. 53 und 54 aufgenommenen Werte läßt erkennen, daß sowohl zwischen den mit den gleichen Diagnoseverfahren an verschiedenen Sorten erhaltenen Ergebnissen als auch — insbesondere bei den sog. unabhängigen Verfahren — zwischen den mit verschiedenen Diagnoseverfahren an der gleichen Sorte ermittelten Werten vielfach erhebliche Unterschiede bestehen. Werden die Werte im einzelnen betrachtet, so setzen von den in Tab. 53 angeführten Befunden die mit dem Kallosetest erhaltenen Ergebnisse in Erstaunen, da diese die gehegten Erwartungen nicht voll befriedigen. Als eine wesentliche Ursache hierfür kommt der Umstand in Betracht, daß die Konzentration des Blattrollvirus in der Kartoffelknolle wegen der einer Virusdurchseuchung entgegenstehenden Witterung während der den Untersuchungen vorhergehenden Vegetationsperiode (vgl. S. 209) vielfach nicht hoch genug war, um die Bildung von Kallosepfropfen anzuregen. Die angeführten ungünstigen Versuchsbedingungen und nicht allein mangelhafte Arbeitssicherheit des Kallosetestes als Ursache für die recht unbefriedigenden Ergebnisse in Betracht zu ziehen, liegt um so näher, als auch der FEHLING-Test häufig bei den gleichen Sorten, bei denen im Verlauf der mit abhängigen Verfahren durchgeführten Untersuchungen (vgl. Tab. 54) recht gute Ergebnisse erhalten worden waren, mehr oder weniger versagt hat.

Um so erfreulicher waren die recht beachtlichen Ergebnisse, die trotz des ungünstigen Knollenmaterials bei verschiedenen Sorten mit der Selenprobe erzielt werden konnten, obwohl dieses Diagnoseverfahren bisher sehr wenig Beachtung gefunden

TABELLE 55

Übersicht über die Sortenspektren und Testspektren aller in die Untersuchungen einbezogenen Diagnoseverfahren und Sorten

	Erstling	Frühbote	Frühmölle	Sieglinde	Vera	Aquila	Bona	Cornelia	Frühnudel	Leona	Mittelfrühe	Sanita	Toni	Immertreu	Johanna	Mira	Nova	Ackersegen	Capella	Hilla	Merkur	Voran	Zeisig	Bürs 1359/46	Kleinwanzlebener 448/45	Malchower 46.1/715
FEHLING-Test*	–	(+)	+	–	(+)	–	+	(+)	(+)	–	(+)	(+)	(+)	+	(+)	–	–	+	(+)	(+)	+	+	–	+	+	–
Pufferungs-Farbtest	–	–	+	–	×	–	–	–	+	×	(+)	×	(+)	+	+	×	×	(+)	(+)	–	–	–	×	×	×	×
Potential-messung	–	–	+	–	×	+	+	+	+	×	+	×	+	+	–	×	×	+	–	+	(+)	–	×	×	×	×
Potential-Farbtest	+	+	+	–	×	–	+	+	+	×	+	×	(+)	+	+	×	×	+	–	(+)	(+)	–	×	×	×	×
Selenprobe	–	–	–	–	–	–	–	–	–	+	+	–	–	×	–	+	–	(+)	–	–	+	+	–	(+)	–	(+)
Kallosetest	⊙	+	⊙	⊙	+	(+)	⊙	–	–	⊙	⊙	×	⊙	×	–	⊙	–	+	+	–	(+)	(+)	+	⊙	⊙	+

* Die beim FEHLING-Test in beiden Versuchsreihen (vgl. S. 205 ff.) erhaltenen Ergebnisse wurden zusammengefaßt.

Zeichenerklärung:

- \+ Arbeitssicherheit entsprechend den auf S. 214 f. angeführten Kriterien gewährleistet, Test brauchbar.
- (+) Test offensichtlich brauchbar, die auf S. 214 f. angeführten Kriterien sind jedoch nicht in vollem Umfang erfüllt.
- – Test nicht anwendbar.
- × es liegen keine Ergebnisse vor.
- ⊙ Die ungünstigen Ergebnisse im Kallosetest wurden nicht an nachweislich blattrollviruskranken Knollen erhalten.

hat und auch bei den vorbereitenden Untersuchungen an der Sorte Ackersegen zunächst zu wenig überzeugenden Ergebnissen geführt hatte. Die Ergebnisse aus den Untersuchungen zur Aufstellung von Test- und Sortenspektren lassen hoffen, mit diesem Verfahren eine wertvolle Ergänzung der anderen Diagnoseverfahren zu bekommen, die im Hinblick auf den erforderlichen geringen Arbeitsaufwand als besonders bedeutsam erscheinen will. Der Bedeutung des Testes dürfte auch kaum Abbruch tun, daß die richtige Beurteilung der zwischen gesunden und virusinfizierten Proben auftretenden Farbdifferenzen längere Einarbeitung und größere Erfahrung erfordert.

Im Verlauf der Untersuchungen mit sog. abhängigen Verfahren wurden, wie Tab. 54 erkennen läßt, bei den einzelnen Sorten im allgemeinen mit den verschiedenen Verfahren recht gut übereinstimmende Werte erhalten. Sorten, bei denen mit dem FEHLING-Test zwischen gesunden und virusinfizierten Knollen deutliche Reaktionsunterschiede erzielt werden konnten, ergaben häufig mit den anderen abhängigen Diagnoseverfahren ebenfalls verhältnismäßig große Reaktionsunterschiede, während bei Sorten, bei denen der FEHLING-Test keine verläßlichen Virusdiagnosen ermöglichte, zumeist auch die anderen „abhängigen Diagnoseverfahren" versagten. Somit vermitteln die erhaltenen Befunde wesentliche Hinweise für die Gültigkeit der Vorstellungen über die Beziehungen zwischen den „abhängigen Verfahren", die im Verlauf der Erörterungen über die Grundlagen des FEHLING-Testes entwickelt worden sind (vgl. S. 82 ff.). Dem widerspricht auch nicht, daß hinsichtlich der Trennschärfe, mit der die einzelnen Verfahren bei den verschiedenen Sorten viruskranke von gesunden Knollen sondern, nur selten vollständige Übereinstimmung besteht (vgl. Unterschiede in der Höhe der Beurteilungszahlen) und daß bisweilen bei Sorten, bei denen die meisten abhängigen Verfahren Virusbefall anzuzeigen vermögen, der eine oder andere Test versagt. Vollständige Übereinstimmung zwischen den Ergebnissen der verschiedenen Verfahren ist kaum zu erwarten, da die verschiedenen Teilschritte der zum Auf- und Abbau der Hexosen führenden Umsetzungen, auf die sich die Verfahren gründen, nicht nur durch Virusbefall, sondern vielfach auch durch verschiedene Umweltfaktoren in unterschiedlicher Weise beeinflußt werden. Daneben kann auch bereits die Wahl des Verfahrens, mit dem die zwischen gesunden und viruskranken Knollen auftretenden physiologischen Unterschiede einer Beurteilung zugänglich gemacht werden, gewisse Reaktionsunterschiede bedingen.

Um eine Übersicht über die Test- und Sortenspektren zu vermitteln, die sich aus den in Tab. 53 und 54 angeführten Werten ergeben, wurden die gewonnenen Befunde in Tab. 55 zusammengefaßt, indem bei den einzelnen Sorten diejenigen Tests als verwendbar (Kreuz) eingetragen wurden, bei denen in Tab. 53 und 54 entweder zwischen der Durchschnittswertzahl gesunder und virusinfizierter Knollen eine Differenz von mehr als 1,5 Wertzahleinheiten zu verzeichnen ist oder bei denen die Beurteilungszahl (falls mehrere angegeben, zumindest eine) den Wert 0,9 oder der u-Wert den Wert 3 übersteigt. Wenn sich bei den den genannten Tabellen zugrunde liegenden Untersuchungen Beziehungen zwischen Gesundheitszustand und Testverlauf ergaben, ohne daß eines der angeführten Kriterien voll erfüllt war, wurde der entsprechende Test als bedingt geeignet (= eingeklammertes Kreuz) eingestuft.

Tab. 55 läßt deutlich erkennen, daß sowohl zwischen den Testspektren der verschiedenen Sorten als auch zwischen den Sortenspektren der einzelnen Tests beträchtliche Unterschiede zu verzeichnen sind. Jeder Test ist bei einer mehr oder weniger großen Anzahl von Sorten nicht in der Lage, Virusbefall zu erfassen. Dennoch steht bereits im gegenwärtig erreichten Stadium der physiologisch-chemischen Virusdiagnostik bei allen in die Untersuchungen einbezogenen Sorten und Zuchtstämmen mit Ausnahme der Sorte Sieglinde mindestens ein Test zur Verfügung, der befriedigende Hinweise auf den Gesundheitszustand des untersuchten Knollenmaterials zu vermitteln verspricht. Bei rund $^{2}/_{3}$ der erfaßten Sorten können zumindest zwei verschiedene Diagnoseverfahren zur Kennzeichnung des Virusbefalles herangezogen werden. Hiervon steht — nach den bisher erhaltenen Befunden — in rund 50% der Fälle wenigstens ein Test mit dem FEHLING-Test nicht in näherem Zusammenhang.

Wenn auch die diesen Erhebungen zugrunde liegenden Ergebnisse kaum frei von Zufallsabweichungen sein werden, da von jeder Sorte in der Regel nur Knollen einer Herkunft bzw. einiger weniger Herkünfte in die Untersuchungen einbezogen werden konnten (vgl. in Tab. 53 und 54 die Abweichungen in den Ergebnissen des FEHLING-Testes bei den Sorten Frühmölle, Frühnudel, Bona, Toni, Capella, Johanna), so ist doch kaum wahrscheinlich, daß bei Weiterführung der Untersuchungen schlechtere Ergebnisse erhalten werden, denn in einigen Fällen hat sich offensichtlich die Ungunst der einer stärkeren Virusdurchseuchung des Versuchsmaterials entgegenstehenden Witterungsverhältnisse nachteilig auf die Testergebnisse ausgewirkt (vgl. S. 209). Im Hinblick auf diese Verhältnisse darf damit gerechnet werden, daß noch weitere Sorten durch mindestens zwei Tests erfaßt werden können, wobei nicht unwahrscheinlich ist, daß die zwischen gesunden und virusinfizierten Knollen auftretenden Reaktionsunterschiede häufig die in Tab. 53 und 54 angeführten Werte übersteigen. Somit dürften im wesentlichen die Voraussetzungen zur Aufstellung eines alle Sorten erfassenden, sich mehrfach überlappenden Kombinationssystems erfüllt sein, das die Möglichkeit bietet, mit Hilfe geeigneter Testkombinationen die Einflüsse verschiedener die Sicherheit der physiologisch-chemischen Virusdiagnostik beeinträchtigender Umweltfaktoren mehr oder weniger vollständig zu eliminieren und auf diese Weise eine Erhöhung der Testsicherheit zu erreichen. Es ist denkbar, daß nach Abschluß entsprechender Untersuchungen die Testspektren der einzelnen Sorten ebenso wie Hinweise auf geeignete Testkombinationen in Sortenkatalogen aufgenommen werden und z. B. im Anschluß an die Sortenbeschreibung zur Darstellung kommen. Nachuntersuchungen, die bei Anerkennung von Neuzüchtungen für entsprechende Angaben erforderlich werden, könnten die für die Zulassung und Beschreibung der Sorten zuständigen Dienststellen (Zentralstellen für Sortenwesen usw.) übernehmen. Im Hinblick darauf, daß es durchaus im Bereich des Möglichen liegt, daß vor allem nach Ausarbeitung weiterer Tests die Test- und Sortenspektren bzw. die mit den verschiedenen Verfahren an nachweislich gesunden Knollen erhaltenen Ergebnisse wesentliche Grundlagen für eine physiologisch-chemische Charakteristik der Kartoffelsorten vermitteln, sind derartige Untersuchungen für die entsprechenden Stellen vielleicht sogar von besonderem Interesse.

D) KOMBINATIONSTESTS UND TESTKOMBINATIONEN

1. Kombination der Ergebnisse verschiedener an der gleichen Knolle durchgeführter Tests (= Kombinationstests)

a) Untersuchungen an Knollen der Sorte Ackersegen

Um zunächst prinzipiell zu entscheiden, ob und in welchem Ausmaße durch Kombination der Ergebnisse verschiedener an der gleichen Knolle durchgeführter Diagnoseverfahren eine Erhöhung der Testsicherheit erreicht werden kann, begannen die Untersuchungen an einer größeren Anzahl von Knollen der Sorte Ackersegen. An etwa 350 gesunden bzw. von verschiedenen Viruskrankheiten befallenen Knollen kamen nacheinander von den sog. abhängigen Verfahren

1. der FEHLING-Test,
2. der Pufferungs-Farbtest,
3. Potentialmessungen an Eisen(III)-sulfat-Preßsaftgemischen und
4. der Potential-Farbtest

zur Durchführung.

In eine weitere Versuchsreihe wurden von den sog. unabhängigen Verfahren

1. der FEHLING-Test,
2. der Kallosetest und
3. die Selenprobe

in die Untersuchungen einbezogen.

Bei der Auswertung der Versuche wurden die mit diesen Verfahren an den einzelnen Knollen erhaltenen Ergebnisse in verschiedener Weise kombiniert, indem die den Testverlauf kennzeichnenden Wertzahlen addiert wurden. Die auf diese Weise gewonnenen Kombinationswertzahlen wurden entsprechend dem Gesundheitszustand der untersuchten Knollen zu Durchschnittswertzahlen zusammengefaßt. Die an gesunden Knollen ermittelten Durchschnittswertzahlen wurden gemäß den bisher gesammelten Erfahrungen denjenigen gegenübergestellt, die an sekundär von schweren Viren (Blattroll-, Strichel- und Mischinfektionen), von leichten Viren (Mosaik- und Kräuselmosaikinfektionen) bzw. primär von schweren Viren[1]) befallenen Knollen gewonnen worden waren. Hierbei wurde die Beurteilungszahl (vgl. S. 50) als Maßstab für die Trennschärfe der Testkombinationen und somit auch als Maßstab für die Arbeitssicherheit herangezogen. Die bei der

[1]) Als primär befallen wurden Knollen von in der vorhergehenden Vegetationsperiode symptomlosen Pflanzen eingestuft, die Befallssymptome erstmalig bei der Kontrolle im Stecklingstest bzw. beim Nachbau im Feldbestand erkennen ließen.

TABELLE 56
Testkombinationen unter Einbeziehung
verschiedener „abhängiger Diagnoseverfahren"
Sorte Ackersegen

Test	Beurteilungszahl, gebildet unter Einbeziehung		
	gesunder und sekundär mit schweren Viren infizierter Knollen	gesunder und mit leichten Viren infizierter Knollen	gesunder und primär mit schweren Viren infizierter Knollen
FEHLING-Test	2,00	0,48	1,76
Pufferungs-Farbtest	0,78	0,34	3,86
Potentialmessung	1,68	1,14	1,90
Potential-Farbtest	1,52	0,24	1,09
Testkombinationen			
FEHLING + Pufferung	**2,21**	0,48	1,91
FEHLING + Pot.-Messung	1,86	0,50	1,88
FEHLING + Pot.-Farbtest	1,47	0,45	1,81
Puff. + Pot.-Messung	1,59	0,33	1,63
Puff. + Pot.-Farbtest	**1,78**	0,32	1,44
FEHLING + Puff. + Pot.-Mess.	**2,21**	0,48	1,90
FEHLING + Puff. + Pot.-Farbtest	**2,14**	0,47	1,63

Die Testsicherheit ist durch Beurteilungszahlen $\left(B = 2 \cdot \frac{|M_1 - M_2|}{\sigma_1 + \sigma_2}\right)$, zum Ausdruck gebracht.
Testkombinationen, denen höhere Beurteilungszahlen zukommen als den diesen zugrunde liegenden Einzeltests, sind durch Fettdruck hervorgehoben.

Kombination verschiedener „abhängiger Verfahren" ermittelten Beurteilungszahlen sind in Tab. 56 zusammen mit den die Arbeitssicherheit der Einzeltests kennzeichnenden Beurteilungszahlen wiedergegeben.
Ein Überblick über die Beurteilungszahlen, die sich auf die an gesunden und stark virusinfizierten Knollen gewonnenen Ergebnisse beziehen (Sp. a), läßt erkennen, daß diese bei vier von sieben in die Untersuchungen einbezogenen Testkombinationen höher sind als die Beurteilungszahl des besten Einzeltests der jeweiligen Kombination. Es handelt sich hierbei um die
Zweitestkombinationen:

FEHLING-Test + Pufferungs-Farbtest und
Pufferungs-Farbtest + Potential-Farbtest

sowie die Dreitestkombinationen:

FEHLING-Test + Pufferungs-Farbtest +
elektrometrische Potentialmessung

und

FEHLING-Test + Pufferungs-Farbtest +
Potential-Farbtest.

TABELLE 57

Testkombinationen unter Einbeziehung verschiedener abhängiger Diagnoseverfahren. Sorte Ackersegen. Anteilreihen von Einzeltests und Testkombinationen.

Wertzahl	FEHLING-Test		Pufferungs-Farbtest		Potentialmessung		Potential-Farbtest		FEHLING + Pufferungs-Farbtest		FEHLING + Potentialmessung		FEHLING + Potential-Farbtest		Pufferungstest + Potentialmessung		Pufferungstest + Potential-Farbtest		FEHLING + Pufferungstest + Potentialmessung		FEHLING + Pufferungstest + Potential-Farbtest	
	G	V	G	V	G	V	G	V	G	V	G	V	G	V	G	V	G	V	G	V	G	V
1	48,8	5,4	2,4	8,2	13,4	0,0	56,8	6,9	—	—	—	—	—	—	—	—	—	—	—	—	—	—
2	29,3	12,2	30,5	15,1	58,6	31,1	6,2	6,9	1,2	0,0	8,5	0,0	29,7	0,0	2,4	0,0	2,5	0,0	—	—	—	—
3	17,1	5,4	41,5	27,4	28,0	31,1	16,0	19,0	23,2	1,4	35,4	4,1	22,2	4,1	3,7	0,0	21,0	0,0	1,2	0,0	1,2	0,0
4	2,4	5,4	24,4	49,3	0,0	24,3	13,6	15,5	22,0	4,1	25,6	9,5	16,1	6,7	25,6	8,2	14,8	2,7	4,9	0,0	18,5	0,0
5	2,4	71,6	1,2	0,0	0,0	13,5	7,4	51,7	24,3	6,8	18,3	8,1	8,6	8,1	28,0	9,6	27,1	9,6	15,8	1,4	7,4	2,7
6	—	—	—	—	—	—	—	—	20,7	5,4	9,8	4,1	14,8	5,4	34,2	13,7	14,8	1,6	22,0	4,1	18,5	1,4
7	—	—	—	—	—	—	—	—	3,7	9,6	2,4	12,1	7,4	10,8	6,1	15,1	9,9	15,1	20,7	4,1	22,3	8,2
8	—	—	—	—	—	—	—	—	4,9	11,0	0,0	27,0	0,0	4,1	0,0	27,4	9,9	12,3	19,5	5,5	5,0	5,5
9	—	—	—	—	—	—	—	—	0,0	19,2	0,0	21,6	0,0	10,8	0,0	13,7	0,0	15,1	9,8	9,6	18,5	2,7
10	—	—	—	—	—	—	—	—	0,0	42,5	0,0	13,5	1,2	50,0	0,0	12,3	0,0	35,6	3,7	5,5	7,4	6,9
11	—	—	—	—	—	—	—	—	—	—	—	—	—	—	—	—	—	—	2,4	8,2	0,0	5,5
12	—	—	—	—	—	—	—	—	—	—	—	—	—	—	—	—	—	—	0,0	12,3	0,0	9,6
13	—	—	—	—	—	—	—	—	—	—	—	—	—	—	—	—	—	—	0,0	23,3	1,2	8,2
14	—	—	—	—	—	—	—	—	—	—	—	—	—	—	—	—	—	—	0,0	13,7	0,0	13,7
15	—	—	—	—	—	—	—	—	—	—	—	—	—	—	—	—	—	—	0,0	12,3	0,0	35,6

Dieses Ergebnis besagt, daß in der Tat entsprechend der den Untersuchungen zugrunde liegenden Arbeitshypothese sogar bei „abhängigen Verfahren“ mit verschiedenen geeigneten Testkombinationen eine größere Arbeitssicherheit erreicht werden kann als mit den einzelnen in die Kombinationen einbezogenen Tests.

Zur weiteren Kennzeichnung der vorgefundenen Verhältnisse sind in Tab. 57 die Anteilreihen wiedergegeben, die mit Hilfe von Einzeltests und Testkombinationen bei den Untersuchungen an gesunden und sekundär mit schweren Viren befallenen Knollen gewonnen worden sind. Wie aus der Aufstellung ersichtlich, rücken bei den Testkombinationen die Anteilreihen gesunder und virusinfizierter Knollen in der Regel im Vergleich zu denjenigen der Einzeltests auseinander, während die Streuung nicht im gleichen Maße anwächst. Dies hat zur Folge, daß in höheren Wertzahlklassen (8, 9 und 10 bei den Zweitestkombinationen, 12 bis 15 bei den Dreitestkombinationen) kaum noch gesunde Knollen und in niedrigen Wertzahlklassen (2 und 3 bei den Zweitest- bzw. 3 und 4 bei den Dreitestkombinationen) kaum noch virusinfizierte Knollen vertreten sind. Knollen, die bei der Untersuchung mit Testkombinationen hohe Wertzahlen ergeben, dürfen daher mit erheblicher Sicherheit als viruskrank angesehen werden, während Knollen mit sehr niedrigen Wertzahlen mit ebenso großer Sicherheit frei von schweren Virosen sind.
Werden die an gesunden bzw. mit leichten Viren infizierten Knollen mit Hilfe von Testkombinationen ermittelten Werte den mit Hilfe von Einzeltests erhaltenen Werten gegenübergestellt, so ergeben sich bei den Testkombinationen Beurteilungszahlen (Tab. 56, Sp. b), die etwa denjenigen der besten der in die Kombinationen einbezogenen Einzeltests entsprechen. Daß die bekannte, bei allen Einzeltests u. a. in einer beträchtlichen Verringerung der Beurteilungszahl zum Ausdruck kommende Unsicherheit in der Kennzeichnung leichter Viren (vgl. S. 41 ff. und S. 144 ff.) auch durch Kombination mehrerer unsicherer Werte kaum auszugleichen ist, dürfte nicht verwunderlich sein.
Gewisses Erstaunen erregt dagegen die hohe Beurteilungszahl, die sich bei Gegenüberstellung der Werte ergibt, die mit dem Pufferungs-Farbtest an gesunden bzw. primär mit schweren Viren infizierten Knollen erhalten worden waren (Tab. 56, Sp. c). Die Höhe der Beurteilungszahl läßt es verständlich erscheinen, daß sie durch Testkombinationen nicht überschritten wird. Ob sich in diesem hohen Wert eine unmittelbar nach der Virusinfektion besonders stark in Erscheinung tretende, im weiteren Verlauf der Erkrankung jedoch wieder etwas zurückgehende Erhöhung der Konzentration schwacher organischer Säuren bzw. Aminosäuren oder eine zufällige Kombination bestimmter, zur Erhöhung der Konzentration der angeführten Verbindungen beitragender Umweltfaktoren widerspiegelt, muß vorerst dahingestellt bleiben, da uns seit Durchführung der Untersuchungen noch nicht wieder genügend primär befallene Knollen für eine Wiederholung der Untersuchungen zur Verfügung standen. Es liegt jedoch nahe, in der bei primär befallenen Knollen vorgefundenen Erhöhung des Pufferungsvermögens eine weitere Bestätigung für die Gültigkeit der bei der Diskussion der Ergebnisse der Unter-

suchungen zur Klärung der Frage nach den Ursachen des FEHLING-Testes geführten Überlegungen (vgl. S. 83 ff.) zu sehen, nach denen die Anhäufung „puffernder" organischer Säuren den Potentialänderungen und anderen diagnostisch bedeutsamen Veränderungen vorangehen muß. Dies würde bedeuten, daß eine starke Erhöhung des sog. Pufferungsvermögens einen ausgezeichneten Indikator für Primärinfektionen mit schweren Viren darstellt. Da sich bei Testkombinationen diese starke Erhöhung des Pufferungsvermögens selbst bei unwesentlicher Veränderung der anderen, in die Untersuchungen einbezogenen Tests in einer beträchtlichen Erhöhung der Kombinationswertzahlen auswirken muß, käme diesen somit bei primär mit schweren Viren infizierten Knollen eine solche Höhe zu, daß sie neben Sekundärbefall auch Primärbefall zumindest in vielen Fällen richtig anzeigen werden, ein Umstand, dem im Hinblick auf die Untersuchung von Zuchtmaterial Bedeutung zuzumessen sein dürfte.

Indem in den vorliegenden Untersuchungen bereits Testkombinationen, die durch einfache Addition der bei Durchführung der einzelnen Tests erhaltenen Wertzahlen zustande kommen, insbesondere sekundären, in gewissen Fällen aber auch primären Virusbefall sicherer anzuzeigen vermögen als Einzeltests, zeichnet sich ein Weg ab, der zu einer beachtlichen Steigerung der Arbeitssicherheit physiologisch-chemischer Diagnoseverfahren führen dürfte. Voraussetzung für die praktische Anwendung derartiger Kombinationsverfahren im Rahmen praktischer Aufgaben ist jedoch, daß die in den Kombinationen zusammengefaßten Tests keinen großen Aufwand erfordern. Es muß daher die Zukunft erweisen, ob die vorstehend untersuchten Kombinationen, für die trotz getroffener Vereinfachungen (vgl. S. 203 f.) z. T. noch immer die zeitraubende Herstellung von Preßsaft erforderlich ist, größere Bedeutung erlangen werden.

Anders liegen die Verhältnisse bei den zur Prüfung auf ihre Eignung für die Zusammenstellung von Kombinationstests vorgesehenen sog. unabhängigen Diagnoseverfahren, denn diese können sämtlich an Knollenstücken ausgeführt werden. Entsprechenden Untersuchungen war daher besondere Bedeutung zuzumessen. Sie wurden an einer größeren Anzahl gesunder und mit schweren Virosen infizierter Knollen der Sorte Ackersegen ausgeführt. Die erhaltenen Ergebnisse sind nachfolgend durch Beurteilungszahlen zum Ausdruck gebracht:

FEHLING-Test	2,66
Selenprobe	0,45
Kallosetest	0,93
FEHLING-Test + Selenprobe	1,68
Selenprobe + Kallosetest	0,89
FEHLING-Test + Kallosetest	2,26
FEHLING-Test + Selenprobe + Kallosetest	1,48

Daß die Kombinationsbeurteilungszahlen nicht die Beurteilungszahlen der Einzeltests übersteigen, will im Hinblick auf die im Vergleich zu den Beurteilungszahlen des Kallosetestes und der Selenprobe verhältnismäßig hohe Beurteilungszahl des FEHLING-Testes verständlich erscheinen, denn die Ergebnisse eines Testes von verhältnismäßig hoher Trennschärfe werden wohl nur in seltenen Fällen durch Kombination mit den Ergebnissen eines Testes von wesentlich geringerer Trennschärfe eine Verbesserung erfahren.

Da die angeführten Ergebnisse nur an Knollen von 3 Herkünften gewonnen worden waren und somit als nicht unbedingt frei von Zufallseinflüssen angesehen werden dürfen, wurde im Hinblick auf die Bedeutung, die vielerorts dem Kallosetest beigemessen wird, und im Hinblick auf die Hoffnungen, die insbesondere auf die Testkombination FEHLING-Test + Kallosetest gesetzt worden waren, die letztgenannte Kombination einer weiteren gründlichen Überprüfung unterzogen.

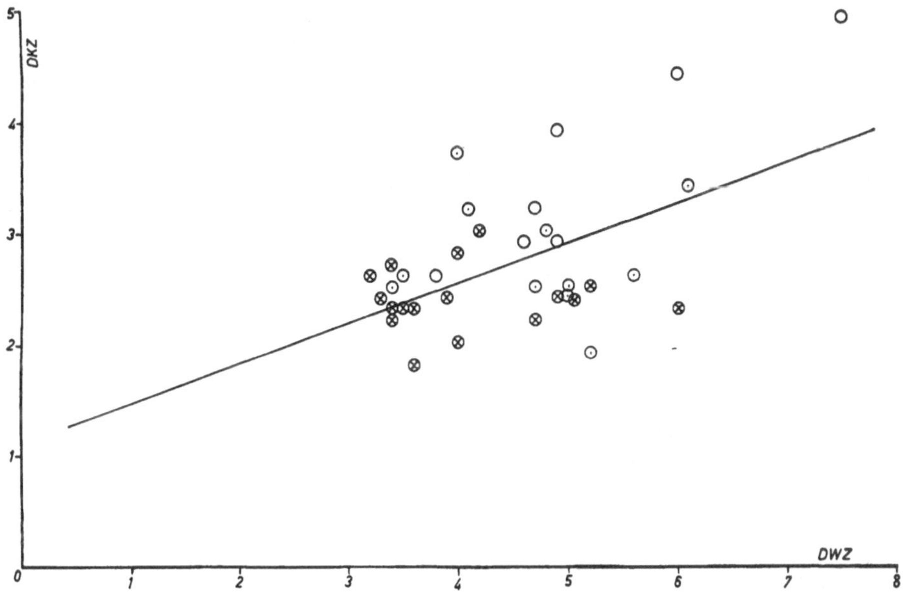

Abb. 24. Zusammenfassung der Ergebnisse des FEHLING-Testes und des Kallosetestes zu einem Kombinationstest. Der Darstellung liegen die gleichen Untersuchungen zugrunde wie den Abbildungen 21 und 23.
r = 0,54; ZHW — 0,48; R — 0,36.

Hierfür konnten die Werte herangezogen werden, die bei den Untersuchungen zur Ermittlung der Arbeitssicherheit des Kallosetestes (vgl. S. 169) erhalten worden waren, da alle im Kallosetest geprüften Knollen zusätzlich auch im FEHLING-Test untersucht worden waren.
In Abb. 24 sind die an den verschiedenen Herkünften der Sorte Ackersegen gewonnenen Kombinationsdurchschnittswertzahlen dem im herkunftsweisen Nachbau der untersuchten Knollen ermittelten Gesundheitszustand der Herkünfte gegenübergestellt. Ein Vergleich zwischen den verzeichneten Werten und den an denselben Herkünften und Knollen mit dem Kallosetest (Abb. 20 und 21) und

dem FEHLING-Test (Abb. 23) erhaltenen Ergebnissen läßt erkennen, daß die Testkombination den Gesundheitszustand kaum sicherer widerspiegelt als die Einzeltests. Auch die Einzelknollenauswertung läßt keine eindeutige Überlegenheit der Testkombination erkennen. Die Kombination FEHLING-Test + Kallosetest kann daher zumindest bei der Sorte Ackersegen kaum als günstig angesehen werden. Doch auch bei den Sorten Merkur und Voran wurden keine ermutigenden Ergebnisse erhalten. Auf eine Wiedergabe dieser Befunde soll daher verzichtet werden.

Als Grund für das Ausbleiben der mit der Kombination FEHLING-Test + Kallosetest erhofften Steigerung der Diagnosesicherheit dürfte unter anderem der Umstand in Betracht zu ziehen sein, daß der Kallosetest im allgemeinen nur das Blattrollvirus anzuzeigen vermag. Es ergeben sich daher bei der Addition der Testergebnisse bei sehr vielen mit anderen Viren befallenen Knollen, die im FEHLING-Test richtig mit hohen Wertzahlen gekennzeichnet worden waren, Additionswertzahlen mittlerer Höhe (Wz 4 bis 6), wie sie auch häufig von gesunden Knollen erhalten werden, die sowohl im FEHLING-Test als auch im Kallosetest richtig bzw. nahezu richtig mit den Wertzahlen 2 oder 3 gekennzeichnet worden sind. Hierdurch entstehen besonders umfangreiche Überschneidungen zwischen den Variationsbereichen gesunder und virusinfizierter Knollen, die die Stellung verläßlicher Diagnosen beträchtlich erschweren.

Weitere Ansatzpunkte zur Klärung der Ursachen für die unerwartet ungünstigen Ergebnisse der Kombination FEHLING-Test + Kallosetest dürften sich aus den Untersuchungen über die Auswirkungen von Glucoseapplikation auf die Kallosebildung (vgl. S. 165 f.) ergeben. Da Glucoseapplikation eine gewisse Verminderung der blattrollvirusinduzierten Kallosebildungen nach sich zieht, liegt nahe, daß in bestimmten Fällen, bei denen durch Einwirkung im einzelnen nicht bekannter innerer oder äußerer Faktoren die Hexosenkonzentration virusinfizierter Knollen erhöht ist und somit bei Durchführung des FEHLING-Testes Anlaß zu Fehldiagnosen gibt, auch die Kallosebildung erschwert ist, während umgekehrt bei umweltinduzierter Verminderung der Glucosekonzentration die Kallosebildung gefördert wird. Obwohl den gegenwärtigen Vorstellungen zufolge die blattrollvirusinduzierte Kallosebildung unabhängig von den Reaktionsketten des FEHLING-Testes (vgl. S. 82 ff.) erfolgt, ergibt sich somit eine — wenn auch verhältnismäßig lose — Verknüpfung zwischen den Diagnoseverfahren, die geeignet ist, Fehldiagnosen des FEHLING-Testes, insbesondere mangelhafte Kennzeichnung von Virusbefall, im Ergebnis des Kallosetestes ebenfalls mehr oder weniger stark zur Auswirkung kommen zu lassen.

Im Lichte dieser durch den Einfluß der Glucosekonzentration auf die Kallosebildung bedingten Sekundärverknüpfung liegt ferner nahe, die verhältnismäßig günstigen Ergebnisse, die bei der Sorte Aquila und bei dem Zuchtstamm Malchower 46.1./915 mit dem Kallosetest erzielt wurden (vgl. Tab. 54 und 55), z. T. darauf zurückzuführen, daß infolge einer sortentypisch geringen, die Anwendung des FEHLING-Testes unterbindenden Glucosekonzentration die virusinduzierte Neigung zu erhöhter Kallosebildung keine Hemmung erfährt und sich somit in vollem

TABELLE 58

Testkombinationen unter Einbeziehung verschiedener „unabhängiger Diagnoseverfahren" bei mehreren Sorten mit geeigneten Testspektren entsprechend Tab. 53 u. 55.

Die Testsicherheit ist durch Beurteilungszahlen $\left(B = \frac{2\,|M_1 - M_2|}{\sigma_1 + \sigma_2}\right)$ zum Ausdruck gebracht. Der Berechnung der Beurteilungszahlen der einzelnen Tests liegen nur die Ergebnisse von Knollen zugrunde, an denen alle Tests durchgeführt worden waren. Es treten daher verschiedentlich Abweichungen zwischen den in Tab. 54 und den in Tab. 58 angeführten Beurteilungszahlen auf. Testkombinationen, denen größere Diagnosesicherheit (= eine höhere Beurteilungszahl) zukommt als den diesen zugrunde liegenden Einzeltests, sind fett gedruckt.

Sorte	FEHLING-Test	Selenprobe	Kallose-Test	Selenprobe + FEHLING-Test	Selenprobe + Kallosetest	Kallosetest + FEHLING-Test	Selenprobe + Kallosetest + FEHLING-Test
Mittelfrühe	0,84	1,30	1,34	1,00	0,89	0,99	1,09
Vera	0,60	0,91	0,74	**0,92**	0,90	0,25	**0,99**
Merkur	1,44	1,43	0,03	**1,81**	1,32	0,90	**1,63**
Voran	1,70	1,31	0,24	**2,16**	**1,38**	**1,80**	**2,21**

Umfange auswirken kann. Wenn auch zweifelsohne weitere, noch nicht im einzelnen bekannte Faktoren in die angeführten Beziehungen eingreifen dürften, so berechtigen diese Ergebnisse doch zu gewissen Hoffnungen, für Sorten, bei denen der FEHLING-Test nicht anwendbar ist, durch den Kallosetest eine willkommene Ergänzung des Testspektrums zu erhalten.

b) Untersuchungen bei verschiedenen Sorten

Die an der Sorte Ackersegen unter Einbeziehung einer großen Anzahl von Knollen erhaltenen Befunde über die Möglichkeiten zur Entwicklung von Kombinationstests konnten bei Untersuchungen an verschiedenen anderen, auf Grund ihres Testspektrums (vgl. Tab. 53 bis 55) für bestimmte Testkombinationen geeigneten Sorten bestätigt bzw. erweitert werden.

Bei der Kombination „unabhängiger Verfahren" erwies sich die Zusammenfassung der Ergebnisse des FEHLING-Testes mit denjenigen der Selenprobe als günstig. Wie aus Tab. 58 ersichtlich, überstiegen die entsprechenden Kombinationsbeurteilungszahlen die Beurteilungszahlen der den Kombinationen zugrunde liegenden Verfahren z. T. in beachtlichem Maße. Im Hinblick darauf, daß beide Tests keinen großen Arbeitsaufwand erfordern, dürfte der Kombination FEHLING-Test + Selenprobe praktische Bedeutung für die Erhöhung der Sicherheit physiologisch-chemischer Diagnoseverfahren zuzumessen sein, wenn sich die erhaltenen Ergebnisse in weiteren umfangreicheren Untersuchungen bestätigen.

Im Gegensatz zu der angeführten Testkombination erwies sich die Kombination FEHLING-Test + Kallosetest in Übereinstimmung mit den an der Sorte Ackersegen erhaltenen Befunden nicht als günstig.

Auch durch die Testkombination Selenprobe + Kallosetest konnte die Sicherheit der Einzeltests nur in einem Fall übertroffen werden. Dagegen wurden überraschenderweise mit der Dreitestkombination FEHLING-Test + Kallosetest + Selenprobe Beurteilungszahlen erreicht, die bei 3 von 4 Sorten die höchsten Beurteilungszahlen der Einzeltests übertrafen. Bei 2 Sorten überstieg die Kombinationsbeurteilungszahl sogar diejenige der Kombination FEHLING-Test + Selenprobe. Die Dreitestkombinationen dürften aber aus arbeitstechnischen Gründen kaum für eine praktische Anwendung in Frage kommen.

Bei der Kombination „abhängiger Verfahren" (vgl. Tab. 59) überstieg bei 7 von 9 in die Untersuchungen einbezogenen Sorten zumindest die Beurteilungszahl einer der geprüften „Zweitestkombinationen" die höchste Beurteilungszahl der Einzeltests. Verschiedentlich lagen die erhaltenen Werte nicht unbeträchtlich über der Beurteilungszahl des besten Einzeltests. In einem Falle kam die Beurteilungszahl der Testkombinationen bereits dem Wert 6 recht nahe, der besagt, daß zwischen den Variationsbereichen gesunder und virusinfizierter Knollen kaum mehr Überschneidungen zu verzeichnen sind (vgl. S. 45). Die Zusammenfassung von drei Tests führte dagegen kaum zu einer Verbesserung der Testsicherheit. Aus diesem Grunde sowie wegen arbeitstechnischer Erwägungen dürfte sich die Zusammenfassung von drei „abhängigen Diagnoseverfahren" kaum empfehlen.

TABELLE 59

Testkombinationen unter Einbeziehung verschiedener „abhängiger Diagnoseverfahren“ bei mehreren Sorten mit geeigneten Testspektren entsprechend Tab. 54 u. 55. Weitere Erläuterungen wie für Tab. 58

Sorte	Gesundheitszustand der verglichenen Proben	FEHLING-Test	Pufferungs-Farbtest	Potentialmessung	Potential-Farbtest	FEHLING-Test + Pufferungstest	FEHLING-Test + Potentialmessung	FEHLING-Test + Potential-Farbtest	Pufferungstest + Potentialmessung	Pufferungstest + Potential-Farbtest	FEHLING-Test + Pufferungstest + Potentialmessung	FEHLING-Test + Pufferungstest + Potential-Farbtest
Frühnudel	G:Y	4,92	2,32	5,10	2,63	3,94	**5,94**	4,67	3,91	**2,89**	4,91	4,29
Bona	G:Y	0,01	0,02	2,11	0,23	0,00	1,24	**0,66**	1,17	**0,80**	0,88	**0,50**
Cornelia	G:Y	1,20	0,64	2,65	0,82	1,17	2,33	**1,27**	2,00	**0,87**	1,97	1,19
	G:B	2,40	0,67	3,79	1,73	1,41	2,63	2,10	1,92	1,58	1,99	1,97
Mittelfrühe	G:Y	0,16	0,30	0,45	1,07	0,06	0,31	0,55	**0,85**	0,74	0,31	0,57
Capella	G:Y	0,79	0,35	0,09	0,008	0,42	0,67	0,74	0,25	0,23	0,63	0,64
	G:B	1,41	1,23	0,00	0,66	**1,58**	1,27	1,26	0,75	1,07	1,15	1,41
Hilla	G:Y	0,07	1,47	1,15	0,72	0,44	0,47	0,35	0,27	0,12	0,11	0,04
Johanna	G:M	1,34	2,64	0,53	3,66	1,78	0,99	0,07	2,17	**4,25**	1,72	2,81
Merkur	G:M	1,25	0,93	1,99	1,23	0,92	1,98	**1,55**	1,16	0,69	1,43	1,17
Voran	G:M	1,67	0,82	0,53	0,72	1,61	1,27	1,61	0,75	0,80	1,35	1,63

2. *Paralleldurchführung verschiedener Tests (= Testkombinationen)*

Bei virusdiagnostischen Untersuchungen, die vor allem darauf abgestellt sind, den durchschnittlichen Gesundheitszustand von Herkünften zu ermitteln bzw. zu kontrollieren, kann häufig darauf verzichtet werden, die an den einzelnen Knollen mit verschiedenen Tests gewonnenen Werte zu einer Kombinationswertzahl zusammenzufassen. Es erwies sich in vielen Fällen als ausreichend, verschiedene Tests nacheinander an der zu untersuchenden Stichprobe durchzuführen und die erhaltenen Ergebnisse zu vergleichen. Hierbei war im allgemeinen die Kontrolle auch dann gewährleistet, wenn der zweite Test zunächst nur an einem Teil der mit dem ersten Test untersuchten Probe zur Durchführung kam. Aus arbeitsökonomischen Gründen ist es zweckmäßig, zunächst alle Knollen mit dem einfacher zu handhabenden Diagnoseverfahren zu untersuchen, ungeachtet dessen, ob diesem die größere Arbeitssicherheit zukommt oder nicht. Tests, die an Knollenteilen (Stanzstücken usw.) ausgeführt werden können, sollte vor Verfahren, für die Preßsaft benötigt wird, der Vorzug gegeben werden. Die Anzahl der Knollen, die anschließend zur Kontrolle der erhaltenen Ergebnisse nochmals mit dem schwieriger zu handhabenden Test nachuntersucht werden, muß sich nach der Verläßlichkeit der mit dem zuerst ausgeführten Test erhaltenen Ergebnisse richten. Werden beispielsweise mit dem ersten Test Ergebnisse erzielt, die mit großer Sicherheit auf guten Gesundheitszustand oder starken Virusbesatz schließen lassen, so kann sich die Paralleluntersuchung auf verhältnismäßig wenige Knollen, vielleicht auf 10% der Knollen der Stichprobe, beschränken. Liefert die kleine, im zweiten Test untersuchte Probe vom ersten Test erheblich abweichende Ergebnisse, ist stets daran zu denken, daß der Verlauf eines der beiden zu den Untersuchungen herangezogenen Diagnoseverfahren umweltinduzierte Veränderungen erfahren hat. In diesem Falle muß noch eine weitere, größere Probe mit dem zweiten Test untersucht werden. Ergeben sich erneut Abweichungen, so ist — wenn möglich — ein dritter Test heranzuziehen, bevor die Herkunft endgültig beurteilt werden kann. Falls kein drittes Diagnoseverfahren zur Verfügung steht, muß auf den Stecklingstest zurückgegriffen werden.

Von vornherein wesentlich größer wird die im zweiten Test zu untersuchende Probe anzusetzen sein, wenn die Ergebnisse des zuerst zur Durchführung kommenden Schnelltests keine eindeutigen Rückschlüsse auf den Gesundheitszustand der Probe zulassen (z. B. beim FEHLING-Test die Werte der kritischen Zone). Sind die Ergebnisse des zweiten Tests, mit dem in diesem Falle etwa 30 bis 50% der mit dem ersten Test erfaßten Knollen untersucht werden müßten, ebenfalls nicht eindeutig und ergeben sich auch keine verläßlichen Werte, wenn die an jeder Knolle mit den beiden Tests erhaltenen Ergebnisse zu einer Kombinationswertzahl (vgl. S. 216 ff.) zusammengefaßt werden, so muß — wiederum in größerem Umfang — ein dritter Test herangezogen werden, falls nicht auf den Stecklingstest zurückgegriffen wird.

Nicht in die Untersuchungen einbezogen wurden Kombinationen zwischen physiologisch-chemischen Diagnoseverfahren und serologischen Verfahren, um den durch das Thema der Arbeit gegebenen Rahmen nicht zu sprengen. Derartigen

Kombinationen dürfte besonders im Hinblick auf die serologisch nicht erfaßbaren Viren Bedeutung zukommen. Hierbei muß vorläufig offen bleiben, ob es zweckmäßiger ist, auf Verfahren zurückzugreifen, die — wie der Kallosetest — nur das Blattrollvirus anzuzeigen vermögen, oder ob vor allem Tests, die auch auf serologisch nachweisbare Viren reagieren, in die Kombinationen aufgenommen werden sollen. Es ist nicht ausgeschlossen, daß Tests, die nur serologisch nicht erfaßbare Viren anzeigen, für die Kombination mit serologischen Verfahren besser geeignet sind als anderweitige physiologisch-chemische Verfahren, da bei letzteren Rückschlüsse auf den Besatz mit serologisch nicht nachweisbaren Viren nur indirekt durch Vergleiche zwischen dem Prozentsatz der auf serologischem Wege und dem Prozentsatz der auf physiologisch-chemischem Wege als virusinfiziert angezeigten Knollen möglich sind. Die Klarstellung dieser Frage muß wesentliches Ziel weiterer Untersuchungen sein.

E) DISKUSSION DER ERGEBNISSE UND AUSBLICK

Die Ergebnisse der Untersuchungen zur Entwicklung von Kombinationsverfahren lassen erkennen, daß die Arbeitssicherheit physiologisch-chemischer Tests durch geeignete Testkombinationen über das mit dem besten in die Untersuchungen einbezogenen Test erreichbare Maß hinaus gesteigert werden kann. Neben einer besseren Kontrolle der mit verschiedenen Tests bei Herkunftsprüfungen erhaltenen Ergebnisse wird es ermöglicht, innerhalb bestimmter Reaktionsbereiche (sehr niedrige bzw. hohe Wertzahlen) mit beachtlicher Sicherheit auf den Gesundheitszustand der untersuchten Knollen zu schließen. Die erhaltenen Ergebnisse zeigen aber auch, daß nicht grundsätzlich jede Testkombination bei jeder Kartoffelsorte zu einer Erhöhung der Arbeitssicherheit führen muß. Hierfür ist vielmehr Voraussetzung, daß sich die miteinander gekoppelten Tests ergänzen. Diese Ergänzung dürfte vor allem dadurch zustande kommen, daß die den Tests zugrunde liegenden physiologischen Umsetzungen durch bestimmte Umweltverhältnisse bei dem einen Test in Richtung „gesund", bei dem anderen in Richtung „krank" verschoben werden, so daß sich die umweltbedingten Abweichungen miteinander ausgleichen. Ein derartiger Ausgleich kann jedoch bei der bisher gehandhabten Form der Zusammenfassung im Wege einer einfachen Addition der erhaltenen Wertzahlen nur voll wirksam werden, wenn die gegensätzlichen Abweichungen etwa gleich groß sind. Den vorliegenden Erfahrungen zufolge ist aber kaum anzunehmen, daß diese Bedingung jemals in vollem Umfange erfüllt ist. Um dennoch die Arbeitssicherheit durch Testkombinationen in größtmöglichem Umfange zu steigern, und — wenn irgend angängig — bisher in keinem Falle erhaltene Beurteilungszahlen über 6 (vgl. S. 51 ff. u. 216 ff.) zu erreichen, muß daher dem unterschiedlichen Umfang der umweltbedingten Verschiebung des Reaktionsverlaufes der einzelnen Tests Rechnung getragen werden, indem die Ergebnisse der Tests bei der Zusammenfassung durch Multiplikation mit entsprechenden Faktoren eine unterschiedliche Wertung erfahren.

Anhaltspunkte für die Festlegung derartiger Faktoren können erhalten werden, indem die den einzelnen Tests zugrunde liegenden Stoffwechselvorgänge und deren Beeinflussung durch bestimmte Umweltverhältnisse möglichst genau untersucht werden. Schneller zum Ziele führen dürften aller Voraussicht nach Diskriminanzanalysen, durch die verschiedene an Stichproben ermittelte Merkmale gemeinsam zur Aufstellung einer Trennformel für die zu unterscheidenden Kollektive, in unserem Falle für gesunde und viruskranke Knollen, herangezogen werden, um eine schärfere Aussage zu gewinnen. Hierbei erfolgt die Vereinigung der ermittelten Merkmale — z. B. der Ergebnisse der einzelnen Tests — dergestalt, daß jedes Merkmal vor der Addition mit einem im Verlauf der Diskriminanzanalysen erhaltenen Faktor multipliziert wird. Diese die günstigste Trennformel ergebenden Faktoren können aber im vorliegenden Falle kaum etwas anderes darstellen als eine Maßzahl für den Umfang, in dem die Ergebnisse der einzelnen Tests durch bestimmte Umweltverhältnisse beeinflußt werden.

Damit die umfangreichen, mit der Diskriminanzanalyse verbundenen Rechenoperationen zu verläßlichen Ergebnissen führen, müssen gewisse Voraussetzungen erfüllt sein. Insbesondere müssen Ergebnisse vorliegen, die an zahlreichen, hinsichtlich ihres Gesundheitszustandes wohldefinierten, unter genau kontrollierten Bedingungen angezogenen Knollen gewonnen worden sind. Bei der Anzucht dieses Versuchsmaterials ist darauf zu achten, daß die Kulturbedingungen in erforderlichem Maße variiert werden.

Damit der zu erwartende Erfolg diesem Aufwand in vollem Umfang entspricht, will es zweckmäßig erscheinen, vor Beginn entsprechender Arbeiten weitere für Kombinationstests geeignete Schnellmethoden auszuarbeiten. Hierbei dürften günstige Ergebnisse zu erzielen sein, indem planmäßig möglichst viele Teilschritte der Umsetzungen untersucht werden, die den bisherigen Kenntnissen entsprechend bei der Virussynthese eine Umsteuerung erfahren. Eigene Untersuchungen zur pathologischen Physiologie pflanzlicher Virosen, die zunächst weniger an der Kartoffel als vielmehr an für derartige Untersuchungen leichter zugänglichen Pflanzen erfolgen, dienen diesem Ziel.

Die Vielfalt der vorstehend angeführten, aus den Ergebnissen der Untersuchungen zur physiologisch-chemischen Virusdiagnostik erwachsenden Aufgaben und die Vielzahl der zu ihrer Lösung erforderlichen Methoden, die sowohl eingehende physikalische als auch chemische, biologische, mathematische und acker- und pflanzenbauliche Kenntnisse erfordern, läßt es nachgerade als unmöglich erscheinen, daß die Probleme von einem einzigen Bearbeiter oder einer kleinen Arbeitsgruppe gelöst werden, wie dies heute bei vielen die Grenzgebiete mehrerer Wissenschaften berührenden Aufgaben der Fall ist. Die Untersuchungen sind bis zu dem Punkt fortgeschritten, an dem die Einzelarbeit von der Gemeinschaftsarbeit abgelöst werden muß, wenn die Arbeitssicherheit physiologisch-chemischer Diagnoseverfahren in absehbarer Zeit in einem solchen Maße gesteigert werden soll, daß sie nicht nur bei niedrigen, sondern auch bei hohen Nachbaustufen zur Kontrolle des Gesundheitszustandes der entsprechenden Herkünfte Verwendung finden können. Zu dieser Gemeinschaftsarbeit anzuregen, gleichzeitig die hierfür erforderlichen, bisher erarbeiteten Unterlagen zur Verfügung zu stellen und darüber hinaus bei der Überprüfung der Sicherheit von Diagnoseverfahren bisweilen unterlaufende Fehlschlüsse vermeiden zu helfen, ist ein wesentliches Anliegen dieser Schrift. Möge es gelingen, auf dem vorgezeichneten Wege so rasche Fortschritte zu erzielen, daß der Praxis in absehbarer Zeit ein System von Diagnoseverfahren zur Verfügung steht, das unter Einbeziehung und in Ergänzung der serologischen Verfahren *alle* an der Kartoffel schädigend auftretenden Viren schnell und mit großer Sicherheit nachzuweisen gestattet.

X. Zusammenfassung

1. Nach einem Überblick über die verschiedenen Richtungen, in denen sich die Untersuchungen über virusinduzierte Veränderungen im Stoffwechsel der Kartoffelknolle bisher bewegt haben, werden eigene experimentelle Beiträge zur Ausarbeitung physiologisch-chemischer Diagnoseverfahren vermittelt. Ziel der Untersuchungen ist die Auffindung von Tests, die es gestatten, einerseits die laboratoriumsmäßige Pflanzgutkontrolle auch auf Pflanzgut niederer Anerkennungsstufen sowie im eigenen Betrieb erzeugtes Pflanzgut auszudehnen und andererseits die Anzahl der im Stecklingstest zu prüfenden Herkünfte einzuschränken.
2. Zunächst wurden mehrere hinsichtlich der Arbeitssicherheit oder hinsichtlich der leichten und schnellen Handhabung befriedigende Verfahren (Stärkegehaltsbestimmung, Alkoholprobe, Pufferungstest, Biuretreaktion, Eisen(III)-sulfat-Potentialtest, Potential-Farbtest, Kupferprobe) einer vergleichenden Überprüfung unterzogen. Hierbei ergaben sich bei allen in die Untersuchungen einbezogenen Verfahren mit Ausnahme der Alkoholprobe deutliche Unterschiede zwischen den an gesunden und virusinfizierten Knollen erhaltenen Mittelwerten. Die bei den einzelnen Knollen vorgefundenen Werte sind jedoch in mehr oder weniger starkem Maße um die Mittelwerte gestreut, wie dies bei nahezu allen physiologischen Umsetzungen infolge umweltbedingter Beeinflussung des Reaktionsverlaufes der Fall ist. Die Verteilung der Meßwerte kommt einer Normalverteilung nahe. Die Variationsareale gesunder und virusinfizierter Knollen überschneiden sich in einem mehr oder weniger großen Bereich, der sog. kritischen Zone, deren Grenzen in Abhängigkeit von den Bedingungen, unter denen sich die Knollen entwickelt haben, gewissen Schwankungen unterworfen sind. Die hierdurch hervorgerufenen Fehldiagnosen halten sich bei den besten Diagnoseverfahren (Biuretreaktion, Pufferungstest, Eisen(III)-sulfat-Potentialtest) in solchen Grenzen, daß zumindest die Beurteilung der Nachbauwürdigkeit im eigenen Betrieb gewonnener Knollen sowie die Kontrolle des Gesundheitszustandes von Pflanzgut niederer Anerkennungsstufen und die Einschränkung der Anzahl der Stecklingsproben bei Pflanzgut höherer Anerkennungsstufen möglich erscheinen. Untersuchungen über den erforderlichen Arbeitsaufwand ließen jedoch erkennen, daß dieser gerade bei den genannten, verhältnismäßig sicheren Verfahren ein für Herkunftsprüfungen tragbares Maß übersteigt, während Diagnoseverfahren mit ungenügender Arbeitssicherheit vielfach verhältnismäßig rasch ausgeführt werden können. Diese gegenläufige

Beziehung zwischen Arbeitssicherheit und Arbeitsaufwand ist als Hauptgrund dafür anzusehen, daß sich bisher kaum physiologisch-chemische Diagnoseverfahren in der Praxis durchsetzen konnten.

Aus den Befunden der vergleichenden Untersuchungen ergaben sich als wesentliche Ziele weiterer Arbeiten:

a) Beseitigung des Mißverhältnisses zwischen Arbeitssicherheit und Arbeitsaufwand durch Ausarbeitung von Schnelltests, die einfache Handhabung mit der Arbeitssicherheit der besten der bisher entwickelten Diagnoseverfahren vereinen und nach Möglichkeit auf die Verwendung von Stanzstücken abgestellt sein sollen.

b) Erhöhung der Arbeitssicherheit durch Einengung der kritischen Zone im Wege der Erforschung und möglichst weitgehenden Standardisierung wesentlicher, das Testergebnis beeinflussender Faktoren (= Durchführung fehlerkritischer Untersuchungen).

c) Über das mit einem einzelnen Test erreichbare Maß hinausgehende Erhöhung der Arbeitssicherheit durch eine geeignete Zusammenfassung verschiedener Tests zu Zahlenindices (= Ausarbeitung von Kombinationsverfahren).

3. Von den Untersuchungen zur Ausarbeitung von Schnelltests war denjenigen der größte Erfolg beschieden, die an die von RUHLAND und MICHAEL (1936) nachgewiesene erhöhte Permeabilität des Gewebes virusinfizierter Knollen für reduzierende organische Substanzen anknüpften. Nach mehrfacher Modifikation von Zugabezeit und p_H-Wert der zur Kennzeichnung der Permeabilitätsverhältnisse herangezogenen kaliumpermanganathaltigen Reagenslösung ergaben sich zwischen Proben mit Teilen gesunder und virusinfizierter Knollen Reduktionsunterschiede von beachtlicher Größe und Sicherheit. Diese beruhten offensichtlich nicht mehr auf unterschiedlicher Permeabilität, sondern auf anderweitigen virusinduzierten Veränderungen, denn es zeigten nunmehr gesunde Knollen stärkeres Reduktionsvermögen, während in der Versuchsanordnung von RUHLAND und MICHAEL im Exosmat viruskranker Knollen stärkere Reduktionskräfte nachgewiesen wurden.

Durch weitere Modifikation der kaliumpermanganathaltigen Reagenslösung (= Kaliumpermanganat-Test) sowie durch Übertragung der Reduktionskräfte auf andere geeignete Substanzen, wie Wismutsalze (Wismutnitrat-Test) und Kupferverbindungen (FEHLING-Test) gelang es, auf der Grundlage der angeführten Reaktionsanomalien Diagnoseverfahren zu erarbeiten, die trotz der Verwendung kleiner, mit dem Korkbohrer einfach und schnell zu gewinnender Stanzstücke Virusbefall mit beachtlicher Sicherheit anzuzeigen vermögen. Besonders bei Durchführung des sog. FEHLING-Testes (alkalische, kupfersulfat- und glycerinhaltige Reagenslösung) konnten sehr deutlich ausgeprägte Farbunterschiede erhalten werden.

4. Im Verlauf von Untersuchungen zur Aufklärung der Grundlagen des FEHLING-Testes und der anderen Reduktionsproben wurden die das Testergebnis maßgeblich bestimmenden reduzierenden Stoffe nach geeigneter Abtrennung als Hexosen identifiziert. Die in Proben virusinfizierter Knollen auftretende Violettfärbung erwies sich als reine Kontrastfärbung, die durch Kupfer(II)-Eiweißverbindungen hervorgerufen wird und nur dann zur Ausbildung kommt, wenn bei verringerter Hexosenkonzentration keine oder nur geringe Anteile der zugesetzten zweiwertigen Kupferionen reduziert werden.
Diese Ergebnisse stehen in guter Übereinstimmung mit den derzeitigen Kenntnissen über die in der Kartoffelknolle durch Virusinfektion hervorgerufenen Veränderungen von Teilschritten der Bildung und Abbau der Hexosen bewirkenden Umsetzungen sowie der sich an diese anschließenden Synthesewege, durch die die zur Virussynthese erforderliche Energie und die zum Aufbau bestimmter Aminosäuren benötigten Kohlenstoffgerüste bereitgestellt werden. Verschiedene im Schrifttum verzeichnete, auf derartigen Veränderungen beruhende Diagnoseverfahren, wie z. B. die Biuretreaktion, der Pufferungstest, der Eisen(III)-chlorid-Potentialtest, der Redoxpotentialtest, Unterschiede in der Melaninbildung erfassende Tests, der NATTI-Test usw., stehen daher in mehr oder weniger engem Zusammenhang mit dem FEHLING-Test. Somit ist es mit der Ausarbeitung des FEHLING-Testes und der anderen Reduktionsproben gelungen, die Genauigkeit der besten bisher bekannten Verfahren mit einfacher, rascher Handhabung zu verbinden.

5. Untersuchungen zur Erhöhung der Arbeitssicherheit des FEHLING-Testes durch Einengung der kritischen Zone boten willkommene Gelegenheit, an einem eigenen Test eingehend zu prüfen, mit welchen Reaktionsabweichungen bei Diagnoseverfahren zu rechnen ist, die nicht das Virus selbst, sondern durch Virusinfektionen hervorgerufene, aber auch von anderen Faktoren beeinflußbare Veränderungen des pflanzlichen Stoffwechsels erfassen. Die erhaltenen Ergebnisse lassen erkennen, daß sowohl von der Untersuchungsstelle kontrollierbare Faktoren, wie Reaktionsunterschiede innerhalb der Knolle, Reaktionstemperatur, Lagerungstemperatur der Knollen, Einwirkung von Chemikalien auf lagernde Knollen, Erntetermin und Ernteverfahren sowie sortentypische Besonderheiten, als auch von der Untersuchungsstelle schwer kontrollierbare Faktoren, wie Reaktionsunterschiede zwischen den verschiedenen Knollen einer Pflanze, Düngung und Witterung sowie verschiedene parasitäre und nichtparasitäre Krankheiten, das Testergebnis zu beeinflussen vermögen. Durch eine den gewonnenen Ergebnissen Rechnung tragende Standardisierung der Versuchsanordnung bzw. der auf das Testergebnis einwirkenden kontrollierbaren Faktoren können jedoch die vorgefundenen umweltinduzierten Reaktionsabweichungen bei den zur Testung geeigneten Sorten weitgehend eingeschränkt werden.

6. Umfangreiche, an sehr heterogenem Knollenmaterial vorgenommene, sich über sieben Jahre erstreckende Untersuchungen zur Arbeitssicherheit des FEHLING-Testes ließen enge Beziehungen zwischen den an Proben der einzelnen Herkünfte

erhaltenen durchschnittlichen Testergebnissen und dem beim Nachbau im Feldbestand ermittelten Gesundheitszustand der untersuchten Herkünfte erkennen. Vor allem bei gesunden und stark virusinfizierten Herkünften waren in der Regel gute Diagnoseergebnisse zu verzeichnen. Der Virusbesatz von Herkünften mittleren Gesundheitszustandes wurde dagegen besonders dann, wenn diese einen höheren Prozentsatz primär oder schwach virusinfizierter Knollen aufwiesen, nicht mit gleicher Sicherheit angezeigt. Im Hinblick hierauf muß die Anwendung des FEHLING-Testes vorerst auf die Kontrolle des Gesundheitszustandes von Pflanzgut niederer Anerkennungsstufen sowie von Handelsware beschränkt bleiben. Indem er eine mit nur geringem Aufwand verbundene Kontrolle der genannten Nachbaustufen ermöglicht, dürfte der FEHLING-Test jedoch wesentlich zur Schließung einer in der Virusdiagnostik bisher vorhandenen Lücke beitragen. Bei der Prüfung von Zuchtmaterial ist dagegen im Hinblick auf die möglichen Reaktionsabweichungen vorerst Zurückhaltung geboten, so wünschenswert eine Ergänzung des Stecklingstestes durch Schnellmethoden auch sein mag.

7. Die Übereinstimmung zwischen dem Testergebnis und dem bei numeriertem Nachbau der untersuchten Knollen ermittelten Gesundheitszustand war nicht so gut, wie auf Grund der herkunftsweisen Gegenüberstellung der durchschnittlichen Testergebnisse und des durchschnittlichen Virusbesatzes erwartet werden durfte. Dies konnte darauf zurückgeführt werden, daß sich bei der Zusammenfassung der Einzelergebnisse zu Durchschnittswertzahlen die bei gesunden und virusinfizierten Knollen unterlaufenen Fehldiagnosen weitgehend ausgleichen. Die Gesetzmäßigkeiten des Fehlerausgleichs wurden analysiert und in einer Formel zum Ausdruck gebracht. Die Gültigkeit der Ausgleichsformel wurde an Hand der gesamten gewonnenen Versuchsergebnisse überprüft und bestätigt.

8. Weitere Untersuchungen befaßten sich mit der Arbeitssicherheit des Kallosetestes. Hierbei wurden grundsätzlich die gleichen Verhältnisse vorgefunden wie beim FEHLING-Test, obwohl der Kallosetest nicht in unmittelbaren Zusammenhang mit den den Verlauf des FEHLING-Testes bestimmenden Umsetzungen zu bringen ist. Wenn auch der eine oder andere Umweltfaktor die Ergebnisse des Kallosetestes in anderer Weise beeinflußt als diejenigen des FEHLING-Testes, so macht sich doch auch hier eine nicht übersehbare umweltinduzierte Beeinflussung der Testergebnisse geltend. Im Verlauf von Untersuchungen an einer größeren Anzahl von verschiedenen auch mit dem FEHLING-Test geprüften Herkünften wurde mit dem Kallosetest etwa die gleiche Arbeitssicherheit wie mit dem FEHLING-Test erreicht. Hierbei ist allerdings zu beachten, daß bei der Auswertung der Ergebnisse des Kallosetestes nur blattrollvirusinfizierte Knollen Berücksichtigung finden konnten, während zur Kennzeichnung der Arbeitssicherheit des FEHLING-Testes entsprechend seiner größeren Arbeitsbreite alle im Aufwuchs aus den untersuchten Knollen mit Symptomen aufgetretenen Viruskrankheiten herangezogen wurden. Bezüglich des Fehlerausgleiches wurden beim Kallosetest die gleichen Gesetzmäßigkeiten wie beim FEHLING-Test vorgefunden. Wird ein verhältnismäßig strenger

Beurteilungsmaßstab gewählt, so erfolgt der Fehlerausgleich am vollständigsten bei verhältnismäßig niedrigen, an Pflanzgut sehr häufig anzutreffenden Befallsprozenten. In diesem Falle sind bei Untersuchungen über die Arbeitssicherheit Trugschlüsse nicht ausgeschlossen, insofern der Prozentsatz der Knollen mit stärkerer Kallosebildung dem Prozentsatz der beim Nachbau der untersuchten Herkünfte vorgefundenen blattrollviruskranken Knollen gegenübergestellt wird, ohne daß die einzelnen untersuchten Knollen numeriert nachgebaut werden.

9. Im Hinblick darauf, daß selbst den besten bisher aufgefundenen physiologisch-chemischen Verfahren hinsichtlich der Arbeitssicherheit verhältnismäßig enge Grenzen gesteckt sind, wurde besonderer Wert auf die Klärung der Frage gelegt, inwieweit die Arbeitssicherheit der physiologisch-chemischen Virusdiagnostik über das mit einem einzelnen Test erreichbare Maß hinaus gesteigert werden kann, indem die Ergebnisse verschiedener Tests in geeigneter Weise zu Zahlenindices zusammengefaßt werden. Zunächst wurden in Vorversuchen weitere im Schrifttum verzeichnete, im Verlauf der bisherigen Untersuchungen aber noch nicht bearbeitete Verfahren, wie die Selenprobe nach EIDMANN, das fluorometrische Verfahren nach STAAR und Fluoreszenzanalysen, methodisch überarbeitet, wobei besonders der Frage nach den physiologischen Grundlagen der entsprechenden Verfahren großer Wert beigemessen wurde. Anschließend kamen erfolgversprechende Verfahren an gesunden und virusinfizierten Knollen zahlreicher Sorten zur Durchführung, um das Testspektrum der Sorten (= die für die jeweilige Sorte geeigneten Tests) sowie das Sortenspektrum der Tests (= die von den einzelnen Tests erfaßten Sorten) zu ermitteln. Hierbei ergab sich, daß kein Test für alle Sorten anwendbar ist, daß aber für nahezu alle in die Untersuchungen einbezogenen Sorten zumindest ein Test zur Verfügung steht. Wenn das Testspektrum einer Sorte mehrere Tests umfaßt, ist nicht nur die Möglichkeit geboten, das Ergebnis des einen Tests durch Paralleldurchführung eines zweiten und evtl. dritten Tests zu kontrollieren, sondern es kann vielfach auch die Sicherheit der Diagnosen durch geeignete Kombination der Ergebnisse verschiedener an der gleichen Knolle ausgeführter Tests erhöht werden. Häufig ergab sich durch einfache Addition der die Ergebnisse verschiedener Diagnoseverfahren kennzeichnenden Wertzahlen eine beachtliche Erhöhung der Arbeitssicherheit. Besonders gute Ergebnisse konnten bei verschiedenen Sorten mit der Kombination FEHLING-Test + Selenprobe erzielt werden. Der Weg, über die Kombination der Ergebnisse verschiedener Tests zu einer Erhöhung der Arbeitssicherheit zu gelangen, erwies sich als erfolgversprechend.

XI. KURZE ZUSAMMENFASSUNG

Nach einem Überblick über das zuständige Schrifttum werden eigene Beiträge zur Entwicklung handlicher physiologisch-chemischer Methoden für die rasche Kennzeichnung des Gesundheitszustandes von Kartoffelknollen und insbesondere Kartoffelherkünften vermittelt. In umfangreichen Untersuchungen wurden sieben im Schrifttum angegebene, hinsichtlich der Arbeitssicherheit oder hinsichtlich der leichten und schnellen Handhabung befriedigende Diagnoseverfahren einer vergleichenden Überprüfung unterzogen. Auf den erhaltenen Ergebnissen aufbauend, gelang die Entwicklung neuer Testverfahren (FEHLING-Test, Kaliumpermanganat-Test, Wismutnitrat-Test). Weitere Untersuchungen führten zur Aufklärung der physiologischen Grundlagen dieser Verfahren. Besonderer Wert wurde auf die Durchführung von Untersuchungen zur Kennzeichnung der Möglichkeiten und Grenzen physiologisch-chemischer Diagnoseverfahren gelegt. In umfangreichen Versuchsreihen wurde geprüft, welchen Einfluß verschiedene Umwelt- und Reaktionsbedingungen auf den Verlauf der neu entwickelten Reduktionstests nehmen. Die Ergebnisse weiterer, an sehr heterogenem Knollenmaterial vorgenommener, sich über sieben Jahre erstreckender Untersuchungen zur Arbeitssicherheit des FEHLING-Testes ließen enge Beziehungen zwischen den an Proben der einzelnen Herkünfte erhaltenen durchschnittlichen Testergebnissen und dem beim Nachbau im Feldbestand ermittelten Gesundheitszustand der untersuchten Herkünfte erkennen. Die Übereinstimmung zwischen dem Testergebnis und dem bei numeriertem Nachbau der untersuchten Knollen ermittelten Gesundheitszustand war jedoch nicht so gut, wie auf Grund der herkunftsweisen Gegenüberstellung von Testergebnis und Virusbesatz erwartet werden durfte. Dies konnte darauf zurückgeführt werden, daß sich die an gesunden und virusinfizierten Knollen einer Herkunft unterlaufenen Fehldiagnosen zum Teil ausgleichen, wenn die an den einzelnen Knollen erhaltenen Ergebnisse zu Durchschnittsergebnissen zusammengefaßt werden. Die Gesetzmäßigkeiten des Fehlerausgleiches wurden analysiert und in einer Formel zum Ausdruck gebracht. In Untersuchungen über die Arbeitssicherheit des Kallosetestes und den Einfluß von Umwelt- und Reaktionsbedingungen auf dieses Verfahren wurden grundsätzlich die gleichen Verhältnisse wie beim FEHLING-Test vorgefunden. In abschließenden Untersuchungen wurde geprüft, inwieweit die Arbeitssicherheit der physiologisch-chemischen Virusdiagnostik über das mit einem einzelnen Test erreichbare Maß hinaus gesteigert werden kann, indem die Ergebnisse verschiedener Tests in geeigneter Weise zusammengefaßt werden. Es konnte in verschiedenen Fällen eine beachtliche Erhöhung der Arbeitssicherheit erzielt werden. Der eingeschlagene Weg erwies sich als erfolgversprechend.

РЕЗЮМЕ

После краткого обзора соответствующей литературы приведены работы автора о разработке удобных физиологически-химических методов для быстрой характеристики состояния здоровья клубней картофеля, и в частности, картофеля определенного географического происхождения. В обширных исследованиях сопоставлялись семь упомянутых в литературе способов диагноза в отношении надежности, а также — возможности легкого и быстрого их применения. Исходя с полученных результатов были разработаны новые методы испытания (тест Фелинга, тест перманганата калия, тест нитрата висмута). Дальнейшими исследованиями были выяснены физиологические основы названных способов. Особое значение придавалось проведению методических исследований для характеристики возможностей и пределов физиологически-химических методов диагноза. В больших опытных сериях исследовалось влияние различных условий внешней среды и реакции на протекание новых, разработанных автором, восстановительных тестов. Результаты дальнейших исследований, проведенных в течение семи лет по испытанию надежности теста фелинга на весьма гетерогенном материале клубней, проявляли тесные отношения между средними результатами, полученными над пробами картофеля определенного геогафического происхождения, и состоянием здоровья исследованного картофеля определенного географического происхождения, установленным при репродукции в поле. Совпадение результата теста с состоянием здоровья, установленным у исследованных клубней при нумерованной репродукции, однако не было столь удовлетворительным, как того можно было ожидать от сопоставления результата теста с пораженностью вирусами клубней определенных географических происхождений. Это обьяснялось тем, что встречающиеся ошибочные диагнозы у здоровых и пораженных вирусами клубней одного и того же происхождения частью компенсируются, если из результатов, полученных на отдельных клубнях, вычисляется среднее. Закономерности компенсации ошибок были анализированы и выражены формулой. В исследованных по надежности применения теста каллезы и по влиянию условий внешней среды и условий реакции на этот прием были установлены принципиально одинаковые с тестом Фелинга отношения. В заключительных исследованиях рассматривалось, поскольку надежность физиологически-химической вирусной диагностики может превышать меру, достигаемую отдельным тестом, если результаты разных тестов будут обобщены надлежащим образом. В ряде случаев отмечалось заметное повышение надежности. Начатый путь обещает успехов.

SUMMARY

After a survey of the competent literature, own contributions on the development of handy physiologico-chemical methods for a quick characterisation of the state of health of potato tubers and especially potato provenances are given. By means of extensive research work seven methods mentioned in literatur, which were considered satisfactory regarding the working reliability or easy and quick handling, were submitted to an examination by way of comparison. On the basis of the results obtained it has been possible to develop new testing methods (FEHLING-test, potassium permanganate test, bismuth nitrate test). Further examinations led to an explanation of the physiological bases of these methods. Great stress was laid upon the darrying out of methodical examinations to determine the possibilities and limits of the physiologico-chemical diagnosis. The influence of different environmental and reaction conditions was examined in a number of experimental series (series of tests). Further 7 years' examinations on the working reliability of the FEHLING-test with highly heterogeneous tubers revealed close connections between the average test results obtained with samples of the different provenances and the state of health of provenances examined in reproduced potatoes on the field. The concordance between the test result and the state of health of tubers examined in the numbered reproduction was however not so good as could have been expected as a result of the comparison of test result and the number of virus infected tubers. This could be attributed to the fact that the false diagnoses made with healthy and virus-infected tubers of one provenance are partly compensated when the results of the individual tubers are summed up to average results. The regularities of the error compensation were analysed and expressed by a formula. In examinations on the working reliability of the callose test and the influence of environmental and reaction conditions on this test the same conditions as in the FEHLING-test were on principle found. In final examinations it was probed in how far the working reliability of the physiologico-chemical virus diagnostics can be increased beyond the measure obtained with a single test, whilst the results of different tests are summarized in a suitable manner. In several cases it has been possible to obtain a considerable increase in the working reliability. The course adopted has proved to be very promising.

XII. LITERATURVERZEICHNIS

ALLISON, R. M. (1953): Effect of leaf roll virus infection on the soluble nitrogen composition of potato tubers. Nature [London] **171**, 573.

ANDREAE, S. R. and ANDREAE, W. A. (1949): The metabolism of scopoletin by healthy and virus infected potato tubers. Canad. J. Res. Sect. C **27**, 15—22.

ANDREAE, W. A. and THOMPSON, K. L. (1950): Effect of leaf roll virus on the amino-acid composition of potato tubers. Nature [London] **166**, 72—73.

APPEL, O. (1914): Die Blattrollkrankheit der Kartoffel. Flugbl. Nr. 42, 4. Aufl., Kaiserl. Biol. Anst. f. L. u. F.

ARENZ, B. (1949): Gefäßversuche über den Einfluß verschiedener Ernährungsweisen auf gesunde und blattrollkranke Kartoffeln. Z. Pflanzenernähr., Düng., Bodenkunde **47**, 114—131.

— (1953): Die Raum- und Zeitfrage bei der Augenstecklingsprüfung. Z. Pflanzenbau Pflanzenschutz **4**, 87—95.

ARLAND, A. (1929a): Das Problem des Wasserhaushaltes bei landwirtschaftlichen Kulturpflanzen in kritisch-experimenteller Betrachtung. Wiss. Arch. f. Landw. (Abt. A Pflanzenbau) **1**, 1—160.

— (1929b): Das Wasserhaushaltproblem bei landwirtschaftlichen Kulturpflanzen in kritisch-experimenteller Betrachtung. Wiss. Arch. f. Landw. (Abt. A Pflanzenbau) **2**, 423—433.

— (1929c): Zur Methodik der Transpirationsbestimmung am Standort. Ber. dtsch. bot. Ges. **47**, 474—479.

— (1932): Das bioelektrische Verhalten der Pflanzen und seine Verwertung im Pflanzenbau unter besonderer Berücksichtigung der Kartoffel. Angew. Bot. **14**, 440—459.

— (1956): Ein Beitrag zur Anwelkmethode. Sitzungsber. d. Dt. Akademie d. Landwirtschaftswiss. Berlin, **5**, Heft 6.

AXELROD, B. and BEEVERS, H. (1956): Mechanisms of carbohydrate breakdown in plants. Anu. Rev. Plant Physiol. **7**, 267—298.

BAERECKE, M.-L. (1955): Der Nachweis der Blattrollinfektion bei Kartoffeln durch ein neues Färbeverfahren. Der Züchter **25**, 309—313.

*BAMBERG, K. K. (1957): Chemisches Sortieren von Kartoffelpflanzgut. Kartoffel **2**, 43—44.

BARTON-WRIGHT, E. and McBAIN, A. (1933): Studies in the physiology of the virus diseases of the potato. III. A comparison of the nitrogen metabolism of normal with that of leafroll potatoes. Ann. appl. Biol. **20**, 549—589.

BARUAH, P. and SWAIN, T. (1953): The effect of L-ascorbic acid on the in vitro activity of polyphenoloxidase from potato. Biochem. J. **55**, 392—399.

BASLER, E. and COMMONER, B. (1956): The effect of tobacco mosaic virus biosynthesis on the nucleic acid content of tobacco leaf. Virology **2**, 13—28.

BAUER, K. H. (1945): Die organische Analyse. Leipzig.

BAUMEISTER, G. (1951): Wuchs- und Hemmstoffe in der Knolle und im Kraut gesunder und abbaukranker Kartoffelpflanzen. Planta **38**, 683—741.

BECHHOLD, H. und ERBE, F. (1932): Zur Biologie der Kartoffel. 16. Mitt. Studie über die Kolloidstruktur der Kartoffelknolle. Unterschiede zwischen Vital- und Abbauknollen. Arb. Biol. Reichsanst. Land- u. Forstwirtsch. Berlin-Dahlem **20**, 111—139.

— — (1936): Versuche zur Aufklärung des Mechanismus der „Kupferprobe" zur Feststellung des Kartoffelabbaus. Phytopathol. Z. **9**, 259—296.

—, GERLACH, W. und ERBE, F. (1934): Die Kupferprobe zur Unterscheidung von gesunden und abgebauten Kartoffeln. Angew. Chem. **47**, 26—30.

BERCKS, R. (1958): Serologie pflanzlicher Viren; in KLINKOWSKI, M., Pflanzliche Virologie I, Berlin, 162—176.

BERKNER, F. (1931): Beiträge zum Abbauproblem der Kartoffel. Arch. Pfl.bau **7**, 542—561.

BERNUTH, I. v. (1949): Virusbekämpfung in der Kartoffelzucht. Z. Pflanzenkrankh. (Pflanzenpathol.) Pflanzenschutz **56**, 374—379.

BEST, R. J. (1936): Studies on a fluorescent substance present in plants. 1. Production of the substance as a result of virus infection and some applications of the phenomenon. Austr. J. exp. Biol. med. Sci. **14**, 199—213.

— (1944): Studies on a fluorescent substance present in plants. 2. Isolation of the substance in a pure state and its identification as 6-methoxy-7-hydroxy 1:2 benzo-pyrone. Austr. J. exp. Biol. med. Sci. **22**, 251—255.

BOAS, F. (1919): Beiträge zur Kenntnis des Kartoffelabbaues. Z. Pflanzenkrankh. (Pflanzenpathol.) Pflanzenschutz **29**, 171—176.

— (1931): Zum Kartoffelabbau. Nachrichtenbl. dtsch. Pflanzenschutzdienst **11**, 66—67.

— und MERKENSCHLAGER, F. (1925): Pflanzliche Tyrosinasen. Biochem. Z. **155**, 197—227.

BODE, O. (1947): Beitrag zum frühzeitigen Nachweis der Blattrollkrankheit der Kartoffel durch Anfärbung des Phloems. Festschrift APPEL, Berlin-Dahlem, 34—36.

— (1949): Vergleichende Untersuchungen über die Resistenz von Kartoffelsorten gegenüber dem Blattrollvirus. Nachrichtenbl. biol. Zentralanst., Braunschweig, **1**, 12—13.

BÖNING, K. (1935): Über den Einfluß der Anionen der Düngesalze auf Abbau und Abbaukrankheiten der Kartoffel. Angew. Bot. **17**, 323—335.

BONNER, J. (1950): Plant Biochemistry. New York.

BORCHARDT, H. und PRINGSHEIM, H. (1931): Über Malzamylase und Kartoffelamylase. Biochem. Z. **239**, 193—200.

BORMANN, E. J., TAUBERT, H. und WARTENBERG, H. (1959): Hydrolyseversuche an Tuberin aus gesunden und blattrollviruskranken Kartoffelknollen. Phytopathol. Z. **35**, 217—231.

BOSER, H. (1957): Einfluß pflanzlicher Virosen auf Stoffwechselfunktionen des Wirtes. I. Mitt. Glykolyse und Atmung gesunder und roll-, strichel- und mosaikkranker Kartoffeln. Biochem. Z. **328**, 458—464.

— (1958): Einfluß pflanzlicher Virosen auf Stoffwechselfunktionen des Wirtes. II. Mitt. Aktivitäten einiger Fermente des Glycolysesystems und des Citronensäurecyclus in gesunden und virosen Kartoffelblättern und -knollen. Phytopathol. Z. **33**, 197—202.

— (1959): Einfluß pflanzlicher Virosen auf Stoffwechselfunktionen des Wirtes. 3. Mitt. P/O-Quotienten und einige Fermentaktivitäten in Knolle, Keim und Blatt viröser Kartoffelpflanzen. Phytopathol. Z. **37**, 164—169.

BREHMER, W. v. (1923): Die anatomischen und mikrochemischen Veränderungen des Kartoffelleptoms. Report of the International Conference of Phytopathology and Economic Entomology. Wageningen, 79—85.

— und ROCHLIN, E. (1931): Histologische und mikrochemische Untersuchungen über pathologische Gewebeveränderungen viruskranker Kartoffelstauden. Phytopathol. Z. **3**, 471—498.

BUNZEL, H. H. (1914): Oxidases in healthy and in curly - dwarf potatoes. J. agric. Res. **2**, 373—404.

COCKERHAM, G. (1939): A comparison of the metabolism of mosaic diseased potatoes with that of normal potatoes. Ann. appl. Biol. **26**, 417—439.

CORNELIUS, E. (1958): Zur Pflanzkartoffelerzeugung in Abbaulagen. Dtsch. Landwirtsch. **9**, 568—572.

CORNUET, P. (1953): Sur une méthode de diagnostic sur tubercule de la maladie de l'enroulement de la pomme de terre. Compt. rend. Acad. Sci., Paris, **237**, 1364—1366.

DENNY, F. E. (1945): Synergistic effects of three chemicals in the treatment of dormant potato tubers to hasten germination. Contr. Boyce Thompson Inst. **14**, 1—14.

DIX, W. (1934): Ein Beitrag zur Frage des Abbaues der Kartoffel. Landwirtsch. Jb. **80**, 769—809.

DOBY, G. (1911a): Biochemische Untersuchungen über die Blattrollkrankheit der Kartoffel. I. Die Oxydasen der ruhenden Knollen. Z. Pflanzenkrankh. (Pflanzenpathol.) Pflanzenschutz **21**, 10—17.

— (1911b): Biochemische Untersuchungen über die Blattrollkrankheit der Kartoffel. II. Die Oxydasen der ruhenden und angetriebenen Knollen. Z. Pflanzenkrankh. (Pflanzenpathol.) Pflanzenschutz **21**, 321—336.

— (1912a): Biochemische Untersuchungen über die Blattrollkrankheit der Kartoffel. III. Chemische Beschaffenheit kranker und gesunder Pflanzenteile. Z. Pflanzenkrankh. (Pflanzenpathol.) Pflanzenschutz **22**, 204—211.

— (1912b): Biochemische Untersuchungen über die Blattrollkrankheit der Kartoffel. IV. Einige Bemerkungen über die Physiologie kranker Knollen. Z. Pflanzenkrankh. (Pflanzenpathol.) Pflanzenschutz **22**, 401—403.

EIDMANN, F. E. (1938): Neues Verfahren zur Saat- und Pflanzgutwertbestimmung. Mitt. Landw. **53**, 1160—1162.

ESCHRICH, W. (1956): Kallose (Ein kritischer Sammelbericht). Protoplasma **47**, 487—530.

— (1957): Kallosebildung in plasmolysierten Allium cepa-Epidermen (II. Mitt. über Kallose). Planta **48**, 578—586.

FARKAS, G. L. and KIRÁLY, Z. (1958): Enzymological aspects of plant diseases. I. Oxydative Enzymes. Phytopathol. Z. **31**, 251—272.

FAWOROW, S. (1953): Die Erzeugung gesunden Kartoffelpflanzgutes nach den Erfahrungen in der Sowjetunion. Dtsch. Landwirtsch. **4**, 339—344.

FOCKE, R. (1956): Wahrscheinlichkeitstest zur Ermittlung der Sicherheit in Augenstecklingsprüfungen. Der Züchter **26**, 65—67.

FRIEBE, P. (1933): Zur elektrometrischen Messung des „Abbaugrades" der Pflanzkartoffel. Pflanzenbau **9**, 351—355.

FRIEDRICH, H. (1937): Studien über die Zusammenhänge zwischen der Lagerungstemperatur gesunder und kranker Kartoffelknollen und dem Redoxpotential ihrer Gewebebreie. Phytopathol. Z. **10**, 559—577.

— (1938): Eine neue Farbreaktion zur Diagnose des Abbaugrades der Kartoffelknolle. Phytopathol. Z. **11**, 202—206.

FUNKE, H. und SÖDING, H. (1948): Über das Wuchsstoff-Hemmstoffsystem der Haferkoleoptile und der Kartoffelknolle. Planta **36**, 341—370.

GOERLITZ, H. (1955): Über den Einfluß verschiedener Anbaumethoden auf Ertrag und Pflanzgutwert der Kartoffel. Der Züchter **25**, 351—363.

*GONDO, M. (1954): Respiration of virus diseased tobacco plant (II). Bull. fac. Agric. Kagoshima Univ. **3**, 25—27.

GRAFFI, A., SCHNEIDER, E. J. und SYDOW, G. (1956): Stimulierung der anaeroben Glykolyse durch das Virus der Hühner-Myeloblastose. Naturwissenschaften **43**, 472—473.

GRAUBARD, M. (1939): A comparative study of some oxidases and peroxidase. Enzymologia **5**, 332—346.

GRÜSS, J. (1907): Abhandlungen über Enzymwirkungen. Z. Pflanzenkrankh. (Pflanzenpathol.) Pflanzenschutz **17**, 65—79 und 193—223.

HACKETT, D. P. (1956): Pathways of oxidation in cell-free potato fractions. Plant Physiol. **31**, 111—118.
HAEHN, H. (1919): Die Melaninbildung im autolysierenden Kartoffelpreßsaft. Biochem. Z. **100**, 114—129.
— (1920): Die Zerlegung der Tyrosinase in Komponenten. Biochem. Z. **105**, 169—192.
HAMANN, U. (1959): Die Ergänzung der Augenstecklingsprüfung durch das Resoblau-Färbeverfahren. Z. landwirtsch. Versuchs- u. Untersuchungswes. **5**, 22—34.
*HANSEN, E. (1959): Untersuchungen über die Veränderung des Trockensubstanzgehaltes in gesunden und blattrollinfizierten Kartoffelknollen. Tidsskr. Planteavl **62**, 901—913.
HARRIS, M. R. (1947): Accuracy of the ultraviolet light method in selecting potato tubers free of virus. Amer. Potato J. **24**, 179—183.
HARTISCH, J. (1934): Stoffwechselphysiologische Untersuchungen über die Blattrollkrankheit der Kartoffelpflanze. Planta **22**, 692—719.
HAUSCHILD, I. (1951): Anerkennungspraxis und Probeentnahme bei Kartoffeln. Mitt. Biol. Zentralanst. Land- u. Forstwirtsch. Heft 70, 50—51.
HEILMANN, U. (1955): Über den Nachweis von Blattrollvirus in Kartoffelknollen mit Hilfe eines Fluoreszenzfarbstoffes. Nachrichtenbl. dtsch. Pflanzenschutzdienstes [Braunschweig] **7**, 44—45.
HEINZE, K. (1947): Verhütung der Kartoffelviruskrankheiten. Neue Mitt. Landw. **2**, 203—204.
HENKE, O. (1956): Beitrag zum N-Stoffwechsel blattrollkranker Kartoffelpflanzen. Zbl. Bakteriol., Parasitenkunde Infektionskrankh., Abt. II, **109**, 367—388.
— (1957): Untersuchungen über den Stoffwechsel blattrollkranker Kartoffelpflanzen. Zbl. Bakteriol., Parasitenkunde Infektionskrankh., Abt. II, **110**, 361—377.
HERBST, W. (1955): Ultrarotspektroskopische Untersuchungen an gesunden und viruskranken Kartoffeln. Z. Pflanzenkrankh. (Pflanzenpathol.) Pflanzenschutz **62**, 370—375.
HEY, A. (1932): Zur Biologie der Kartoffel. 14. Mitt. Die Diagnose des Abbaugrades von Kartoffelknollen durch elektrometrische Messung (Vorläufige Mitt.). Arb. Biol. Reichsanst. Land- u. Forstwirtsch. Berlin-Dahlem **20**, 79—90.
— (1938): Versuche zum Kartoffelspätbau. Arb. Biol. Reichsanst. Land- u. Forstwirtsch. Berlin-Dahlem **22**, 259—270.
— (1949): Der Abbau der Kartoffel und seine Verhütung. Naturwiss. Rdsch. **2**, 502—508.
HILTNER, L. und LANG, F. (1921): Über den Einfluß von Überdüngungen auf den Ertrag und den Abbau der Kartoffeln. Landw. Jahrb. Bayern **11**, 273—308.
*HIRATA, S. (1955): Studies on the „colloidal precipitation method" for diagnosing virusdiseased potato, radish, turnip, and sweet potato. Mem. Fac. Agric. Miyazaki Univ. **1**, 137—177.
HOFFERBERT, W. und ORTH, H. (1949): Neue Methoden zur Keimstimulierung bei Kartoffeln. Kartoffelwirtschaft **2**, 263.
— und PUTLITZ, G. ZU (1955): Neue Erkenntnisse und Erfahrungen über die Blattrollkrankheit der Kartoffel. Nachrichtenbl. dtsch. Pflanzenschutzdienstes [Braunschweig] **7**, Beil. zu Heft 7, 4 S.
— — (1956): Was wissen wir über die Veränderungen im Phloem viruskranker Pflanzen, insbesondere blattrollkranker Kartoffeln? Nachrichtenbl. dtsch. Pflanzenschutzdienstes [Braunschweig] **8**, 20—22.
HORNIG, G. (1936): Vergleichende Untersuchung verschiedener Methoden zur Bestimmung des Abbaugrades bei Pflanzkartoffeln. Pflanzenbau **13**, 209—234.
HUXDORFF, W. (1925): Untersuchungen über Entwicklung und Zusammensetzung der Kartoffelpflanze unter dem Einfluß verschiedener Düngung. J. Landw. **73**, 177—212.

IGEL, M. und LANGE, H. (1955): Verfahren zur Frühdiagnose von Viruskrankheiten bei Pflanzen. DAS Patentanmeldung Deutsches Patentamt Klasse 42, Gruppe 1304, I 7145 IX b/42 l v. 18. 4. 1953, bekanntgemacht am 29. 9. 1955.
JAHNEL, H. (1937): Wuchsstoffuntersuchungen an abbaukranken Kartoffeln. Phytopathol. Z. **10**, 113—117.
— (1940): Wuchsstoffuntersuchungen an abbaukranken Kartoffeln. II. Phytopathol. Z. **12**, 312—317.
JAMES, W. O. (1957): Reaction paths in the respiration of the higher plants. Advances in Enzymol. **18**, 281—318.
*JERMOLJEV, E. (1948): Tyrosinasa jako indikator zdravotního stavu bramborových hlíz. Bramborarsky a Lihovarsky Archiv **2**, 13—17.
— und PRUŠA, V. (1959): Posuzování zdravotního stavu bramborových hlíz stanovením kalóz fluorescenčně-mikroskopickou metodou. Sborník Československé Akademie Zemědělských VĚD, Rostlinna výroba, **5**, 401—408.
JESSEN-HANSEN, H. (1923): Die Formoltitration; in ABDERHALDEN, Handb. d. biol. Arb.meth. I, 7, 245—262.
JEURINK, J. (1953): Kartoffelpflanzgut grün roden! Gesunde Pflanzen **5**, 180—181.
KAHO, H. (1935a): Zur Physiologie der Kartoffel. I. Über die Permeabilität des Knollengewebes der vitalen und der abbaukranken Kartoffeln. Phytopathol. Z. **8**, 157—164.
— (1935b): Zur Physiologie der Kartoffel. II. Ein Beitrag zur Diagnose abbaukranker Knollen. Phytopathol. Z. **8**, 323—335.
— (1936): Das Verhalten der Eiweißstoffe gesunder und abbaukranker Kartoffelknollen gegen Salze. Acta et Commentationes Universitatis Tartuensis (Dorpatensis) Ser. A. **29**, Nr. 4, 1—23.
KANNGIESSER, W. (1952): Polarographische und papierelektrophoretische Charakterisierung von Kartoffelproteinen in ihrer Beziehung zu Kartoffelvirosen. Phytopathol. Z. **18**, 447—452.
— (1958): Diagnose pflanzlicher Viren mittels Elektrophorese. Bayer. landwirtsch. Jb. **35**, 493—503.
KAUSCHE, G. A. (1937): Zur Frage der Beziehungen zwischen Virusinfekt und Stoffwechselphysiologie bei pflanzlichen Virosen. Biochem. Z. **294**, 365—371.
KESSLER, G. (1957): Zur Charakterisierung der Siebröhren-Kallose. Diss. E. T. H. Zürich.
KLAPP, E. (1951): Zusammenhang düngungs- und bodenbedingter Standortunterschiede mit Pfirsichblattlausbesatz und Nachbauwert der Kartoffel. Z. Acker- u. Pflanzenbau **93**, 347—358.
KLINKOWSKI, M. (1932): Zur Biologie der Kartoffel. XV. Mitt. Beiträge zur Kenntnis der Kartoffelknollenkatalase. Arb. Biol. Reichsanst. Land- u. Forstwirtsch. Berlin-Dahlem **20**, 91—99.
— (1933): Die Kartoffelknolle als Objekt der Abbauforschung. Pflanzenbau **9**, 419—429.
— (1935): Die Bechholdsche Kupferprobe als diagnostisches Hilfsmittel zur Beurteilung des Gesundheitszustandes von Kartoffelknollen. Phytopathol. Z. **8**, 421—455.
— (1951): Die Wirkung des X-Virus auf den Ertrag der Kartoffelsorten Ackersegen und Voran. Z. Pflanzenkrankh. (Pflanzenpathol.) Pflanzenschutz **58**, 241—245.
*KLOSTERMEYER, E. C. (1950): The phloroglucinol test for diagnosis of leaf roll in netted gem potatoes. Plant Dis. Reptr. **34**, 36—38.
KLUMP, W. (1935): Methodische Untersuchungen zur Feststellung des Abbaugrades der Kartoffel. Diss. Univ. Bonn.
KÖHLER, E. (1936): Fortgeführte Untersuchungen über den Kartoffelabbau. Landwirtsch. Jb. **82**, 379—408.
— (1940): Der Virusnachweis an Kartoffeln. Mitt. Biol. Reichsanst. Land- u. Forstwirtsch. Berlin-Dahlem, Heft 61.
— (1949): Die Lehre vom ökologischen Kartoffelabbau. Nachrichtenbl. Biol. Zentralanst. Braunschweig **1**, 142—144.

KÖHLER, E. (1955): Weitere Beiträge zur Kenntnis des Y-Virus der Kartoffel. Phytopathol. Z. **23**, 328—334.

— und HEY, A. (1935): Untersuchungen an Kartoffelproben über die Beziehungen zwischen Knollenpotential und Virusbefall. Zbl. Bakteriol., Parasitenkunde Infektionskrankh., Abt. II, **91**, 256—267.

— und KLINKOWSKI, M. (1954): Viruskrankheiten in SORAUER: Handb. Pflanzenkrankh. Bd. 2, 1. Lfg. Berlin und Hamburg.

KÖRNER, W. (1950): Frühro dung bei Pflanzkartoffeln. Neue Mitt. Landw. **5**, 411—413.

KOLLER, S. (1953): Graphische Tafeln zur Beurteilung statistischer Zahlen. 3. Aufl., Darmstadt.

KOTTMEIER, F. (1927): Ertrag und Pflanzgutwert der Kartoffel unter Berücksichtigung des Einflusses von Stickstoffdüngemitteln und verschiedenen Bodenarten (Ein Beitrag zur Frage des Abbaues der Kartoffel). Kühn-Arch. **15**, 25—196.

KOZŁOWSKA, A. (1958): Die Unterscheidung viruskranker von gesunden Kartoffelknollen mittels einer konduktometrischen Methode. Proceedings of the third Conference on Potato Virus Diseases, Lisse-Wageningen, 24—28 June 1957, 41—52, Wageningen.

KROHN, H. (1929): Wertbestimmungen des Kartoffelpflanzgutes durch neue Keimprüfungsmethoden und analytische Untersuchungen. Botanisches Arch. **25**, 413—471.

KRÜGER, F. H. (1951): Über den Einfluß einseitiger Düngung auf den Kartoffelabbau. Z. Acker- u. Pflanzenbau **93**, 359—385.

KRÜGER, K. (1927): Die Wirkung stickstoffhaltiger Düngemittel auf den Wert des Pflanzgutes und die Zusammensetzung der Kartoffel bei vier verschiedenen Bodenarten. Landwirtsch. Jb. **66**, 781—843.

KRUEGER, R. C. (1950): The effect of ascorbic acid on the enzymatic oxidation of monohydric and o-dihydric phenols. J. Amer. Chem. Soc. **72**, 5582—5587.

LANG, K. (1952): Der intermediäre Stoffwechsel. Berlin, Göttingen, Heidelberg.

LANGE, H. und IGEL,M. (1955): Verfahren zur Frühdiagnose von Viruskrankheiten bei Pflanzen. DAS Patentanmeldung Deutsches Patentamt Klasse 42, Gruppe 1304. L 19005 IX/42 l v. 3. 6. 1954, bekanntgemacht am 24. 11. 1955.

LINDNER, G. (1926): Die Bedeutung der chemischen Zusammensetzung für den Abbau der Kartoffeln. Dtsch. landwirtsch. Presse **53**, 539—540 u. 553—554.

LOSSNITZER, H. (1948): Eine einfache graphische Witterungsdarstellung. Wetter und Klima **1**, 270—277.

LUCAS, H. (1939): Weitere Untersuchungen über den Wuchsstoffhaushalt abbaukranker Kartoffeln. Phytopathol. Z. **12**, 334—350.

LUPP (1950): Ausmerzung von viruskranken Kartoffelknollen. Neue Mitt. Landwirtsch. **5**, 799..

McANELLY, Ch. W., PAYNE, M. G. and FULTS, J. L. (1956): Detection of potato leaf roll by paper chromatography and electrophoresis. Amer. Potato J. **33**, 134—140.

McLEAN, J. G. and KREUTZER, W. A. (1944a): The determination of virus infections in the potato tuber by the use of ultraviolet light. Amer. Potato J. **21**, 131—136.

*— — (1944b): Tests indicate ultraviolet may be used to detect virus-infected seed potatoes. Colorado Farm Bull., Fort Collins, **6**, 2—10.

MARCKS FRANKE, H. (1937): Untersuchungen über die Physiologie der pflanzlichen Virose. Biochem. Z. **293**, 39—63.

MARCUS, O. (1953). Über die Y-Virus-Verseuchung der Knollen primär infizierter Kartoffelpflanzen. Phytopathol. Z. **20**, 121—132.

MARTIN, C. und QUEMENER, J. (1956): Sur un test colorimétrique et quelques symptomes permettant la détection des maladies à virus chez la pomme de terre. Compt. rend. Acad. Agric. Fr. **42**, 426—428.

MARX, T. und MERKENSCHLAGER, F. (1932): Zur Biologie der Kartoffel. XII. Mitt. Beobachtungen und Untersuchungen über den Verlauf des Kartoffelabbaues. Arb. Biol. Reichsanst. Land- u. Forstwirtsch. Berlin-Dahlem **19**, 413—492.

MATZ, R. (1956): Agraratlas über das Gebiet der Deutschen Demokratischen Republik. Gotha.
*MENEGHINI, M. and DELWICHE, C. C. (1951): The multiplication of tobacco mosaic virus in the host tobacco plant. J. biol. Chemistry **189**, 177—186.
MEYER, E. (1950): Über den Wuchsstoff-Hemmstoffgehalt gesunder und abbaukranker Kartoffelknollen. Planta **38**, 213—232.
MICHAELIS, L. (1927): Die Wasserstoffionenkonzentration. Ihre Bedeutung für die Biologie und die Methoden ihrer Messung. Berlin. 2. Aufl.
— (1933): Oxydations-Reductions-Potentiale. Mit besonderer Berücksichtigung ihrer physiologischen Bedeutung. Zweiter Teil der „Wasserstoffionenkonzentration". Berlin. 2. Aufl.
MOERICKE, V. (1955): Über den Nachweis der Blattrollkrankheit in Kartoffelknollen durch den Resorzintest. Phytopathol. Z. **24**, 462—464.
MORGENWECK, G. (1935): Einige Untersuchungen über Wasserverlust, Krankheitsbefall und Keimverhalten der Kartoffel in Beziehung zu Standort, Pflanzwert und Ertrag. Diss. Univ. Jena.
MÜHLE, E. (1956): Zur Diagnostik der Kartoffelvirosen. Pflanzenschutzkongreß Berlin 11.—16. Juli 1955 (Kongreßbericht), 83—96, Berlin.
MÜLLER, D. (1932): Die Assimilation der blattrollkranken Kartoffelpflanzen. Planta **16**, 10—16.
MÜLLER, G. (1952/53): Möglichkeiten der Ertragssteigerung bei der Kartoffel durch Ausnutzung der Stärkegehaltsstreuung innerhalb der Sorte. Wiss. Ztschr. Humboldt-Univ. Berlin, Mathem.-naturwiss. Reihe **2**, 107—125.
— (1954): Ein Beitrag zur Frage der Resistenz auf Virusbefall und Ertrag bei 19 zugelassenen Kartoffelsorten. Dtsch. Landw. **5**, 177—182 u. 228—234.
MÜLLER, H. J. und UNGER, K. (1955): Über die Bedeutung der Zusammenhänge zwischen Witterung und Blattlausflug für die Probleme des Kartoffelabbaus. Forsch. u. Fortschr. **29**, 229—238.
MÜLLER-STOLL, W. R. und LERCH, G. (1957): Über den physiologischen Charakter der Kallosebildung in Siebröhren und Pollenschläuchen und die Beziehungen zu den Zellvorgängen. Biol. Zbl. **76**, 595—612.
MÜNSTER, J. (1954): La valeur de la plantation tardive des pommes de terre pour la production du plant. (Première communication.) Rev. romande Agric., Viticult. Arboricult **10**, 79—81.
NATTI, J. J. (1955): Differences in reaction of starch from healthy potato plants and from potato plants infected with leafroll virus. Phytopathology **45**, 185—186.
NIEMANN, A. (1957): Untersuchungen über die proteolytische Wirkung des Saftes der Kartoffelknolle. II. Mitt. Hoppe-Seyler's Z. physiol. Chem. **306**, 205—213.
NOUR-ELDIN, F. (1955): The effect of organic acids on tobacco mosaic virus multiplication. Phytopathology **45**, 291.
OWEN, P. C. (1957): The effect of infection with tobacco etch virus on the rates of respiration and photosynthesis of tobacco leaves. Ann. appl. Biol. **45**, 327—331.
PFANKUCH, E. (1934): Zur Biochemie des Kartoffelabbaues. I. Nachrichtenbl. dtsch. Pflanzenschutzdienst **14**, 38.
— (1935): Zur Biochemie des Kartoffelabbaues. III. Mitt. Ascorbinsäure, Glutathion und Zucker. Biochem. Z. **279**, 115—130.
— (1939): Über Darstellung und Eigenschaften pflanzlicher Viren. Mitt. Biol. Reichsanst. Land- u. Forstwirtsch. Berlin-Dahlem, Heft 59, 9—13.
— und LINDAU, G. (1935): Zur Biochemie des Kartoffelabbaues. II. (1). Biochem. Z. **227**, 129—138.
PFEIL, E. und KANNGIESSER, W. (1954): Über den Einfluß der Oxydation bei der Elektrophorese von Preßsäften gesunder und viruskranker Kartoffeln. Z. Pflanzenkrankh. (Pflanzenpathol.) Pflanzenschutz **61**, 289—292.

PFEIL, E. und NIEMANN, A. (1957): Gesteigerte Anreicherung eines proteolytischen Fermentes aus Kartoffeln durch Verwendung blattrollkranker Knollen. Naturwissenschaften **44**, 307—308.

*QUANJER, H. M. (1913): Die Nekrose des Phloems der Kartoffelpflanze, die Ursache der Blattrollkrankheit. Wageningen.

*—, LEK, H. A. A. v. d. en OORTWIJN BOTJES, J. (1916): Aard en verspreidingswijze en bestrijding van Phloemnecrose (bladrol) en verwante ziekten, o. a. Sereh. Meded. L. H. S. Wageningen, **10**, 1.

RAMSON, A. (1956): Untersuchungen über die Höhe der durch Kartoffelvirosen verursachten Ertragsverluste bei Sekundärinfektion. Nachrichtenbl. dtsch. Pflanzenschutzdienst [Berlin] n. F. **10**, 147—151.

RATHSACK, K. und HURWITZ, S. (1932): Über das Verhalten von Kartoffelknollen verschiedener Abbaustufen in Alkohol, eine Möglichkeit zur Bestimmung des Abbaugrades? Fortschr. Landwirtsch. **7**, 553—556.

REMY, T., MEER, F. v. und VÖLKER, H. (1930): Über den Einfluß von Düngung und Standraum auf die Pflanztauglichkeit der Kartoffeln. Landwirtsch. Jb. **72**, 209 — 246.

REPPEL, L. (1959): Die Beziehungen zwischen Scopoletingehalt und Virusinfektionen in Blättern und Knollen von *Solanum tuberosum* L. Planta med. **7**, 206—218.

RESÜHR, B. (1942): Zur Chemie der Symptombildung viruskranker Pflanzen. Z. Pflanzenkrankh. (Pflanzenpathol.) Pflanzenschutz **52**, 63—83.

ROBERTSON, I. M. and SMITH, A. M. (1931): A study of the hydrogen ion concentration of the potato tuber. Biochem. J. **25**, 763—769.

*RUBIN, B. A., SOKOLOVA, V. E. and SAVELIEVA, O. N. (1956): Certain particular features in the metabolism of potato plants effected by puckering mosaic disease. Dokl. Akad. Nauk SSSR, **110**, 1180—1182 [Russisch].

RÜMKER, E. v. (1951): Literaturbericht über Arbeiten zum Kartoffelabbau 1939—1949. Höfchen-Briefe Wiss. Prax. **4**, 34—83.

RUHLAND, W. und MICHAEL, G. (1936): Zur Physiologie des sog. Kartoffelabbaues. Ber.Verh. sächs. Akad. Wiss. Leipzig, math.-physische Kl. **88**, 3—9.

— und WETZEL, K. (1933): Zur Physiologie der sogenannten Blattrollkrankheit der Kartoffelpflanze. Ber. Verh. sächs. Akad. Wiss. Leipzig, math.-physische Kl. **85**, 141—149.

RUMMENI, G. (1954): Redoxpotentiale und Aziditätspotentiale verschiedener pflanzlicher Organe und Gewebe. Ber. dtsch. bot. Ges. **67**, 334—340.

— (1955): Modellstudien über das physiologische Redoxpotential der Pflanze und den Chemismus seiner Steuerung. Wiss. Z. Friedrich-Schiller-Univ. Jena/Thür., math.-naturwiss. R. **4**, 611—632.

RUSCHKE-HEILMANN, U. (1960): Über ein Verfahren zur zellphysiologischen Markierung virusbefallener Zellen und seine Anwendung zum Nachweis der Kartoffelvirosen an der Knolle. Europ. Potato J. **3**, 164—181.

*RUSINOW, P. G. (1930): Einige Daten zur Physiologie des Zusammenrollens der Kartoffelblätter. Morbi Plantarum, Scripta Sectionis Phytopathologiae Horti Botanici Principalis **19**, 148.

*RYSHKOW, W. L. (1957): Metabolites and antimetabolites in the study of multiplication of tobacco mosaic virus. Izv. Akad. Nauk SSSR., Ser. Biol. No **1**, 41—54 [Russisch].

*— and MARCHENKO, N. K. (1954): The effect of some metabolites on the multiplication of tobacco mosaic virus. Dokl. Akad. Nauk SSSR. 98, 1033—1036 [Russisch].

SANFORD, G. B. and GRIMBLE, J. G. (1944): Observations on phloem necrosis of potato tubers. Canad. J. Res. Sect. C **22**, 162—170.

SARDIÑA, J. R., ORAD, A. G. and SAN ROMAN, F. P. (1958): Some observations about techniques of diagnosing potato leaf roll virus. Proceedings of the third Conference on Potato Virus Diseases, Lisse-Wageningen, 24—28 June 1957, 59—70, Wageningen.

SCHEIBE, K. (1959): Erfahrungen mit Farbtesten zum Virusnachweis an Kartoffelknollen. Mitt. Biol. Bundesanst. Land- u. Forstwirtsch. Berlin-Dahlem, Heft 97, 64—68.

SCHICK, R. (1953): Eine Methode zur Erzeugung gesunden Kartoffelpflanzgutes in den Abbaulagen. Dtsch. Landw. **4**, 365—366.

SCHLEGEL, D. E. (1957): The stimulatory effect of organic acids on tobacco mosaic virus multiplication. Virology **4**, 135—140.

SCHLEUSENER, W. und GOERLITZ, H. (1952): Über den Einfluß verschiedener Anbaumethoden auf Ertrag und Pflanzgutwert der Kartoffel. Der Züchter **22**, 127—134.

SCHULZE, E. (1954): Mechanische Keimanregung, Schosserbildung und photoperiodisches Verhalten bei Kartoffeln. Z. Acker- u. Pflanzenbau **98**, 385—422.

SCHULZE, W. (1951): Die Keimstimmung der Kartoffel und ihre Bedeutung für die Züchtung und Pflanzguterzeugung. Schriftenreihe d. Forschungsanstalt für Landw. Braunschweig-Völkenrode, Heft 3.

SCHUMACHER, W. (1930): Untersuchungen über die Lokalisation der Stoffwanderung in den Leitbündeln höherer Pflanzen. Jahrb. wiss. Bot. **73**, 770—823.

SCHUPHAN, W. (1950a): Ein Beitrag zum N-Haushalt gesunder und viruskranker Kartoffelknollen unter besonderer Berücksichtigung des Gehaltes an exogenen Aminosäuren. Z. Pflanzenkrankh. (Pflanzenpathol.) Pflanzenschutz **57**, 321—327.

— (1950b): Eine kolorimetrische Schnellmethode (modifizierter Tryptophan-Schnelltest) zur Unterscheidung gesunder und viruskranker Kartoffeln. Z. Pflanzenkrankh. (Pflanzenpathol.) Pflanzenschutz **57**, 408—415.

SCHUSTER, G. (1952): Der Stand der Arbeiten zur Entwicklung physiologisch-chemischer Schnellmethoden zum Virusnachweis an Kartoffelknollen. Pflanzenschutztagung in Berlin, 12.—14. März 1952, Berlin, 65—70.

— (1954): Untersuchungen zur Entwicklung von physiologisch-chemischen Schnelltests für die Kennzeichnung abgebauter Kartoffelherkünfte mit dem Ziele der Besserung der Selektionsarbeiten in der landwirtschaftlichen Praxis. Diss. Univ. Leipzig.

— (1956a): Erörterungen über den mit der sog. FEHLINGschen Reaktion erreichten Stand der Virusdiagnostik an Kartoffelknollen. Pflanzenschutzkongreß, Berlin 11.—16. Juli 1955 (Kongreßbericht), Berlin, 97—104.

— (1956b): Zum Kallosetest („IGEL-LANGE-Test") für den Virusnachweis an Kartoffeln. Nachrichtenbl. dtsch. Pflanzenschutzdienst [Berlin] n. F. **10**, 243—250.

— (1957): Untersuchungen über die Auswirkungen von Virusbefall auf den Alkaloidgehalt von *Datura stramonium* L. var. *stramonium*. Phytopathol. Z. **31**, 123—132.

— (1958): Untersuchungen über die Auswirkungen von Virusbefall auf den Alkaloidgehalt verschiedener Arten und Sorten der Gattung *Nicotiana* L. Phytopathol. Z. **32**, 335—339.

— (1960): Auslösung von Kallosebildung in den Siebröhren der Kartoffelknolle durch Applikation von Gerbsäure und Berberinsulfat. Naturwissenschaften **47**, 427.

— (1961): Zur Arbeitssicherheit des Kallosetestes beim Nachweis primär und sekundär mit dem Blattrollvirus der Kartoffel infizierter Knollen. Z. landwirtsch. Versuchs- u. Untersuchungswes. **7**, 53—57.

— und BYHAN, O. (1958): Zur Präzisierung des Kallosetestes für den Nachweis der Blattrollkrankheit bei Kartoffeln. Z. landwirtsch. Versuchs- u. Untersuchungswes. **4**, 37—49.

SEALOCK, R. R. and GOODLAND, R. L. (1951): Ascorbic acid, a coenzyme in tyrosine oxidation. Science [Washington] **114**, 645—646.

SHEFFIELD, F. M. L. (1943): Value of phloem necrosis in the diagnosis of potato leafroll. Ann. appl. Biol. **30**, 131—136.

SHIROYA, M., SHIROYA, T. and HATTORI, S. (1955): Studies on the browning and blackening of plant tissues. IV. Chlorogenic acid in the leaves of *Nicotiana tabacum*. Physiol. Plantarum [Copenhagen] **8**, 594—605.

*SHOICHI, H. (1956): Methylene blue method for diagnosing virusinfected potato tubers and other crops. Mem. Fac. Agric. Univ. Miyazaki **1**, 179—200.

SILBERSCHMIDT, K. (1930): Einfluß der Mosaikkrankheit auf den Nikotingehalt der Tabakpflanze. Ber. dtsch. bot. Ges. **48**, 122—129.

SIP, V. (1949): Snižováni výnosu bramboru virosami, Ochrana Rostlin **22**, 38—44.

SMITH, A. M. and GILLIES, J. (1940): The distribution and concentration of ascorbic acid in the potato (*Solanum tuberosum*). Biochem. J. **34**, 1312—1320.

— and PATERSON, W. Y. (1937): The study of variety and virus disease infection in tubers of *Solanum tuberosum* by the ascorbic acid test. Biochem. J. **31**, 1992—1999.

SÖDING, H. (1942): Über den Wuchsstoffhaushalt abbaukranker Kartoffeln. Angew. Bot. **24**, 114—117.

— und FUNKE, H. (1941): Über den Wuchsstoffhaushalt abbaukranker Kartoffeln. Phytopathol. Z. **13**, 351—368.

—, KÖHLER, E. und FUNKE, H. (1943): Über den Wuchsstoffgehalt abbaukranker Kartoffelknollen. Phytopathol. Z. **14**, 427—441.

SORAUER, P. (1908): Die angebliche Kartoffelepidemie, genannt die „Blattrollkrankheit". Intern. phytopath. Dienst **1**, 33—59.

SPRAU, F. (1955a): Pathologische Gewebeveränderungen durch das Blattrollvirus bei der Kartoffel und ihr färbetechnischer Nachweis. Ber. dtsch. bot. Ges. **68**, 239—246.

— (1955b): Pathologische Veränderungen im Siebteil der Kartoffeltriebe und ihre Verwendbarkeit als Nachweis für das Blattrollvirus. Z. Pflanzenbau Pflanzenschutz **6**, 186—192.

— (1958): Ein neues Färbeverfahren für Kallose und die Überprüfung seiner Anwendung zur Diagnose blattrollkranker Kartoffeln. Nachrichtenbl. dtsch. Pflanzenschutzdienstes [Braunschweig] **10**, 3—6.

— und KANNGIESSER, W. (1959): Elektrophoretische Untersuchung der löslichen Proteide gesunder und viruskranker Pflanzen und ihre Bedeutung für die Virusdiagnose. Verhandlungen des IV. Internat. Pflanzenschutz-Kongresses Hamburg, September 1957. Bd. I, 325—328, Braunschweig.

STAAR, G. (1936): Teil des Jahresberichtes der Preußischen landwirtschaftlichen Versuchs- und Forschungsanstalten in Landsberg (Warthe). Landwirtsch. Jb. **82**, 487—488.

STAPP, C. und BARTELS, R. (1950): Der serologische Nachweis des X-Virus in Dunkelkeimen der Kartoffelknolle. Der Züchter **20**, 42—47.

STELZNER, G. und LEHMANN, H. (1944): Kartoffel, *Solanum tuberosum* L.; in RUDORF, W., und ROEMER, T., Handbuch der Pflanzenzüchtung, Bd. IV, 96—176.

STEPHAN, J. (1933): Die Melaninbildung in der Kartoffel. Pfl.bau **9**, 356—365.

STRASBURGER, E. und KOERNICKE, M. (1950): Das kleine botanische Praktikum. Jena. 12. Aufl.

THUNG, T. H. (1928): Physiologisch onderzoek met betrekking tot het virus der bladrolziekte van de aardappelplant, *Solanum tuberosum* L. Tijdschr. Plantenziekten **34**, 1—74.

*TOPECHA, E. F. (1936): Biochemistry of the virus diseases of potatoes. Bull. Appl. Botany, Genetics, Plant Breeding, USSR, Ser. III, No 14, 53—67 [Russisch].

VAYONIS, G. C. (1954): Phosphorus disturbances in mosaic-virus infected tobacco plants. Physiol. Plantarum [Copenhagen] **7**, 687—697.

VENGRIS, J. (1939): Praktische Auswirkungen der Viruskrankheiten bei Kartoffeln. Diss. Univ. Bonn.

VÖLK, J. (1951): Beobachtungen über das Auftreten virusübertragender Blattläuse an Kartoffelpflanzen in Abhängigkeit von der Düngung. Mitt. Biol. Reichsanst. Land- u. Forstwirtsch. Berlin-Dahlem, Heft 70, 69—72.

—, BODE, O. und HAUSCHILD, I. (1952): Untersuchungen zur Frage eines Zusammenhanges zwischen Düngung, Blattlausbesatz und Krankheitsausbreitung in Kartoffelbeständen. I. Mitt. Z. Pflanzenkrankh. (Pflanzenpathol.) Pflanzenschutz **59**, 97—110.

WARTENBERG, H. (1930): Zur Biologie der Kartoffel. VI. Mitt. Beitrag zur Kenntnis des ökologischen Abbaues der Kartoffel. Arb. Biol. Reichsanst. Land- u. Forstwirtsch. Berlin-Dahlem **18**, 405—423.

— (1932): Vegetationsversuche in einer Außenstation (Stade). Arb. Biol. Reichsanst. Land- u. Forstwirtsch. Berlin-Dahlem **19**, 488—491.

— (1937): Über die Pufferung der Preßsäfte abbaukranker und gesunder Knollen der Kartoffel. Phytopathol. Z. **10**, 43—56.

— (1938): Die Grundlagen der Methoden zur Pflanzgutwertbestimmung an Kartoffelknollen. Mitt. Biol. Reichsanst. Land- u. Forstwirtsch. Berlin-Dahlem, Heft 58, 5—28.

— (1947): Studien über Redoxpotentiale der Gewebebreiaufschlämmungen und Preßsäfte von Pflanzenteilen. Festschr. APPEL, Berlin-Dahlem, 16—18.

— (1954): Erfahrungen mit Spätpflanzungen (Sommerpflanzungen) und Frühernten (Krautziehen) zur Gewinnung gesunder Pflanzkartoffeln. Dtsch. Landwirtsch. **5**, 578—581.

— und HEY, A. (1936a): Die elektrometrische Pflanzgutwertbestimmung der Kartoffelknolle. III. Mitt. Das Redoxpotential des Gewebebreies der Kartoffelknolle. Planta **25**, 258—281.

— — (1936b): Die elektrometrische Pflanzgutwertbestimmung der Kartoffelknolle. IV. Mitt. Das Redoxpotential der Gewebebreiaufschlämmung der Kartoffelknolle als Kennziffer des Abbaues. Phytophatol. Z. **9**, 531—569.

—, — und TAHSIN, A. (1935): Die elektrometrische Pflanzgutwertbestimmung der Kartoffelknolle. II. Mitt. Untersuchungen über die Azidität des Gewebebreies der Kartoffelknolle. Arb. Biol. Reichsanst. Land- u. Forstwirtsch. Berlin-Dahlem **21**, 499—516.

—, — und URHAN, O. (1935): Die elektrometrische Pflanzgutwertbestimmung der Kartoffelknolle. I. Mitt. Arb. Biol. Reichsanst. Land- u. Forstwirtsch. Berlin-Dahlem **21**, 331—362.

— und KLINKOWSKI, M. (1937): Eine „Jodprobe“ zur Pflanzgutwertbestimmung der Kartoffel. Phytopathol. Z. **10**, 107—109.

—, — und HEY, A. (1935): Der Tagesparzellenversuch. Angew. Bot. **17**, 74—94.

— und LINDAU, G. (1936): Studien über die „Dehydrasewirkungen“ gesunder und abbaukranker Kartoffelknollen. Phytopathol. Z. **9**, 297—324.

— und RUMMENI, G. (1952/53): Studien über das physiologische Redoxpotential der Pflanze und den Chemismus seiner Steuerung. Wiss. Ztschr. Friedrich-Schiller-Univ. Jena, Mathem.-naturwiss. Reihe **2**, 53—69.

WEBER, E. (1948): Grundriß der biologischen Statistik für Naturwissenschaftler und Mediziner. Jena. 1. Aufl.

— (1956): Grundriß der biologischen Statistik für Naturwissenschaftler, Landwirte und Mediziner. Jena. 2. Aufl.

WEBER-DAHLMANN, M. (1957): Beiträge zur Einwirkung organisch chemischer Substanzen auf die Lagerfähigkeit von Kartoffeln. Z. Bot. **45**, 395—420.

WELLER, K. und ARENZ, B. (1951): Die Augenstecklingsprüfung in der Praxis der Saatenanerkennung. Kartoffelbau **2**, 118-122.

— — (1957): Arbeitserfahrungen und Arbeitssicherheit mit dem IGEL-LANGE-Test. Prakt. Bl. Pfl.bau, -schutz **52**, 196—212.

WENZL, H. (1954): Frührodung im Saatkartoffelbau — ein Überblick. Pflanzenarzt **7**, 2—4.

— (1956): Die Diagnose der Fadenkeimigkeit an ungekeimten Kartoffelknollen mittels der Kallose-Reaktion. Pflanzenschutzberichte [Wien] **16**, 21—35.

— (1959): Die mikroskopische Diagnose von Fadenkeimigkeit und Blattroll in Kartoffelknollen. Verhandlungen des IV. Internat. Pflanzenschutz-Kongresses Hamburg, September 1957. Bd. I, 329—333, Braunschweig.

— und GLAESER, G. (1959): Untersuchungen über den histologischen Nachweis von Fadenkeimigkeit und Blattroll in Kartoffelknollen. Pflanzenschutzberichte [Wien] **22**, 1—30.

— und ZISLAVSKY, W. (1958): Stichprobenpläne für die Testung von Kartoffelsaatgut. Pflanzenschutzberichte [Wien] **21**, 71—94.

WHITEHEAD, T. (1934): The physiology of potato leaf-roll. I. On the respiration of healthy and leaf-roll infected potatoes. Ann. appl. Biol. **21**, 48—77.

*WILDMAN, S. G., CHEO, C. C. and BONNER, J. (1949): The proteins of green leaves. III. Evidence of the formation of tobacco mosaic virus protein at the expense of a main protein component in tobacco leaf cytoplasm. J. biol. Chemistry **180**, 85.

WILSON, J. H. (1948): The use of the phloroglucinol test for diagnosis of leaf roll in potatoes. J. Austral. Inst. agric. Sci. **14**, 76—78.

WOLF, F. A. and WOLF, F. T. (1955): The chemical composition of leaves of diseased tobacco: ringspot, bacterial wilt, and Fusarium wilt. Phytopathology **45**, 506—508.

WOODS, M. W. and DU BUY, H. G. (1942): The effect of tobacco-mosaic virus on cellular respiration. Phytopathology **32**, 288—302.

*WOROB'JEWA, M. N. (1939): Stickstoffwechsel in Pflanzen bei Viruserkrankungen. I. Dynamik der Stickstoffverbindungen bei verschiedenen Kartoffelsorten bei Viruserkrankungen und bei der südlichen Entartung. Ber. Akad. Wiss. SSSR, Ser. Biol. 1103—1115. [Russisch].

ZELLER, A. und FÖSSLEITNER-KARL, H. (1952): Virusnachweis durch Formoltitration? Veröffentl. Bundesanst. alpine Landw., Admont **6**, 138—149.

ZWICKER, R. (1954/55): Die Transpirationsintensität der Kartoffelpflanze unter besonderer Berücksichtigung der Beurteilung des Pflanzgutwertes. Wiss. Z. Karl-Marx-Univ. Leipzig, mathem.-naturwiss. R. **4**, 105—151.

— (1956): Die „Anwelktranspiration“ unter besonderer Berücksichtigung der Temperatur des Substrates im Hinblick auf die Ermittlung vergleich- und reproduzierbarer Versuchsergebnisse bei der Kartoffel. Dtsch. Landwirtsch. **7**, 19—22.

Die mit * bezeichneten Arbeiten lagen nur im Referat vor.

FSC
www.fsc.org
MIX
Papier | Fördert gute Waldnutzung
FSC® C083411

Zeitfracht Medien GmbH
Ferdinand-Jühlke-Straße 7
99095 Erfurt, Deutschland
produktsicherheit@kolibri360.de